EUGÈNE NOEL

LES LOISIRS

DU

PÈRE LABÊCHE

PLANTES ET BÊTES

PARIS

BÉCUS, IMPRIMEUR-LIBRAIRE

5, RUE SÉGER, 5

LES LOISIRS
DU PÈRE LABÊCHE

EUGÈNE NOEL

LES LOISIRS

DU

PÈRE LABÊCHE

PLANTES ET BÊTES

PARIS

BÉCUS, IMPRIMEUR-LIBRAIRE

5, RUE SUGER, 5

UN MOT SUR LE PÈRE LABÊCHE

« *Le père Labêche ancien jardinier, natif du Franc-Alleu, au faubourg Saint-Hilaire, à Rouen, habite aujourd'hui Heurteauville, non pas Heurteauville près de Duclais, mais Heurteauville-la-Rivière, un peu en aval de Pontbruneau, dans une de nos jolies vallées cauchoises. C'est de là qu'il compte vous adresser, de temps en temps, ses réflexions. Il vous entretiendra de son jardin, de son verger, des plantes et des animaux qui s'y trouvent. De ce champ d'observations, il essaiera de vous faire connaître et comprendre quelques-unes des merveilles de la vie végétale et même de la vie animale.*

« *Ces merveilles vous seront exposées au fur et à mesure qu'elles se présenteront à lui.*

« Comment, par exemple, pour ce premier entretien ne pas vous dire un mot des chrysanthèmes dont la floraison fait, en ce moment, sa joie? »

Ainsi s'exprime le bonhomme en commençant la publication de ses *Loisirs*, dans un journal de province, il y a précisément dix-huit ans.

Le succès fut grand et se maintint sans interruption de 1872 à 1888.

Les propos de Jean Labêche se continuent aujourd'hui dans le *Journal de l'Agriculture*. Leur nombre total a dépassé **sept** cents; mais il n'en sera reproduit ici qu'un centième.

PLANTES ET BÊTES

a

I

29 Octobre, 1872.

CHRYSANTHÈME

La jolie plante fut importée chez nous précisément en 1789, et je m'étonne toujours qu'on ne l'ait pas appelée : *Fleur de la Révolution.*

Un jardinier de Marseille, M. Blanchard, nous l'apporta de Chine au moment où venait de tomber la Bastille; il lui donna le nom de chrysanthème d'automne, il eut pu aussi bien l'appeler chrysanthème d'hiver, car elle fleurit jusqu'aux gelées. Cette tardive floraison devait faire la fortune de la plante destinée en quelque sorte à rendre les hivers moins longs. Grâce à elle, en effet, et grâce aux roses de Noël, qui lui succèdent, le jardin a des fleurs pour tous les jours de l'année où le froid n'est pas trop vif. De toute antiquité, nous avions dans nos champs le chrysanthème d'été, connu sous le nom de Marguerite de la Saint-Jean; mais le chrysanthème d'Europe ne peut être comparé, ni pour l'éclat, ni pour la variété, aux chrysanthèmes d'Asie. On affirme que la transplantation a singulièrement modifié et embelli la plante chinoise; il est vrai qu'elle est aussi de celles dont se sont le plus occupés les horticulteurs; ils l'ont agrandie tour à tour et rapetissée en toutes ses parties; nous avons maintenant les chrysanthèmes nains à fleurs plus persistantes encore que celles qu'on avait primitivement obtenues. Nulle plante n'est capable de faire mieux pressentir jusqu'où peut être poussé l'art des modifications florales. Que dirait aujourd'hui le fleuriste de Marseille, M. Blanchard, s'il pouvait voir ce qu'est devenue sa plante aux mains de ses successeurs?

On a vu que sa translation d'Asie en Europe a beaucoup contribué à modifier la plante. Les lointains voyages sont, en effet, pour les végétaux, un des plus puissants moyens de transformation; notre chrysanthème national, resté jusqu'ici à peu près réfractaire à toute culture, transporté dans l'Inde, y prendrait peut-être un tout autre aspect. Nos horticulteurs d'Europe envoient des voyageurs dans toutes les parties du monde pour y recueillir les plus beaux végétaux; ils feraient peut-être coup double, s'ils envoyaient en Australie, en Californie et en Chine nos plantes indigènes; quelques-unes s'y modifieraient à tel point qu'au retour, après vingt ans de séjour là-bas, nous les reconnaîtrions à peine. Nous aurions ainsi Bluet, Coquelicot, Scabieuse et Marguerite *Retour des Indes*. Que le libre échange s'établisse entre les jardiniers d'Europe et de Chine, nous verrons alors se multiplier nos merveilles florales. On a dit que les hommes se perfectionnaient en voyageant; il en est de même des plantes. Nous avons pour le prouver l'exemple des chrysanthèmes. Mais que d'autres on pourrait citer!

Les chrysanthèmes de la Chine se sont si bien acclimatés chez nous qu'il semble que tout terrain leur soit propre. Il n'est pas de jardin si pauvre où ils ne se soient propagés. Plantes heureuses, elles se plaisent et plaisent partout. Telle d'entre elles qui pendant des milliers d'années resta cantonnée peut-être dans un étroit espace, fait aujourd'hui l'ornement du monde.

Quelque perfectionnement qu'ait valu aux chrysanthèmes leur translation d'Asie en Europe, ils étaient déjà fort recherchés des jardiniers chinois, depuis longtemps célèbres par leur habileté. Les dames du Céleste-Empire en ornaient leurs personnes et leurs maisons. Sur les plus vieilles et plus riches porcelaines on voit la belle fleur fidèlement reproduite. Elle était donc en Chine admirée et cultivée depuis des siècles. Mais chez nous, durant tout le Moyen-âge qui finit à peine, nous avions à nous occuper de bien autres choses que de fleurs. Cinq ou six plantes en mille ans furent importées en Europe, tandis que depuis soixante ans, nous en avons introduit plusieurs mille. Les fleurs, elles aussi, peuvent se dire filles de la Liberté. L'introduction des chrysanthèmes eut lieu, nous l'avons dit, en 89; cette date, qui le croirait? même en horticulture, marque une ère nouvelle. Les chrysanthèmes auront ouvert la voie à cette invasion pacifique et charmante de toutes les fleurs du globe sur le sol de l'Europe.

Depuis l'introduction première des chrysanthèmes, il en est venu de l'Inde et du Japon. De ces espèces différentes sont résultés les croisements nombreux qui ont fait de cette plante une des plus variées que l'on connaisse. Chrysanthèmes indiens, chrysanthèmes chinois et japonais ont produit :

1º Les chrysanthèmes à grandes fleurs;
2º Les japonais;
3º Les Pompons;
4º Les précoces, originaires d'Avignon, etc., etc.

Malgré le nombre des variétés obtenues, les chrysanthèmes sont loin d'avoir dit leur dernier mot et subi leur dernière transformation; suivez d'année en année leur marche, le spectacle en est des plus singuliers, des plus intéressants.

II

4 Novembre 1872.

TUSSILAGE

Le Tussilage commun croît partout dans nos champs, mais ce n'est pas de celui-là que je veux vous parler; je dirai pourtant que les habitants de la campagne, à cause de la configuration de ses feuilles, l'ont appelé *Pas d'âne* et que ce sont MM. les académiciens qui l'ont appelé *Tussilage*, du latin *Tussim agere* (faciliter la toux) à cause de ses propriétés *Béchiques* ou *toussatives*. *Béchique* est un mot presque grec qui signifie toux, aussi le pas d'âne, au pays d'Hippocrate s'appelait *béchion*... Quelques vieux médecins conseillent encore aux asthmatiques de le fumer en guise de tabac. Il y a aussi le tussilage *pétasite*, encore un mot grec, venu de *petasos* parasol ou chapeau, en latin *petasus*. Cela veut dire que les feuilles de ce tussilage sont grandes comme un parasol et qu'elles en peuvent servir.

Mais passons au tussilage odorant. Cette jolie plante qui a le don singulier de fleurir au fond de l'hiver et qui répand un délicieux parfum de vanille, ne parut pour la première fois à Paris qu'en 1790 ; elle croît aujourd'hui jusque dans les chemins. Nulle plante, excepté peut-être les chrysanthèmes ne s'est plus vite et plus abondamment propagée. Comment se fait-il que répandue dans les plus pauvres jardins et jusque dans les champs (où sa fleur malheureusement souffre du froid) elle ne soit pas plus souvent admise parmi les fleurs de salon? c'est dans les appartements pourtant qu'elle aurait tout son charme de parfum, de forme, de couleur, de feuillage. Plante des mieux douées, elle aime d'ailleurs à se voir gracieusement entourée. La violette et le réséda, à cause de leurs parfums, sont devenus aux fenêtres des jeunes filles les plantes préférées; le tussilage, au milieu d'elles serait à sa vraie place ; il a même sur la violette et le réséda l'avantage de fleurir en décembre et janvier. Comment donc quelque horticulteur n'a-t-il pas eu l'idée encore d'en mettre en pots un millier de pieds à l'automne et de les porter en décembre sur le marché aux fleurs, ou mieux encore de les faire offrir aux portes des maisons?

J'ai dit que le tussilage odorant se plaît aux lieux agréables. Permettez-moi de vous transcrire à ce propos quelques lignes d'un voyageur célèbre :

« Avant que cette plante fut connue en Europe, dit Poiret, j'en avais fait la découverte en Barbarie en 1785, elle bordait les rives d'un petit ruissaeu qui coulait paisible dans **un vallon étroit**, sur **un sable d'une grande blancheur** ; **une double haie de** lauriers-roses régnait le long de ses bords ; un gazon naissant y faisait un riche tapis de verdure. Ce vallon était renfermé dans une longue suite de rochers couverts de myrtes, de lentisques, de filarias, de chênes verts, etc. Quoique au mois de janvier, je me crus transporté aux premiers beaux jours du printemps. »

Voilà, en effet, le vrai charme du tussilage odorant : en plein hiver, **il nous fait croire au printemps.**

III

18 Décembre 1872.

CAPUCINE

Je suis vieux, mais je vois cette année des choses que je n'avais encore jamais vues.

Nous sommes au 15 Décembre. A dater d'aujourd'hui le soleil retardera d'une minute son coucher. Eh bien! voici qu'à Pontbruneau les capucines sont encore fleuries. Il est rare habituellement qu'elles ne soient pas gelées dès la fin d'octobre; la Toussaint semble leur dernier terme. Mais cette année leurs fleurs fraîches et nouvellement cueillies pourront figurer dans l'Arbre de Noël. Jardiniers normands, mes amis, aviez-vous jamais entendu parler de capucines à la mi-décembre et même par de là, car depuis deux jours le thermomètre remonte? Capucines, dalhias, balsamines, le plus souvent *gèlent de peur* dès la fin de septembre ou, tout au plus, gagnent la fin d'octobre; mais cette année les voici qui continuent de fleurir en plein décembre. Cela veut dire qu'à ce moment de l'année nous n'avons pas eu encore une minute de gelée. Voilà précisément ce que je n'avais jamais vu. Un autre fait encore est nouveau pour moi : jamais je n'avais **vu** sortir de son lit la paisible rivière qui arrose notre vallée d'Heurteauville et de Pontbruneau. Mais voilà que j'ai ce spectacle, à cette heure, et que je vois mon jardin et mon verger pour la première fois inondés.

J'ai promis de vous entretenir dans ces causeries des choses que j'aurais sous les yeux, je vous parle donc aujourd'hui des capucines, puisque je les vois encore sourire à ma fenêtre.

N'est-il pas admirable que la Capucine, les Verveines, l'Héliothrope, la Reine-Marguerite, les Géraniums, le Dielytra, le Rosier du Bengale, et tant d'autres fleurs populaires et partout répandues ne remontent pas au-delà du siècle dernier? La capucine était inconnue au temps de Lenôtre et de La Quintinie. Mais à peine fut-elle importée du Pérou en Europe, qu'elle attira l'attention de tout le monde savant ; on aperçut en elle, pour la première fois, un phénomène de la vie végétale, resté jusque là inobservé; c'est une femme qui découvrit ce mystère. Elisabeth Linné, la fille du grand naturaliste Suédois, reconnut que les fleurs de la capucine étaient à de certains moments, dans l'obscurité, entourées d'une lueur légère, cette lueur, aperçue également par Linné, n'était cependant pas visible à tous les yeux, et donna lieu à de vives protestations. Mais la lueur a été, depuis, nombre de fois constatée, non seulement sur la capucine mais encore sur *l'Aglaphotis*, et même sur une plante aquatique, la *Thalagssigle*. Reste à savoir quelle est la nature de ces effluves lumineuses, et c'est sur quoi la discussion est, à cette heure, plus animée que jamais.

La capucine nous offre encore un autre spectacle extrèmement curieux : on y voit les huit étamines, plus longues que le pistil, se recourber sur elles-mèmes au moment de la fécondation et venir les unes après les autres déposer leur pollen sur le stigmate. Ce phénomène est un de ceux qu'on allègue pour prouver que la plante est susceptible de mouvements spontanés.

Mon intention n'est pas ici d'insister sur la beauté de la capucine, sur la facilité de sa culture ; sur sa saveur et son parfum agréables ; je ne veux faire qu'une question aux jardiniers mes confrères.

La capucine est-elle, oui ou non, une plante grimpante? Et même cette faculté de grimper ne constitue-t-elle pas une de ses qualités les plus charmantes? Pourquoi donc la lui avoir enlevée? Je sais ce qu'on a employé d'art et de science à en faire une plante naine fort jolie dans sa petitesse ; mais j'eusse aimé qu'on la perfectionnât aussi comme plante grimpeuse.

La capucine a des instincts d'escalade, il fallait, par la culture la rendre plus escaladeuse encore ; il fallait,

et c'était possible, élargir sa fleur et son feuillage :
Imaginez ce que serait une capucine gigantesque et le
parti qu'on en pourrait tirer dans l'ornementation
des jardins.

Le devoir, comme le vrai savoir, pour le jardinier,
est de développer en toute plante les facultés natives.

Ne modifiez la nature que pour la compléter; ce
qui grimpe, faites-le grimper davantage; votre plante,
alors, marchant d'accord avec vous, vous arriverez
à de bien plus grandes modifications, à de bien plus
nombreuses, plus gracieuses, plus vivantes et plus
durables variétés.

L'éducation, même en horticulture, doit, non pas
comprimer, mais développer la vie propre de chaque
être : plus les plantes sont vivaces et de culture facile plus il importe d'en agir avec elles de cette
façon, et c'est pourquoi je demande qu'on ne s'en
tienne pas à faire d'une plante essentiellement
grimpante une plante naine. Les plantes comme tous
les êtres ne se perfectionnent jamais mieux que si on
les aide à se montrer de plus en plus elles-mêmes.

Voilà ce que j'avais à dire à mes confrères, de
la part même de la capucine.

IV

22 Janvier 1873.

BOURRACHE

Quel temps! quelle saison! quel siècle! où faudra-t-il se réfugier pour trouver l'ordre, la paix, la régularité?

Ecoutez, je vous prie, mon histoire : la carrière politique ou plutôt la carrière administrative qui en est la préface ordinaire m'avait séduit, je m'étais occupé un peu, il y a quelques années, des élections municipales de ma commune, et voilà que pour résultat, je fus moi-même nommé du Conseil. Hélas! je ne tardai pas d'en avoir assez; tant d'embarras, de désaccords, de contretemps, de complications, de désastres et de catastrophes imprévues vinrent jeter le trouble dans la commune, que je fis vœu, à première occasion, de me tirer de ce grabuge, où sans utilité pour personne, je ne trouvais que trouble et ennui.

Je rentrai dans la vie privée, bien résolu à n'en sortir jamais. Je ne veux plus, me disais-je d'autre objet d'occupation, de contemplation, de réflexion que mon propre jardin : là du moins j'aurai constamment l'ordre, la régularité; je verrai les saisons chaque année se succéder invariablement; mon esprit, à ce spectacle, reprendra sa quiétude; je pourrai d'avance ordonner mes occupations de chaque mois sur le cours bien prévu de la température.

Je projetais, vous le voyez, de mettre dans ma vie la régularité astronomique; ne voilà-t-il pas un joli calcul et de sages prévisions!.. La politique, l'administration et toutes les cacophonies sociales n'égalent pas ce que nous voyons cette année dans la marche des saisons. C'est une anarchie complète; le calendrier, le calendrier lui-même, l'eut-on jamais prévu? est devenu un livre inutile. La nature échappe à tous les calculs possibles, à toutes les prévisions et pronostications. Ni Mathieu de la Drôme, ni Mathieu de la Nièvre, ni Mathieu Laensberg n'ont prévu que les feuilles pousseraient en janvier, que le tonnerre, le 20 de ce même mois, tuerait des citoyens à Paris, renverserait des cheminées d'usine à Rouen, mettrait à l'envers tous les esprits....

Non, jamais les administrations communales d'Heurteauville-la-Rivière et de Pontbruneau n'ont donné l'exemple d'un tel désarroi.

Où donc, je vous prie, trouver la tranquillité, la régularité?

Nous rêvons pour nous-mêmes les balancement

réguliers du pendule ; mais cette régularité monotone n'est possible qu'avec la matière inerte (en supposant qu'il y ait de la matière inerte) ; là où la vie se manifeste en toute sa puissance, en toute sa diversité, attendez-vous à ces apparents désordres.

Voilà les raisonnements que je me fais aujourd'hui, après quarante-huit heures d'insomnie causée par la tempête, les éclairs, la foudre, la grêle ; mais aux premières heures, j'ai eu vraiment une impression de trombe comparable à celle que me causaient nos délibérations au Conseil municipal d'Heurteauville-la-Rivière... Je ne peux pourtant pas m'en tirer cette fois par une démission.

Aujourd'hui 21 janvier, nous nous trouvons, au réveil, engloutis sous la neige ; c'est le premier symptôme d'hiver que nous ayons eu jusqu'ici. Décembre et janvier avaient été des mois de printemps et d'été, je restais pour écrire les fenêtres ouvertes ; mais aujourd'hui je les ferme d'autant mieux que ce passage subit d'une saison à l'autre me vaut une grippe des mieux conditionnées. Me voici donc enveloppé d'une grande houppelande, les pieds devant un beau feu de bois, buvant d'heure en heure une infusion de bourrache.

Ah ! la bourrache, messieurs ! on n'en connaît pas assez les vertus.

Et puis quelle jolie plante ! comment s'étonner

qu'elle ait pour les enrhumés des vertus bienfaisantes?

Puisque je suis en train d'en savourer les sucs
laissez-moi la choisir aujourd'hui pour sujet de
causerie horticole, car, en vérité, toutes ces tempêtes
du ciel et de la terre me faisaient oublier que je ne
suis rien de plus qu'un horticulteur et que je n'ai à
vous entretenir que d'horticulture. Je rentre dans mon
rôle et passe à la bourrache.

La bourrache, répandue partout en Europe, mais
originaire, dit-on de l'Asie-Mineure, est une fleur
bleue charmante, pectorale, sudorifique, digestive,
agréable en infusion, je vous en réponds, et qui, pour
nous paysans, remplace le thé, qu'elle égale presque
en parfum, sans occasionner aucun des troubles nerveux que causent certaines espèces de thé. Elle doit à
Raspail une grande popularité et devient, grâce à
lui, chez les pauvres, d'un usage de plus en plus
fréquent.

La bourrache avait été fort négligée depuis quelque
temps; mais l'antiquité en faisait très grand cas. On
lui prêtait des vertus entièrement opposées à celles
de la digitale; cette dernière a la propriété singulière
et bien avérée de ralentir les mouvements du cœur,
la bourrache passait, au contraire, pour les activer,
de là son nom de *borrago*, corruption (à ce qu'on
assure) du mot *corrago*, composé de *cor*, cœur, et

ago, j'agis; mais il paraît que cette propriété était imaginaire. La bourrache cependant conserve encore d'assez précieuses qualités pour qu'on s'étonne de ne pas la voir plus répandue, plus cultivée. En laissant même à part les vertus médicinales, ses qualités charmantes, comme plante d'agrément lorsqu'elle est convenablement placée, lui devraient mériter sa rentrée dans les jardins; elle reste en fleur presque tout l'été, elle est pour les abeilles un inépuisable réservoir et elle a, de ce côté certainement, une utilité dont on ne tient pas assez compte. Quelques ménagères, à la campagne, mêlent ses fleurs à celles de la capucine pour en orner leurs salades; rien n'est plus agréable à l'œil que ce joli mélange et la salade en paraît meilleure.

On dit que la bourrache croit naturellement en Normandie; je ne le pense pas; on la trouve, il est vrai, le long des chemins, mais jamais éloignées des jardins, d'où probablement elle se répand au dehors, soit qu'on en jette de jeunes plantes parmi les sarclages, soit que les graines s'y propagent seules.

On sait, en effet, qu'une fois introduite quelque part, la bourrache s'y établit et s'y perpétue à merveille. Mais comme c'est une plante annuelle qui, d'une année sur l'autre, ne se reproduit que de graine, on peut toujours ne la laisser croître qu'aux lieux convenables; un léger binage suffit pour la détruire, je l'ai quant à moi longtemps cultivée et j'en ai obtenu souvent de jolis effets; il est bon seulement de ne pas la mettre trop en évidence; les petits coins un peu agrestes, voilà ce qui lui convient; il faut toujours qu'elle ait un peu l'air de se trouver là par hasard; quoique d'un naturel très sociable, elle a toujours l'aspect d'une herbe sauvage.

Donnons-lui un entourage conforme à son humeur, mais comme elle aime à vivre en famille, il importe aussi de ne jamais la laisser seule de son espèce; trois ou quatre individus réunis en un petit groupe, voilà le bonheur pour ces plantes, c'est la condition la meilleure pour les obtenir dans toute leur beauté.

Nous recommandons cette culture surtout à la campagne, où les fleurs un peu rustiques, comme la bourrache, ont toujours un plus agréable aspect qu'à la ville.

Sur ce, je continue de boire ma tisane, et j'espère qu'elle me rétablira vite, le beau temps aidant, car, en vérité, je me figure, que le beau temps va reprendre brusquement comme il a cessé.

Voici que le soleil, chaud et brillant, est en train de fondre la neige.

Et demain, peut-être, nous retrouverons-nous en plein printemps.

V

17 Mars 1873.

LIMACES ET LIMAÇONS

La neige et le froid sont revenus et persistent. Le jardinage est impossible; ne pouvant travailler au jardin j'ai lu les journaux et j'ai trouvé là de quoi occuper mes loisirs, la politique aidant. Mais, pauvre jardinier que je suis, il ne me prendra pas envie de vous adresser sur ce point mes réflexions, j'aime mieux appeler votre attention sur quelques *mauvaises bêtes* qui tout à l'heure se réveilleront. J'espère que les gros bonnets d'Heurteauville-la-Rivière et de Pontbruneau (de Pontbruneau surtout) ne verront dans ces mots aucune allusion blessante; c'est bien réellement de bêtes et même de bestioles que je veux parler; les premières, parmi les espèces nuisibles, qui vont tout à l'heure nous revenir, ce sont les limaces et limaçons; c'est d'eux que je vous parlerai.

Ces mollusques peuvent être mis, je pense, au nombre de nos bêtes les plus dévorantes : feuillage, tiges, fleurs, fruits, germes, rien ne leur échappe; tous les végétaux leur sont bons; ils atta-

quent les cryptogames (champignons et bolets); ils
mangent le bois pourri, le papier, le linge, les ex-
créments, les charognes; une limace morte devient
la pâture des autres limaces; certains limaçons s'en-
tremangent vivants... Linné, saisi d'horreur au
spectacle d'une telle voracité crut que ces animaux
mangeaient jusqu'à la pierre. Linné se trompait,
ils se contentent de ronger le lichen et les mousses
qui recouvrent les murs; heureusement! car ils
eussent mangé les maisons.

Les limaces sont connues aussi sous le nom de
mollets et arions, et les limaçons sont souvent ap-
pelés colimaçons, hélices, escargots, et tout simplement *limas*. C'est, je crois, sous ce nom que les
désigne La Fontaine.

Nous devons à la science moderne, sur ces animaux, des observations pleines d'intérêt : mais les
hommes pratiques ne nous ont pas assez dit ce
qu'eux-mêmes ils ont eu l'occasion de remarquer.

Anatomiquement, beaucoup d'animaux sont connus dans le moindre détail; mais leurs mœurs, que
Buffon, avec tant de raison regardait comme une
partie essentielle de l'Histoire Naturelle, nous sont
inconnues. C'est pourtant en les étudiant mieux que
nous pourrions, parmi tant d'êtres qui nous envi-
ronnent, apprendre à nous garantir contre nos ennemis et à protéger nos amis.

Limas, limaces et limaçons ont été classés parmi
les mollusques gasteropodes, c'est à dire parmi les
mollusques à qui leur ventre sert de pied.

Les poètes de l'école de Ronsard, qui, au seizième siècle, avaient inventé les mots composés, n'eussent pas manqué de les appeler mollusques *ventre-
pied;* ce qui n'eut pas été plus bizarre en français
que ne l'est en grec *gasteropode;* cela eut même
présenté l'avantage d'être, en France, intelligible
pour tous. Mais être intelligible pour tous, quand
messieurs les savants s'y décideront-ils? On m'assure
pourtant qu'il y a de ce coté, chez quelques uns
(des plus jeunes), d'excellentes résolutions prises.
Ainsi soit-il! Mais revenons aux limaces.

Il existe des variétés innombrables de ces animaux ventre-pied. Les limaçons à coquille en
forment l'aristocratie, chacun d'eux ayant lambris
de nacre et pignon sur rue, comme dit si bien
Béranger :

> Au seuil de son palais nacré,
> Ce mollusque à bave incongrue
> Se carre en bourgeois décoré,
> **Tout** fier d'avoir pignon sur rue.

Les limaces qui sont chez ce peuple la classe plé-
béienne, n'ont ni château ni maison; mais la nature
leur a donné un précieux manteau, solide, épais,

visqueux, qui est pour elles un plus sûr abri que
la coquille de messieurs de la limaçonnière.

Dans l'une et l'autre classe les variétes abondent
dont chacune a ses mœurs, sa forme, son climat et
sa spécialité de malfaisance. Pas de canton un peu
étendu où les limaçons ne puissent donner lieu à
des collections de coquilles jolies et variées. Toutes
les couleurs, ou à peu près, y sont représentées.
Il y en a de microscopiques, tandis que d'autres
atteignent la grosseur d'un œuf de poule. Quelques espèces étrangères à l'Europe nous ont été
apportées des autres conirées du monde dans les
racines ou les troncs des végétaux exotiques. Heureusement, beaucoup de ces animaux périssent dans
la traversée ou sont incapables de supporter nos
hivers. Les négociants en bois de teinture ont pu
constater, s'il en est qui se livrent à de telles observations, que les coquilles terrestres, et quelques-
unes fort jolies, abondent dans les souches de
Camwood, de Saint-Domingue, de Campèche et
surtout de Lima, mais bien rarement il a dû leur
arriver d'en trouver de vivantes.

Les limaçons transportent avec eux leur maison,
mais ils ne la transportent pas tous de la même
manière; les uns la dressent élégamment au dessus
de leur dos, et l'on voit l'édifice s'élever en pointe
comme **un petit clocher; d'autres la traînent en l'in-**

clinant à droite ou à gauche, selon certaines traditions de famille ou de tribu.

En hiver, réunis souvent en grand nombre, ils se
cachent dans des trous, sous des amas de pierres ou
de feuilles, dans les fentes des murs, aux voûtes
des caves, dans les creux d'arbres ou sous des
racines. La plupart, pendant cette saison, ferment
ment leur logis; mais les uns n'ont qu'une simple
porte et d'autres en ont deux, trois et même davantage. Ces clôtures, formées d'une sorte de par-
chemin très solide, ont reçu le nom d'épiphragmes.
Le limaçon sécrète en marchant un mucus dont il
tapisse les endroits où il passe; c'est ce mucus qui
lui sert à construire sa clôture. Cette sécrétion est
employée par l'industrieux ventre-pied à de bien
autres industries. La plus singulière est celle qu'en
a su tirer une certaine *limace agreste,* commune en
plusieurs de nos départements. Tout le monde a pu
remarquer que les limaces ont la prudence de fré-
quenter assez peu les arbres; c'est qu'il leur faut,
lorsqu'elles y sont grimpées en redescendre, opération difficile et compliquée; la limace en question, du
haut des plus grands arbres, se suspend à sa bave
étirée en un fil très mince, et descend ainsi en se
balançant en l'air, à la façon des araignées.

Au lieu d'appeler cette limace *agreste* (comme si
une telle épithète ne convenait pas à toutes les lima-

ces), pourquoi ne l'appellerait-on pas limace acrobate, limace Saqui ou limace Léotard? Un de ces
noms eut tout de suite éveillé l'attention en révélant
à tous ce singulier phénomène d'un ventre-pied
danseur de corde.

Rien de plus curieux à observer en son mécanisme
que la marche ordinaire des limaçons; il est bizarre,
en effet, de voir un ventre servir de pied.

— Les serpents aussi, dira-t-on, marchent sur le
ventre.

— Oui, mais par un procédé tout autre : le ventre n'est pas pour eux l'organe locomoteur, il n'est
qu'un point d'appui; le reptile avance par un mouvement des vertèbres soulevées en arc de cercle et
tout à coup rabaissées vers le sol, de manière à
pousser en avant la partie antérieure du corps de
l'animal. Mais chez la limace et le limaçon, pas de
vertèbres à mouvoir; leur marche est le résultat
d'ondulations intérieures que l'on peut apercevoir très
bien en plaçant l'animal dans un ballon de verre ou
dans une carafe. Les ondes, assez rapprochées les unes
des autres, se suivent très vite allant de la queue à
la tête; mais pendant qu'une onde parcourt toute la
longueur de son corps, l'animal n'avance que de la
distance d'une onde à l'autre. Il ne paraît pas qu'une
autre créature puisse avoir une marche plus compliquée. Cet étrange appareil chez les animaux ven-

tre-pied rappelle un peu à ceux qui la virent autrefois fonctionner, l’antique machine de Marly qui, par tant d’efforts et de lourdes complications mécaniques, ne parvenait qu’à monter à une faible hauteur quelques filets d’eau.

Il survint, il y a quelques années, une grande polémique au sujet des limaçons : on prétendait qu’il était possible de leur enlever les quatre cornes et la tête sans les faire périr. On prétendait même que les parties enlevées repoussaient; la chose était d’autant plus étonnante que les deux plus longues cornes du limaçon sont ses yeux, construits en forme de télescope. Vérification faite, il se trouva que la chose était vraie. La tête et les cornes du limaçon repoussent, à la condition toutefois qu’en les enlevant on ait épargné le premier ganglion nerveux.

On sait que les *pinces* des écrevisses et les pattes de quelques lézards repoussent de la même manière.

Les ventre-pied offrent cette autre bizarrerie que chacun d’eux est à la fois mâle et femelle. Toute rencontre de deux de ces animaux peut devenir un mariage et ces mariages on les voit souvent aux jours de pluie contractés en plein vent sur le sol humide.

Il y aurait à tenter une expérience : celle de marier ensemble, s’il y consentaient, en les élevant ensemble, une limace et un limaçon. Ce genre d’accouplement n’a pas encore été constaté chez ces animaux vivant en liberté et ne le sera vraisemblablement jamais; cependant, si les hybridations sont possibles, ce doit être surtout parmi les animaux inférieurs. Je recommande cette expérience aux naturalistes.

Il serait curieux que des limaces ne pussent être contraintes à l'adultère, ou que des limaçons refusassent de se mésallier; mais si, d'autre part, le mélange a lieu, l'expérience aura son intérêt dans les hybrides qui en résulteront.

J'ai dit que certains limaçons sont d'une petitesse extrême (moindres que des puces) tandis que d'autres égalent en grosseur un œuf de poule; chez les limaces, de ce côté, encore mêmes différences; il y en a de microscopiques et d'autres qui ont jusqu'à 10 et 15 centimètres de longueur. M.Moquin-Taudon en recueillit une de 20 centimètres au jardin botanique de Toulouse.

Les ventre-pied ne marchent que sur des chemins recouverts d'un tapis d'argent. Le mucus qui s'échappe incessamment de leur corps, lorsqu'ils sont en marche, leur sert à préparer cet enduit brillant, qui, en les faisant adhérer aux surfaces sur lesquelles ils cheminent, leur permet de monter le long des murailles et des voûtes.

A l'époque des amours, cette sécrétion devient plus abondante; on voit alors les limaces rouges (les arions) se manger les unes aux autres ce mucus. La plupart des limaces pondent leurs œufs dans le sol, mais quelques espèces les déposent sous l'écorce ou dans les troncs des vieux arbres. Ces œufs éclosent au bout de cinq ou six jours, selon la température du lieu.

Tout le monde sait quels ravages causent dans les cultures les limaces et limaçons; heureusement, ces animaux ont des ennemis nombreux, parmi lesquels il faut citer en première ligne le hérisson, les tortues, les cigognes (bêtes précieuses dans les jardins). Les poules, les dindons, les canards en sont aussi très friands.

Parmi les insectes se trouvent aussi d'excellents destructeurs des limaces; indiquons seulement le carabe, le ver luisant, le drille: ce dernier pond doucement à l'entrée de la coquille du limaçon, un œuf d'où sort une larve qui, en grandissant, dévore les entrailles du monsieur.

Quant aux moyens artificiels de destruction, on n'en connaît pas jusqu'ici de meilleur que les arrosages avec l'urine de bétail ou le purin de fumier; on peut aussi dans les petites cultures, recourir à la chaux, au plâtre, à la sciure de bois, aux cendres qui entravent leur marche, dessèchent leur bave et les font souvent périr sur place.

Le ramassage des limaçons devrait être dans les

fermes, la besogne des enfants. Un cultivateur habile, M. Gossin, rapporte qu'il en chargea son fils, enfant de neuf ans, auquel il avait promis un sou par cent, et qui en peu de jours en recueillit cinq mille.

On a remarqué que le sucre, le sel et le tabac tuent les limaçons; il suffit, pour les voir mourir presque instantanément, de leur semer sur le dos quelques grains d'une de ces trois substances.

Il va sans dire que l'on n'indique pas ceci comme un moyen pratique applicable en agriculture à la destruction des limaces et limaçons.

Je ne récapitulerai pas, chose bien inutile, tous les remèdes dans la préparation desquels, autrefois, entraient les limaçons; ils ont surtout un petit os dans la tête dont on disait merveilles pour la guérison des migraines. On n'emploie les limaçons aujourd'hui que dans les affections de poitrine.

Ecrasés et hachés, limaces et limaçons sont une excellente pâtée pour la volaille; il ne faudrait pas cependant en nourrir les pondeuses trop exclusivement: les œufs prendraient à ce régime un goût fade et désagréable. C'est du moins l'opinion de M. Joigneaux.

VI

5 Mai 1873.

LAITUE

On a cru longtemps que le nom de cette plante *lactuca* était une allusion au suc blanc et laiteux que contiennent ses tiges; mais des érudits affirment que ce nom lui vient de la propriété qu'on lui attribuait autrefois d'augmenter le lait des nourrices. Il paraît inutile de soulever aucune guerre pour défendre l'une ou l'autre de ces opinions : en matière de laitue, nous jouissons de la plus entière liberté de conscience.

On compte en ce moment, je crois, trois cents variétés de laitues, lesquelles se peuvent toutes ramener à trois principales :

1º Laitues pommées ronde;
2º Laitues oblongues ou romaines;
3º Laitues frisées.

Les laitues oblongues inconnues en France avant le seizième siècle, y furent introduites par Rabelais, qui les envoya de Rome à son ami le cardinal d'Estissac, évêque de Maillezais. Cette laitue en reçut le nom de Romaine. Notez qu'elle ne se cultivait alors que dans le jardin du pape, et dans un jardin secret.

Ce fut une grande joie pour Monseigneur d'Estissac de pouvoir offrir sur sa table l'heureuse salade qui ne se mangeait que chez le Saint père. Il n'est pas de paysans qui, à cette heure, ne la cultive dans son jardin, sans soupçon de sa haute origine.

La laitue avait, du reste, été fort célèbre dans toute l'antiquité. On lui attribuait les vertus les plus précieuses en médecine. On en composait toutes sortes de calmants ; tout le monde sait qu'aujourd'hui encore elle sert à la fabrication du sirop de *lactucarium*. On lui attribuait de véritables miracles. Si l'on en croit Suétone, l'empereur Auguste, atteint d'une mélancolie hypondriaque, aurait été remis en son bon sens par le suc de la laitue. Son médecin, Musa, sut, du moins, si bien le lui persuader, qu'il en obtint toutes sortes d'honneurs et de hauts emplois. Je crois même que tous les fonctionnaires de l'empire, grands et petits, se cotisèrent pour élever une statue au médecin Musa. Les archéologues pourront quelque jour la retrouver.

Cette cure impériale contribua beaucoup à fortifier la réputation des laitues, qui n'est d'ailleurs pas imméritée. La laitue est un calmant des plus faciles à se procurer ; mangée cuite ou crue surtout le soir, elle fa-

cilite le sommeil, apaise les sens. C'est avec le
cresson, la plus saine de toutes les salades. Il n'y a
rien à dire de sa culture. Tout le monde sait qu'il
n'y en a point de plus simple; il n'est même pas
besoin de lui faire une place à part dans le potager.
Presque toujours, les jardiniers mêlent sa graine en
petite quantité à la graine d'oignon; en quelques
semaines, elle est bonne à cueillir, tandis que l'oignon ne fait encore que commencer à grandir. On
la peut aussi semer ça et là dans les plates-bandes
garnies de fleurs à la campagne; elle y est même,
au printemps, d'un joli effet. En beaucoup d'endroits, on commence à comprendre le parti qu'on
peut tirer de certains légumes pour l'ornementation.

Mêlez les donc hardiment avec les fleurs. C'est
une règle que pour mon compte, j'ai toujours pra-
tiquée et dont j'ai souvent obtenu des résultats aussi
heureux qu'imprévus. La laitue est un de nos végétaux potagers les plus propres à ce mélange. L'a-
gréable et l'utile sont réunis en cette aimable plante,
et c'est à tort, je crois, que si souvent on l'interdit
aux estomacs faibles, car elle est de digestion facile et
ses sucs laiteux, agréables à l'œil et au goût, malgré
leur amertume, ont certainement des qualités bienfaisantes.

C'est une de nos plus précieuses sédatives. Malheureusement elle est de complexion si délicate, qu'elle

supporte mal les voyages. Ses sucs s'altèrent vite, et elle perd sa fraicheur délicieuse; c'est donc à la campagne principalement que la laitue a son charme et son utilité, il importe, pour la bien apprécier, de la manger sur place; elle perd à la ville la moitié de ses qualités et de ses agréments.

VII

12 Mai 1873.

GUÊPES

Malgré le froid, je viens de voir voler la première guêpe. Cette vue m'a donné l'idée de vous parler de cet insecte qu'on a classé, non sans raison, parmi les bêtes nuisibles, mais sur lequel il y a néanmoins du bien à dire, car son histoire est certainement une des plus intéressantes que nous puisse offrir la cité des bêtes.

Les guêpes, *vrèpres* ou *vèpres*, en latin *vespæ*, doivent être classées parmi les insectes évidemment les plus nuisibles, puisqu'elles peuvent aller à notre égard jusqu'à l'assassinat; du moins l'assassinat qu'une seule guêpe ne peut accomplir, le sera très bien par tout un guêpier. Les grandes guêpes même, telles que les frelons ou foulons, n'ont besoin que de se réunir en assez petit nombre pour tuer leur homme ou du moins pour le laisser bien malade. Ces grands méfaits, heureusement, sont rares.

Disons qu'en toutes choses, d'ailleurs, les guêpes font plus de bruit et causent plus de peur que de mal; elles gâtent un peu les fruits et surtout le raisin; elles tuent un assez grand nombre d'abeilles, mais elles sont chez les bouchers des sentinelles vigilantes contre les mouches à viande. Quelques bouchers leur font la chasse, ils devraient les attirer, au contraire; sans doute elles mangent un peu de viande, mais elles ne la gâtent pas en y déposant leurs œufs, comme les grosses mouches. Dans quelques contrées, du reste, et notamment à Pontbruneau, les bouchers les attirent en laissant à leur discrétion un morceau de foie dont elles sont très friandes.

Maintenant, pour être juste, ajoutons que les guêpes, malgré leur importunité incessante, malgré l'agacement et l'ennui dont elles nous poursuivent jusque dans nos maisons, nous inspirent une véritable admiration, je dirais presque un véritable respect par leur activité intelligente et dévouée — ce sont les citoyennes d'une république modèle, dont Athènes, Sparte et Rome ne furent que d'imparfaites copies ! Une guêpe ne travaille, ne vit, ne se conserve, ne respire que pour le guêpier.

La question capitale, en toute vraie république, est celle de l'éducation (et ce fut, en effet, le grand art de la Grèce); l'éducation est aussi le point où les guêpes excellent. Par l'éducation et la nourriture (deux mots autrefois synonymes) elles suppriment ou développent les sexes à volonté. Elles ont posé et résolu ce hardi problème d'une double éducation positive ou de développement pour les citoyens, négative ou de réfrénement pour les esclaves. En préparant ainsi des créatures vraiment inégales en leurs facultés, elles motivent physiologiquement l'inégalité de leurs droits.

La vie de la guêpe est une lutte, une guerre incessante ; si cet insecte perdait un seul instant de son énergie, il disparaîtrait. Aucun autre animal ne donne l'exemple d'une aussi vertigineuse activité. Sa vie entière n'est, ne peut être qu'un accès de fureur. Songez que des milliers d'habitants dont se compose tout guêpier, en juillet et août, il ne survit au printemps souvent qu'une seule femelle ; cette femelle fécondée au commencement de l'automne, cachée en hiver dans quelque trou de mur, fera subir à ses œufs, avant de les pondre, six mois d'une incubation léthargique ; puis, réveillée au printemps, il lui faudra bâtir un nid, pondre, soigner ses larves, préparer les assises de la future république. Les jeunes guêpes, élevées à la hâte, les unes exclusivement pour la reproduction, les autres exclusivement pour le travail, vous verrez en quelques semaines se développer la cité bourdonnante. Les citoyennes issues de cette première éclosion deviendront mères elles-mêmes en très peu de temps, et de nouvelles générations viendront jusqu'à l'automne, augmenter la population.

Mais, à mesure que les nouveaux habitants ont surgi,il a fallu agrandir la cité, il a fallu trouver sa subsistance et celle des nombreuses larves tou jours renaissantes. Dans un tel état de choses, comment faire des économies pour l'hiver? Aussi, aux premières atteintes du froid, la république comprend que pour elle l'heure de la mort est venue; nul abattement chez ces vaillants insectes, ils iront eux-mèmes au-devant de leur destinée. Mourir n'est rien; mais mourir de froid, de faim, de misère, voilà ce que les nobles bètes ne peuvent supporter. En un instant la résolution est prise et le signal donné; un peuple entier disparait dans un massacre héroïque; tout tue, tout veut ètre tué. Mouches guerrières, elles s'enivrent d'une fierté suprème à périr par la guerre. Lorsqu'il ne reste plus que quatre ou cinq survivantes, ce qu'il s'y trouve de femelles s'unit pour tuer les deux ou trois mâles qui demeurent encore parmi elles, et ces deux ou trois femelles, qui seules subsistent de toute la cité, vont chacune séparément se cacher au fond de quelque retraite, dans laquelle, si le froid ou quelque ennemi ne les tue pas, elles pourront conserver pour l'été suivant, l'espoir d'une future république.

Maintenant, que dire de l'industrie des guêpes? Elles ont, longtemps avant l'homme, inventé le papier et le carton; notez que pour exécuter leurs chefs-d'œuvre de papeterie et de cartonnage, elles savent parfaitement se passer de chiffon.

Qu'on me permette de citer là-dessus Valmont de Bomare, un vieux rouennais, comme Jean Labèche, mais un vieux rouennais du temps où Jean Labèche n'était pas encore né. Ajoutons que le très érudit et très habile compilateur ne fait guère ici que rapporter le résultat des observations de Réaumur :

« On rencontre très fréquemment, dit-il, des guêpes attachées sur de vieux treillages, de vieux châssis, ou autres bois : si on les observe, on les voit occupées à ratisser le bois avec leurs dents, en détacher les fibres, les écharper, les couper, les mettre en masse de forme ronde, qu'elles portent tout de suite à leur guêpier. Aussitôt qu'elles ont fait leur provision de cette matière première de leur papier, elles vont le fabriquer. Pour cet effet, elles l'humectent d'une liqueur qu'elles dégorgent, et dont elles se servent pour coller ensemble toutes ces petites fibres, qu'elles pétrissent avec leurs pattes, et réduisent à l'aide de leurs dents en lames minces pour former l'enveloppe et même les cellules du guêpier.

« La matière que les guêpes emploient et celles dont nous nous servons sont si peu éloignées l'une de l'autre, que le bien public exige qu'on y fasse attention. Les maîtres de papeterie se plaignent souvent que les vieux chiffons deviennent de jour en jour une matière rare, parce que la consommation du papier augmente, pendant que celle du linge, dont il est fait, reste à peu près la même. Les guêpes nous donnent des vues pour multiplier le fond de ce commerce; elles nous apprennent que nous pouvons en trouver la matière première ailleurs que dans les chiffons : leur exemple est pour nous une leçon qui doit nous exciter à chercher parmi les plantes inutiles, et même dans les arbres et les vieux bois, de quoi suppléer à la disette du vieux linge, à chercher des plantes dont on puisse faire immédiatement du papier en s'y prenant d'une manière équivalente à celle des guêpes. »

La citation est un peu longue, mais j'espère qu'on l'excusera; il ne m'a pas semblé que j'eusse pu mieux dire.

L'édifice, relativement très solide, que les guêpes construisent en forme de ruche et qu'elles suspendent aux branches des arbres, ou aux solives de nos greniers, est composé de plusieurs feuilles de leur mince papier, lesquelles sont séparées les unes des autres par un petit espace vide. Il en résulte qu'en temps de pluie, l'humidité ne peut être transmise des couches extérieures aux couches intérieures, et qu'ainsi, l'intérieur du guêpier reste toujours parfaitement sec.

Voilà des insectes qui ont, vous le voyez, longtemps avant nos architectes, inventé le mur creux, c'est-à-dire le véritable mur hygiénique.

Qui sait si l'avenir n'adoptera pas, pour cause de salubrité, la maison en papier construite d'après la méthode *guépienne!*

Tout le monde sait que certaines espèces de guêpes construisent leur cité sous le sol. Il est difficile, en été, de se promener dans la campagne sans rencontrer quelqu'un de ces guêpiers souterrains, auquel sert d'entrée un trou d'environ deux centimètres d'ouverture. Les guêpes entrent et sortent par ce trou avec leur activité terrible. N'allez pas essayer de boucher ce trou pendant le jour (j'y ai été pincé dans mon enfance), car si vous y enfermez celles qui sont dedans, vous serez assailli par celles qui sont dehors; vous verrez alors ce qu'on peut craindre d'un millier de mouches puissamment armées.

Mais l'inconvénient que présentent les guêpes n'est point là; avec de la prudence on peut éviter d'en être piqué gravement. Leurs vrais ravages, je l'ai dit, s'exercent sur les fruits et sur les abeilles, dont elles pillent le miel et que, souvent, elles tuent.

Avec tout cela, et quoiqu'elles doivent être rangées parmi les insectes nuisibles, il faut avouer qu'elles ne font aux cultivateurs que de bien légers torts, si on les compare à tant d'autres ennemis. D'ailleurs, l'impossibilité où elles sont, d'amasser l'été pour l'hiver, et le soin qu'elles prennent de se détruire elles-mêmes sont une garantie contre leur trop grande multiplication.

Terminons en rappelant que le vrai remède contre leurs piqûres, c'est l'ammoniaque, comme pour la piqûre des vipères. Donc, s'il est impossible de ne pas considérer la guêpe comme un ennemi, il faut du moins voir en elle le plus noble de nos ennemis. « On ne voit guère dans la nature, dit Michelet, de créatures qui aient droit de s'estimer davantage. » La guêpe a ceci de très remarquable, en effet, qu'elle n'accomplit aucune des actions de sa vie, bonnes et mauvaises, qu'en vue de la cité. Ce sont des citoyennes à la façon de Machiavel, qui, au milieu de tant de crimes commis en ce monde par égoïsme, orgueil, vengeance, avarice ou vanité, ne craignent pas de commettre par dévouement les crimes nécessaires au salut de l'Etat. Toutes les guêpes d'un guêpier sont en cela des *princesses* comme les eut aimées le conseiller de César Borgia. On dirait qu'elles ont étudié à fond ses ouvrages. Il n'en est rien pourtant; elles pratiquaient cette *politique* longtemps avant que Machiavel en eut parlé.

Prenons garde cependant qu'une admiration chevaleresque ne nous induise à laisser les guêpes devenir trop nombreuses; protégeons contre ces filles de Sparte les humbles travailleuses de nos ruches. Nous devons, sinon à nous, du moins à nos amies les abeilles, de considérer et de traiter les guêpes comme bêtes malfaisantes, dévouées sans doute à leur étroite et intolérante cité, mais nuisibles à tous les autres êtres. Détruisons-les donc, non toutefois sans prendre les précautions nécessaires pour éviter leurs piqûres. C'est en terminant, la grâce que je vous souhaite.

VIII

17 Juin 1873.

THYM

Après un malaise de quelques jours, je commençais d'aller mieux; la journée avait été belle et chaude; je me promenais, aux approches du soir, dans mon jardin rustique. Mes plantes, heureuses, pleines de vie, avaient un parfum qui, certainement, agissait sur moi comme un mystérieux cordial.

Une d'elles surtout, que j'ai toujours aimée pour sa simplicité, sa modestie, sa rusticité, pour son petit feuillage au parfum fortifiant, me retint au passage. Je caressai de la main ses tiges embaumées, et, tout ému (nous étions seuls), je lui dis :

« — Pauvre petite plante! On parle peu de toi, on en écrit moins encore; tu ne figures ni dans nos jardins bourgeois à la mode, ni dans nos squares publics; mais les humbles parterres, ceux qu'on appellerait volontiers les jardins de famille, ne te dédaignent pas. Tu tiens sur la fenêtre du pauvre

une place d'honneur et tu la garderas. Dans les jardins champêtres on te plante en bordure, et c'est ce
que je fais chez moi; mais j'aime aussi à voir çà et
là ta touffe solitaire et timide. Toi-même tu te plais
à vivre seule; la culture qui semble le plus te sourire
est celle qui fait de toi un petit arbre. Tu aimes à
n'être pas confondue avec les herbacées; ton énergie
ne se manifeste pas par les fiertés de ta tige; elle se
concentre tout entière dans tes parfums fortifiants;
arbuste, arbustule éminemment français, tu as été
pourtant, dès l'antiquité, avec la Rose et les Lis, une
des plantes bien aimées; tu portes, parmi les fleurs,
le plus glorieux nom, et ce nom qui te fut donné par
les grecs, signifie *cœur, âme, esprit, courage.* Tu
étais, à leurs yeux, la plante vivifiante et fortifiante
entre toutes. Ils aimaient à respirer ton parfum,
qu'ils avaient adopté pour leurs eaux de toilette. Dans
les repas même, on te retrouvait comme assaisonnement. La découverte du Nouveau-Monde nous fit
connaître d'autres condiments plus relevés en saveur,
cependant, on t'emploie encore aux mets les plus recherchés; en médecine, tu fus longtemps une plante
précieuse, et peut-être y reprendras-tu un jour quelque rôle.

« Comment s'étonner de tant de charmes et de
tant de vertus? tu pris naissance au plus beau pays
de la terre, entre l'Italie et la France dans les Alpes;

mais même dans la vieille Gaule, tu croissais sous forme de serpolet, forme plus humble, mais non moins gracieuse et non moins parfumée avec plus d'éclat et de gaieté dans ta fleur.

« Aussi, vois ce qui se passe : des milliers de végétaux charmants ont, depuis un siècle, fait leur entrée dans nos jardins. Des arbustes éblouissants, tels que les géraniums, se sont multipliés, variés à l'infini ; chaque jour ils redoublent de beauté, d'éclat, de vigueur ; et quelle facilité, quelle docilité de culture, quelle perpétuelle complaisance à fleurir ! Pourtant, ces vaillants arbrisseaux, désormais populaires ne t'ont pas fait tomber dans l'oubli et tu nous resteras. Nos jardiniers, en nous enrichissant de plantes nouvelles, sauront bien conserver quelques unes des anciennes et tu seras de celles-là.

« Que dire de ta culture si simple ? plante forte, tu aimes les terrains forts ; les cailloux même te plaisent. Ce que tu fuis, c'est l'humidité ; il te faut le grand air, le soleil et la chaleur. Tu te laisses très souvent reproduire par division et marcottes, mais c'est par le semis qu'on t'obtient dans toute ta beauté, surtout lorsque tu t'es semée toi-même : tu te plais aux lieux accidentés, sur les pentes exposées au midi, cela te rappelle les montagnes où tu pris naissance. On t'a peu modifiée par la culture ; mais ce que l'on aime en toi, c'est ton parfum : eh! comment songerait-on à le perfectionner?

« Tu peux sans crainte, tu peux même, avec un sourire, accueillir de toutes les parties du monde les plantes nouvelles et charmantes qui, chaque année, prennent place dans nos jardins, si belles, si variées, si dociles qu'elles soient à la culture, aucune ne nous fera jamais oublier le thym. »

Après ce petit colloque, je rentrai, j'allumai ma lampe, et me mis au travail, mais par la fenêtre ouverte, m'arrivaient encore les émanations de la chère plante ; ma chambre en était délicieusement parfumée.

Ah! les caresses de l'homme à la plante et de la plante à l'homme qui saura jamais les dire !

Quelques âmes simples en ont eu le sentiment sans doute, mais ce sentiment délicat, fugitif, indéfinissable n'a pu être que bien rarement exprimé; pour moi, je ne l'ai retrouvé que dans deux ou trois vers de Virgile, dans deux ou trois vers de Catulle, celui-ci par exemple :

ut flos in septis......

Zéphir, soleil, rosée à l'envi la caressent

c'est le vieil ami et compatriote A. Canel de Pont-Audemer qui a traduit ainsi le beau vers :

quem mulceat aurœ. . .

Mais qui pourra traduire jamais : *Multi illum pueri.* . . . . . « Petits garçons petites filles » c'est de la fleur que Catulle vous fait amoureux ! et jamais rien ne fut exprimé de plus vrai, de plus frais et **de** plus chaste. . . . . .

Voilà, messieurs, les idées et les souvenirs qui me vinrent en respirant les parfums de ma fleur bien aimée.

IX

23 Juin 1873.

GLYCINE

Lecteurs, ne voilà-t-il pas que l'on me reproche de vous avoir cité quatre mots latins! — quoi! ce Jean Labêche ne serait-il qu'un savant de collège? — Eh! messieurs, je ne fus même jamais bachelier ni en état de l'être,

Cela ne veut pas dire pourtant que le vieux jardinier d'Heurteauville n'ait pas cherché toute sa vie à s'instruire, qu'il n'ait beaucoup lu, beaucoup réfléchi, beaucoup interrogé les gens doctes. Mais, dans son enfance, il n'eut d'autre école que l'école mutuelle créée à Rouen, sa ville natale, aux premières années de la Restauration. Il y apprit à bien lire, à bien compter, il y reçut quelques notions de géométrie et d'orthographe.....

Placé de bonne heure chez un horticulteur instruit, j'écoutai ses leçons, je suivis un cours de botanique; j'ai eu, d'ailleurs, toute ma vie du goût pour les livres, j'en achetai et j'en achète encore : tlivres de science, de poésie, d'histoire, recueils de toutes sortes, grammaires, dictionnaires, traductions et surtout traductions en regard du texte. Je me suis fait ainsi une bibliothèque instructive. Malheureusement, je n'eus pendant longtemps que bien peu de loisirs à donner à ces livres; mais à quarante-cinq ans je me retirai des affaires. J'avais vu la plupart des rentiers occupés à mourir de leurs rentes. Je voulais vivre des miennes, et, pour cela, me cultiver moi-même, en continuant de cultiver mes fleurs.

Grâce à beaucoup de sobriété, j'avais encore de la fraîcheur dans l'esprit, et conservais une grande facilité d'apprendre.

C'est, d'ailleurs, une idée particulière aux Labêche que l'étude, peu hygiénique dans les jeunes années, devient au contraire, pour l'âge mûr, un cordial excellent. Je pourrais ici, vous dresser un long catalogue des vieillards (et même des vieillards illustres) qui se sont conservés par l'étude.

J'ai donc, dans ma bibliothèque des livres latins, et vraiment, à l'aide de traductions, de dictionnaires, de grammaires, il est rare que je n'arrive pas à les comprendre; mais il en est de même absolument pour les autres langues. J'achetai un jour pour deux sous le premier volume d'une petite édition anglaise (London, MDCCLXXXIII) de *l'Orlando Furioso di Ludovico Ariosto;* je possédais, d'ailleurs, un dictionnaire italien de Veneroni; me voici donc à lire

l'Arioste que je fus étonné de comprendre du premier coup :

> Le donne, i cavalier, l'arme, gli amori
> Le cortesie, l'audaci imprese io canto
> Che furo al tempo, che passaro ; Mori
> D'Africa il mare, e in Francia nocquer tanto
> Seguendo l'ire, e i giovenil furori
> D'Agramente lor re. . . . .

Bon ! dis-je, je sais l'italien et j'achetai, à quelque
temps de là, un Pétrarque imprimé à Orléans en
1787 : mais je m'aperçus en l'ouvrant que je n'étais
pas aussi avancé que je l'avais cru. Hélas ! même en
m'aidant de la grammaire et du dictionnaire, je n'y
comprenais pas grand'chose. Certains sonnets cependant offraient moins de difficulté et se laissaient
comprendre :

> La vita fugge, e non s'arresta un'ora :
> E la morte vien dietro a gran giornata ,
> E le cose presenti, e le passate
> Mi donno guerra, e le future ancora

ne vous semble-t-il pas, qu'en effet je sais l'italien?..

Que je trouve, en bouquinant, un livre turc, et me
voilà transformé en mamamouchi...

Avec ses livres, avec ses quinze années de libres
études (de quarante-cinq à soixante ans) Jean Labèche
est homme à vous parler de tout, et s'il vit encore dix
ans, ce sera bien autre chose. Peut-être je vous parlerai chinois.

Pour aujourd'hui je m'en tiendrai à vous dire quelques mots en français d'une plante chinoise, qui achevait ces jours-ci de se défleurir, mais dont les guirlandes, il y a un mois, se balançaient suspendues entre deux peupliers, au fond de mon jardin : il s'agit de la Glycine.

Originaire de la Chine, cultivée en Europe depuis 1829, la glycine est un de nos arbrisseaux volubiles les plus élégants, non par son feuillage, ordinairement peu fourni, mais par ses belles fleurs en grappes. Ces fleurs qui s'épanouissent au printemps par centaines et par milliers peuvent, étant bien disposées, former une décoration délicieuse de couleur et de parfum. On crut d'abord ne la pouvoir cultiver qu'en serre tempérée, mais on a vu depuis qu'elle croit parfaitement en plein air, même dans nos départements du Nord ; aussi, s'est-elle propagée très vite, et la voilà qui commence à faire, dans nos villages, l'ornement des chaumières

J'ai dit que son feuillage est ordinairement peu fourni, c'est le seul reproche qu'on ait fait et pu faire à cet admirable arbuste.

Les chinois ont trouvé à cela un remède ingénieux ; ils plantent la glycine au pied des sapins, qu'elle paraît aimer, et dont elle enveloppe en peu de temps le tronc et les branches ; rien de plus gracieux que ses douces fleurs lilas répandues partout dans la sombre verdure du sapin. Mais comment, à qui ne l'a pas vue, donner une idée de cette pyramide enveloppée de guirlandes fleuries? Le Sapin peut souffrir de cette amitié; mais la glycine prend sur ce support de telles dimensions, qu'on ne saurait regretter de le lui avoir donné.

Jugez maintenant de l'effet qu'en certains lieux pourrait produire une avenue de sapins entrelacés de l'arbre grimpeur. Comment se fait-il qu'on n'ait point encore réalisé de cette manière quelque magnifique tunnel de verdure et de fleurs? Car, puisque la glycine est une plante chinoise, ne serait-il pas raisonnable de la cultiver à la chinoise?

Ah! qu'une citation du philosophe Confucius viendrait bien ici! Mais rassurez-vous, je ne la ferai pas, puisque les citations déplaisent.

X

30 Juin 1873

CERFEUIL ET PERSIL

Nous voici en plein solstice d'été, aux beaux jours de la Saint-Jean. C'est le vrai temps des fleurs. Chez aucun peuple on n'a laissé passer sans fête cette époque de l'année. C'est le temps habituel des splendeurs de nature. Eh bien! il est dit qu'en cette année 1873 tout doit être à l'envers.

Au lendemain de la Saint-Jean, le 25, le 26 et le 27 juin, qu'avons-nous eu? Un retour subit du froid et de la bise.

Nous avions, en janvier, la capucine en fleur, nous grelottons en juin. Les médecins sont occupés partout, comme au temps des équinoxes, à soigner des fluxions de poitrine, et nous sommes obligés, de par la température, à nous montrer

Vêtus au mois de juin comme au mois de décembre

A-t-on jamais ouï parler d'une semblable saison?

En toute autre année, je ne devrais, aux derniers jours de juin, vous entretenir que des fleurs les plus resplendissantes, mais en vérité, je délaisse aujourd'hui l'horticulture florale, pour ne m'occuper que de l'horticulture maraîchère, et encore ne prendrais-je à cette culture que ses deux plantes les plus humbles. Je ne vous parlerai cette fois que cerfeuil et persil; mais si je vous montre que même ces deux plantes ont leur importance, vous n'en apprécierez que mieux le rôle de l'horticulture potagère, rôle qui, d'année en année, s'augmente et s'accentue.

Disons d'abord que le cerfeuil et le persil ont eu, pendant des siècles, une réputation qui, depuis une cinquantaine d'années, a beaucoup perdu et qui peut-être, comme celle de tant d'autres végétaux, est tombée au-dessous de ce que méritent ces deux plantes. Elles restent dans tous les cas au rang de nos meilleurs assaisonnements et des plus en usage. Que deviendraient, en effet cuisinières et ménagères, si tout à coup le cerfeuil et le persil manquaient? il s'en fait des consommations si énormes, qu'un horticulteur-maraîcher projetait, il y a sept ou huit ans, de cultiver le persil en grand, et de l'expédier par les chemins de fer sur tous les marchés de France.

Ce projet ne s'est pas réalisé et ne se réalisera probablement pas; mais enfin c'est un honneur pour le persil que d'avoir pu, lui aussi, donner lieu à ces velléités d'accaparement. Ah! si quelque subtil privilège avait pu être obtenu pour les *fines herbes,* quel bon petit million eut pu se faire le possesseur de cet heureux monopole!

Cerfeuil et persil appartiennent l'un et l'autre à la famille des ombellifères, famille qui se distingue par l'odeur et le goût fortement accentués de quelques unes des plantes qui la composent.

C'est à cette famille qu'appartiennent le céleri, la ciguë, la carotte, la coriandre, l'angélique, l'aneth, *Excrément du diable,* dont on tire *l'asa* ou *assa fœtida.* Quelques unes sont des poisons violents, et d'autres des condiments délicieux.

Il n'est probablement pas de plante qui soit cultivée en autant de lieux et par autant de personnes que le persil et le cerfeuil. Quel jardinet de campagne pourrait-on indiquer où ils ne se trouvent pas? Des gens même qui n'ont point de jardin, s'ils ont seulement devant leur porte, entre mur et pavage, une bande de terre d'un décimètre de large, ils y sèment cerfeuil et persil. Rien de moins délicat d'ailleurs que ces deux plantes sur le choix du terrain, il leur faut seulement de fréquents arrosages : il importe aussi de les couper souvent; mais c'est justement pour cela qu'on les cultive, et l'on dirait qu'elles aiment à être ainsi traitées.

Lorsqu'on lit ce que les anciens auteurs ont écrit de ces deux plantes, on peut voir quelle révolution s'est faite dans les sciences depuis cinquante ans.

Les sciences s'appuyaient en ce temps là sur des bases si différentes de celles d'aujourd'hui que tout est à recommencer. On *savait* alors sur le cerfeuil et le persil, comme sur tant d'autres plantes, toutes sortes de choses qu'on se garde bien de *savoir* aujourd'hui; car en ce temps là, *savoir,* c'était répéter purement et simplement ce qu'on avait appris de certains messieurs en robe. Aujourd'hui, la science consiste à chercher, à expérimenter, à voir, toucher, peser et analyser les choses. On *savait* autrefois que le persil était une des cinq racines apéritives, qu'il possédait des propriétés lactifuges, qu'il était bon contre les vents, qu'il facilitait les urines, soulageait les hydropiques, guérissait la jaunisse, les pâles couleurs, etc., etc.

On *savait* que le cerfeuil était apéritif et qu'il préparait doucement les entrailles à recevoir toutes sortes de médecines; on *savait* qu'il calmait la toux, apaisait les démangeaisons, etc., etc.

Mais aujourd'hui qu'on ne s'instruit plus seulement au pays de *Oui-dire,* comme au temps de Rabelais, on ne sait plus rien de tout cela. La science est à refaire, même en ce qui concerne les fines herbes; c'est à dire que la nature tout entière doit être remise à l'étude jusqu'en ses êtres les plus humbles.

On n'avait parlé du persil et du cerfeuil que par

Oui-dire, il en faut maintenant parler par observation, par expérience, examen, analyse, Mais c'e t ici surtout la tâche des hommes pratiques; les jardiniers seront pour cette étude, les meilleurs de tous les docteurs; avec eux les chimistes, les physiologistes, les médecins (quand ils auront expérimenté) auront à nous dire ce que sont vraiment ces deux plantes; mais jusque là, nous continuerons de nous en servir sans les connaître, c'est à dire sans savoir quelles sont leurs qualités et vertus propres. Mais quand la véritable science aura mieux pénétré les secrets de la vie végétale, des proprié s qu'aujourd'hui nous nions ou ignorons se manift - teront dans les plantes. Alors elles reprendront dans l'alimentation, dans la médecine, dans l'industrie et les arts une importance qu'aujourd'hui l'on soupçonne à peine. Mais la science n'atteindra cette grandeur pratique et populaire qu'à la condition de s'étendre des académies, aux ateliers, aux champs et aux chaumières. Alors, pour savoir ce que sont vraiment le cerfeuil et le persil, il n'y aura qu'à interroger le premier maraîcher qui se présentera. Mais dans l'état actuel des sciences, que peut-on dire de certain sur ces deux *herbes fines*? Hélas! bien peu de chose. Et voilà pourquoi je termine cette causerie,

La leçon finissant où finit le savoir

XI

18 Août 1873.

EUPATOIRE

C'est d'une plante sauvage aujourd'hui que je vous parlerai ; je la vois, en effet, qui fleurit partout à Heurteauville, au bord de la rivière : c'est l'Eupatoire. Dans mon jardin, j'ai pris soin de la planter sur les berges, aux endroits où elle manquait, j'y mêle çà et là l'épilobe ou laurier de Saint-Antoine, et l'effet, durant tout le mois d'août, est vraiment des plus agréables.

Mithridate Eupator, *roi du Pont et de quantité d'autres royaumes*, comme dit Racine, a donné son nom à l'Eupatoire ; il est triste pour cette belle plante, absolument inoffensive, et que l'on a cru longtemps secourable aux enfants attaqués des vers, il est triste, dis-je, pour l'Eupatoire, de porter le nom d'un prince assassin de sa mère, de son frère, etc. Mais les botanistes anciens ont adopté ce nom pour rappeler que Mithridate Eupator s'occupa des vertus des plantes ; le respectable monarque y cherchait des poisons pour les autres et des contre-poisons pour lui. Il devint, en effet, passé maître en cette connaissance. Avicenne, Dioscoride et Galien ont été grands partisans de l'Eupatoire que rejettent aujourd'hui tous les médecins. Quelqu'un cependant a su en tirer un alcaloïde blanc amer, qu'il a nommé *Eupatorine* et dont il conseille l'usage à je ne sais plus quels malades.

« L'Eupatoire, dit M. Ferdinand Hoefer, est au nombre de ces jolies plantes qui embellissent le contour des étangs et des lacs; c'est encore lui qu'on retrouve parmi ces touffes fleuries au milieu desquelles s'écoulent lentement les eaux des marais resserrées en ruisseaux. Par la grandeur de sa taille, il domine la plupart des autres plantes; par ses corymbes touffus et nombreux, il contribue à la décoration de ces localités. »

Nos poètes qui ont si infatigablement chanté la rose, le lis, le myrte et le laurier, sont restés muets devant cette plante magnifique qui croît partout en Europe. Mais dans toutes leurs poésies, vous ne verrez apparaître ni l'Eupatoire, ni la calthe (ou populage), ni l'épilobe, ni le polygala, ornement des coteaux. Nos poètes semblent n'avoir connu aucune de ces plantes; on dirait que pour la plupart ils ont fui la nature et la réalité?

L'Eupatoire devrait, du moins par ses fleurs d'un beau violet sombre et doux à la fois, avoir éveillé depuis des siècles, l'attention des horticulteurs; à

peine, même de nos jours, quelques-uns y ont-ils
songé. Il est vrai qu'il n'a tout son effet qu'au bord
des étangs, mais c'est précisément ce qui devait le
faire rechercher pour nos jardins et nos squares,
lorsque dans ces jardins il y a de l'eau. Sa couleur,
chose à noter, lui est tout à fait propre et ne se
retrouve, dans nos climats du moins, chez aucune
autre plante.

L'eupatoire sera-t-il modifié par la culture? rien
jusqu'ici ne l'indique; mais il semble que sous toute
autre couleur, il perdrait de son originalité et de
son charme. Sa feuille qui rappelle celle du chanvre
est aussi fort singulière, et peut-être est-il mieux,
que rien en cette plante ne soit modifié

Au bord des rivières, dans les jardins, outre
qu'elle en est un très bel ornement, elle offre encore cet avantage de consolider les berges; sa culture, d'ailleurs, ne demande aucun soin, et la plante
une fois mise en place, y reste indéfiniment; j'en
connais qui, sans que personne s'en soit occupé,
subsistent aux mêmes lieux depuis plus de quarante-cinq ans, elles y sont peut-être depuis un siècle
ou deux et toujours aussi jeunes, aussi fraîches, aussi
vigoureuses; j'en bordai la rivière d'Heurteauville,
il y a quelques années, au fond de mon jardin, tous
admirent aujourd'hui l'effet de cette riche bordure
entremêlée d'épilobes, comme j'ai dit en commençant.

— Je ne savais pas, me disait quelqu'un dernièrement, que l'Eupatoire fut une aussi jolie plante.

— Il n'y a pourtant qu'à la regarder.

Olivier de Serres, si j'ai bon souvenir, met l'Eupatoire au rang des plantes dont il conseille la culture dans les *jardins de plaisir*. Je ne remarque point cependant qu'on l'ait jamais beaucoup cultivée; cela tient sans doute à ce que les marchands fleuristes ne songent pas à faire commerce d'une plante si commune dans nos campagnes. C'est un tort, la maison Vilmorin vient de mettre en culture la grande marguerite des champs, et s'en trouve très bien; elle ne l'a, jusqu'ici, guère embellie, mais elle l'a rendue tout de suite plus florifère, et sa beauté naturelle suffit. Du reste, le temps aidant, vous verrez ce qu'en sauront faire les habiles jardiniers. Qui sait si cette chrysanthème française n'égalera pas un jour les chrysanthèmes de la Chine?

Pourquoi les amis du jardinage ne font-ils pas plus souvent des essais de ce genre avec nos plantes sauvages? ils seraient étonnés bientôt de l'intérêt qui naîtrait pour eux de ces éducations florales. C'est tout récemment qu'on a su trouver dans les graminées quelques-unes de nos plus jolies plantes ornementales. Ce qu'on a su obtenir des Graminées, pour l'embellissement des jardins, bien d'autres familles végétales sont prêtes à nous l'offrir; il ne s'agit que de les diriger vers la perfection. Tout ce qui a vie s'y porte volontiers.

Habituons-nous donc à ne plus autant dédaigner, pour nos jardins, les plantes qui d'elles-mêmes croissent autour de nous dans les champs, dans les bois et sur le bord des eaux, comme la reine-des-prés, les épilobes, l'héraclée, la calthe et l'eupatoire.

XII

1ᵉʳ Septembre 1873

PHLOX

C'est un enchantement, à l'heure où j'écris ces lignes, que de voir mon jardin. Vous ai-je dit (je ne le crois pas) que vu de la maison il est borné au fond et à gauche par la rivière? Au-delà de cette rivière de magnifiques prairies s'étendent à perte de vue.... A droite, un bel étang, plein d'anguilles, nous sépare du fermier; mais j'ai conservé les deux rives de cet étang, comme de la rivière au fond du jardin, et c'est là que Mme Labèche, pour les amis qui surviennent, trouve le complément et l'agrément du dîner. Trois *boutiques,* ou boîtes percées de trous, lui sont un garde-manger perpétuel pour les anguilles et les truites. Si vous ajoutez à cela les pigeons du colombier, les poules et canards de la basse-cour, les lapins du clapier, si vous y ajoutez, pour nous en hiver, l'excellent pot au lard et les jambons suspendus dans la vaste cheminée, vous comprendrez que les provisions au logis fassent rarement défaut; mais il faut, pour cela, du soin et ne pas épargner ses peines ni aux végétaux ni aux bêtes. Mme Labêche a la direction des bêtes et moi celle du jardin. L'eau pour les arrosages ne manque pas, puisqu'on la trouve à gauche, à droite et au fond du jardin ; mais j'ai voulu, pour simplifier encore, qu'on pût la puiser même au milieu du parterre. Un petit bassin circulaire, mis en communication avec la rivière par un tuyau souterrain, m'en a fourni le moyen à très peu de frais, et grâce aux engrais de toutes sortes, liquides et solides (car pas une goutte, pas une miette chez nous, ne s'en perd), grâce aux engrais en poudre, prudemment et discrètement administrés, nous obtenons pour nos légumes et pour nos plantes d'ornement des résultats qui étonnent. Je vous ai dit, en commençant, que mon jardin offre, depuis quelques jours, un spectacle enchanteur. Voici d'où provient ce spectacle.

Au bord de l'étang, une longue allée, large de 1^m 50 est, de chaque côté, plantée d'un rang de *phlox* dont le coup d'œil est inimaginable. Tous les habitants d'Heurteauville sont venus voir ça et tous en ont été ravis. De tous côtés on me retient des boutures de mes phlox, car je dois vous dire que ma collection est aussi variée, aussi bien choisie que possible. Je doute que mon confrère Lierval puisse avoir mieux et en plus grand nombre ; mais mon confrère Lierval a plus que moi le mérite de nous avoir fait connaître et aimer cette belle plante, en la multipliant, en la perfectionnant, en lui faisant subir en moins de quinze ans une véritable métamorphose. Il a fait plus : il nous a lui-même appris à la cultiver, dans son excellente brochure publiée par la librairie Donnaud. Il nous a indiqué même, dans cette brochure, l'historique de la plante. Originaire de l'Amérique du Nord, de la Géorgie, elle fut introduite en Europe en 1812 et livrée au commerce par un horticulteur anglais nommé Lyon. Mais Lyon n'avait encore que le phlox à petite fleur violette assez semblable au lilas. Cela même, il m'en souvient, fut cause qu'aux premiers échantillons introduits dans notre région normande on donna le nom de *lilas des dames*.

Eh bien! c'est de ce type primitif qu'on a obtenu tant de perfectionnements, tant de transformations et de variétés magnifiques. Les premiers perfectionnements datent de 1834 et furent obtenus en Angleterre. Mais c'est alors que le confrère Lierval entreprit avec passion, avec amour, avec succès et triomphe, la culture des phlox.

« Je me livrai aussitôt, dit-il dans sa brochure, à des croisements par la fécondation artificielle, et par des soins minutieux de culture, je parvins en quelques années, à opérer une transformation complète de l'espèce. Les corolles sont devenues plus grandes, leurs lobes se sont élargis et arrondis. Le coloris a varié à l'infini ; on possède des fleurs d'un blanc pur ; d'autres blanches à centre rose, rouge éclatant, rose plus ou moins vif, couleur saumon, etc. Les panicules ont pris aussi plus d'ampleur et des formes plus élégantes. En un mot le *phlox* d'aujourd'hui ne ressemble plus en rien au phlox introduit en 1812. »

Puisque j'ai cité le confrère Lierval sur l'histoire des phlox, je le citerai aussi pour leur culture :

« Les phlox aiment l'air, dit-il, s'ils en sont privés, ils s'étiolent promptement. Non seulement ils ne peuvent se passer d'air, mais ils doivent jouir, en outre, d'une pleine lumière ; il faut qu'ils en soient inondés s'il est permis de s'exprimer ainsi. Sans lumière, la couleur des fleurs se décompose. Ainsi, le matin, après l'obscurité de la nuit, les fleurs n'ont plus leur couleur naturelle et elles ne la reprennent que vers le milieu de la journée. »

Voilà pourquoi j'ai soin de recommander à mes visiteurs de ne venir que l'après-midi parcourir mon *Boulevard de phlox*, comme on dit à Heurteauville et à Pontbruneau, d'où l'on arrive chez nous le dimanche par processions de plus en plus nombreuses.

Aux renseignements fournis par Lierval, j'ajoute qu'il ne faut pas aux phlox seulement l'air et la lumière, il leur faut aussi l'eau en abondance et de fréquents binages et de l'engrais tant et plus, liquide ou solide, il n'importe.

Ai-je dit que la plante appartient à la famille des polémoniées? Mais à quoi bon? Je ne fais pas un cours de botanique...

XIII

17 Novembre 1873.

FUCHSIA

J'ai devant moi, sur ma table, un magnifique fuchsia, pourquoi ne vous parlerais-je pas de cette plante? Le jardin n'a guère en cette saison que les chrysanthèmes; mais c'est par les chrysanthèmes que l'année dernière je commençai ces causeries.

Laissez-moi donc vous parler du fuchsia.

Et d'abord, traitons la question historique.

Fuchs, médecin et botaniste allemand du seizième siècle, auteur d'un nombre considérable d'ouvrages écrits en latin, a laissé, entre autres, sur la botanique un énorme in-folio qui fut traduit en français et publié à Lyon en 1545. Ce gros volume, de réputation européenne (il y a trois cents ans), était intitulé : *Commentaires très-excellents de l'histoire des plantes, composé premièrement par Léonarth Fuchs, médecin très-renommé, et, depuis, nouvellement traduit en langue françoise par un homme savant et bien expert en la matière.*

Le texte était accompagné de figures coloriées, assez exactes et assez durables pour qu'aujourd'hui encore, après trois siècles de moisissement dans les bibliothèques, on puisse les reconnaitre à première vue. Parmi les plantes qui y sont représentées se trouve l'artichaut (nous arriverons tout à l'heure au fuchsia); mais Fuchs, en sa bonne foi, n'en avait figuré que le feuillage, sans tige et sans tête, parce que, disait-il, il ne l'avait vu encore que dans cet état. L'artichaut était donc alors une plante très rare et de la dernière nouveauté. Je ne conseille à personne la lecture du gros livre de Fuchs, compilation de toutes les ignorances d'alors (curieux pourtant à ce point de vue), mais il serait difficile de trouver ailleurs un catalogue plus complet des plantes, des arbres et arbustes cultivés dans les potagers, dans les jardins d'agrément et dans les vergers, durant la première moitié du seizième siècle. Il serait même intéressant, à plusieurs égards, de réimprimer la table alphabétique (très bien faite et très complète) qui accompagne les *Commentaires très-excellents de l'histoire des plantes.* Cette table du vieux Fuchs m'a causé, quant à moi, je dois l'avouer, d'assez grandes surprises; c'est un document curieux, peu connu, et, je crois, absolument indispensable à ceux qui s'occupent de l'histoire des jardins et de l'histoire des plantes. Ajoutons que Fuchs, travailleur infatigable, comme l'étaient la plupart des savants au seizième siècle, fut, comme la plupart d'entre eux aussi, persécuté pour ses opinions religieuses.

Voilà en peu de mots ce que fut le botaniste dont une de nos plus jolies fleurs contemporaines a reçu le nom. N'était-il pas juste, lorsqu'on se dispose à parler de la plante, de rappeler aussi ce qu'était l'homme dont elle perpétue la mémoire?

Le fuchsia fut introduit en France vers 1829; mais en Angleterre, on le cultivait déjà depuis quelques années. On ne connaissait alors que le fuchsia simple à longues étamines avec calice écarlate et pétales d'un beau violet, qui, dit-on, a donné naissance à presque toutes les variétés actuelles.

Voici ce qu'on raconte de son introduction en Angleterre :

Il y avait alors aux environs de Londres un marchand fleuriste fort en vogue : il s'appelait Lée; un de ses amis visitant un jour son jardin, Lée lui en faisait admirer les merveilles florales :

— Tout cela est bien beau, mais j'ai vu mieux, ce matin, à Wapping, sur la fenêtre d'une bonne femme.

— Quelle fleur avez-vous donc vue?

—Je n'en sais rien : les coroles, finement suspendues, offrent un gracieux mélange de pourpre et de violet.

Lée se fit indiquer le lieu précis où se trouvait cette merveille et se rendit aussitôt à Wapping. Il vit que la plante était inconnue en Europe et proposa de l'acheter.

— Je ne puis la vendre, répondit la bonne femme, feu mon mari qui était marin, me l'a apportée d'un de ses voyages et je la conserve comme un souvenir de lui.

Léé en offrit huit guinées (200 fr.); la malheureuse femme accepta, mais à la condition expresse qu'elle aurait la première multiplication.

Dès l'année suivante, Léé put mettre en vente 300 jeunes plantes dont il se fit 300 guinées, quant à la bouture promise à la pauvre veuve, disons à la gloire commerciale de Léé, qu'il n'y pensa plus.

Michelet, dans son livre *la Montagne*, traite assez durement le fuchsia; il lui reproche de s'être engraissé par la culture; évidemment la culture a donné plus d'ampleur au feuillage et aux fleurs du fuchsia, mais le même phénomène s'est produit pour toutes les plantes cultivées et particulièrement pour les plus précieuses. Céréales, fruits de table, plantes potagères ont subi de tels changements que la plupart, à l'état de nature, ne se reconnaissent plus; les artichauts, dont nous parlions il y a un instant, à propos de Fuchs, en sont un des derniers et des plus célèbres exemples, d'introduction et peut-être de création relativement récente, on ne sait plus de quelle plante ils nous sont venus. Nous avons vu que Fuchs, en Allemagne, vers le milieu du seizième siècle, ne les connaissait encore qu'imparfaitement;

mais ils avaient, je crois, été introduits en France un peu plus tôt. Combien d'autres plantes ne pourrait-on pas citer, dans le potager et dans le jardin d'agrément, qui ont subi des transformations et des engraissements analogues à ceux du fuchsia. Les roses, les œillets, les anémones, les reines-marguerites, les camélias ne sont-ils pas tous le résultat des mêmes métamorphoses? Qu'y a-t-il de disgracieux, je le demande, même dans le fuchsia double? Avouons, au contraire, que peu de fleurs offrent un plus agréable aspect; aussi, en très peu d'années, le fuchsia est-il devenu l'un des arbrisseaux les plus populaires. Ses nombreuses variétés de couleur et de forme, sa culture facile, l'ont mis à la portée de tous les jardins, de toutes les fenêtres.

Dans leur excellent traité des *Fleurs de pleine terre,* MM. Vilmorin-Andrieux & Cie n'ont pas cru devoir mentionner le fuchsia; pour moi, je l'y aurais placé sans hésitation. Rabattu à fleur de terre, motté, recouvert de feuilles ou de fougère, il passe dehors les hivers les plus rigoureux, et sa végétation n'en est que plus magnifique au printemps. Comme les géraniums, le fuchsia est en fleur tout l'été.

Ai-je dit que la jolie plante est originaire du Chili et du Mexique? Elle est aujourd'hui, malgré la boutade de Michelet, une de nos cosmopolites les plus illustres et les plus chères.

XIV

27 Décembre 1873.

RENARD

Je n'ai guère mis le pied au jardin, depuis quelque temps; aussi, pour cette fois, laissant de côté les plantes, je retourne aux bêtes et nous causerons, si vous voulez bien, du renard, un des ennemis personnels de Mme Labèche, qui tremble toujours pour ses poules. Mais Mme Labèche s'exagère le danger; le renard commet moins de ravages que sa réputation ne pourrait le faire croire; il est vrai que ces ravages s'exercent de préférence sur le poulailler; mais, dans les mois d'hiver, il fait le plus souvent maigre; seul et tranquille durant cette période de l'année, il se recueille, médite, se promène et mange comme il peut. Il n'y a table mise au terrier que lorsqu'on y vit en famille, c'est-à-dire depuis le mois d'avril jusqu'au mois d'août; mais alors on y fait véritablement bombance. Le père, la mère, les enfants, au nombre de quatre ou cinq, se livrent ensemble à de joyeux festins. La mère n'est heureuse que lorsqu'elle voit ses nourrissons repus. Gare alors aux fermes du voisinage! elles sont dé-

vastées même en plein jour, avec une audace, une
adresse et des ruses dont le fermier lui-même, tout
en les déplorant, ne peut s'empêcher de rire.

Le renard est, en famille, pour tout ce qui l'entoure, plein d'attention et de cordialité; il aime à
donner aux siens l'abondance et la joie. Le père, la
mère font ensemble, avec habileté, l'éducation des
enfants. Le pion et la classe leur sont en horreur :
c'est au terrier, entre soi, sans secours étranger
qu'ils aiment à tenir école. Renards en toute chose,
ils ne se fient qu'à eux-mêmes : ils ont peut-être
raison. On lit dans un vieux conte, que messire
loup voulut un jour établir chez eux une école,
mais pas un renard ne lui envoya ses petits.

C'est aux chasseurs beaucoup plus qu'aux fermiers
que le renard cause du préjudice; connaisseur en
gibier, habile, alerte, infatigable, il tient le premier
rang parmi les maraudeurs. De père en fils, il se
transmet pour la chasse des secrets merveilleux auxquels chacun ajoute ce que lui suggère sa propre
imaginative. De combien de moyens un renard se
sert-il pour atteindre sa proie! Le magnétisme
même ne lui est pas inconnu; il sait, au besoin,
endormir ses victimes.

Bien que le renard détruise certainement quelques
animaux nuisibles, il est impossible que les culti-

vateurs ne le placent pas au nombre des bêtes malfaisantes,

On lui fait la chasse, on lui tend des pièges, on lance après lui les chiens, qui jamais ne se lassent de lui faire la guerre; en cela le fermier se fait le défenseur de ses poules; on n'y peut rien redire. Mais il faut avouer que le renard n'en a pas moins rendu aux hommes un inappréciable service, dont jamais on ne parle, que Buffon n'a point indiqué et que bientôt on oubliera tout à fait.

Nous lui devons de n'être pas devenus au moyen âge complètement idiots.

La scolastique avait tout envahi; on en était venu, je ne dis pas à ne plus raisonner, mais à ne plus rien comprendre, à ne plus rien voir. Les plus savants, c'est à dire les plus affolés de cette fausse science, étaient prêts à brûler qui eut osé parler de l'esprit des bêtes. Mais les paysans voyaient bien que l'esprit du renard ressemblait beaucoup à celui des plus madrés docteurs. Celui-là, du moins, empêcha d'universaliser la déchéance des bêtes. L'esprit humain se révolta contre la scolastique et se remit insensiblement à observer la nature. Un des plus grands poèmes du moyen âge et des plus populaires fut le *Roman du Renard,* glorieuse protestation du bon sens dans ces siècles barbares. Il n'est pas de village où, maintenant encore, on ne raconte aux veillées quelqu'un des nombreux épisodes de ce poème, remis en honneur par Gœthe au siècle dernier, et sans le souvenir duquel nous n'aurions très vraisemblablement jamais eu les Fables de La Fontaine.

L'influence du renard eut donc, dans le développement de l'esprit humain, des résultats dont il faut tenir compte.

Cela dit, revenons au rôle actuel du renard dans nos basses-cours. Un point le distingue entre tous les vauriens : il aime à mettre de la malice jusque dans ses plus mauvaises actions, et le maître moqueur se console de malfaire en se persuadant que le dindon qu'il tue et qu'il mange était un sot parfaitement digne de cette destinée. Aussi ne commet-il point de délit sans préméditation ; il est en toutes ses démarches, diplomate, calculateur, dévot à lui-même ; il observe, mesure, suppute, prévoit, tient compte des moindres circonstances : on dirait qu'il sait si les pièges sont tendus, les fusils chargés, les gardes aux aguets. Voilà pourquoi il réussit presque toujours à ne faire visite qu'aux lieux où on l'attend le moins.

Les paysans ont recours à la sorcellerie pour « brider le renard ». Le secret consiste à prononcer certaines paroles mystérieuses, en faisant trois fois le tour de l'espace qu'on veut interdire au mangeur de poulets. Un fermier naïf avait appris d'un de ses voisins les paroles qu'il faut prononcer (à jeun, si j'ai bonne mémoire). Il mit en pratique ce beau secret et crut pouvoir dormir sur l'une et l'autre oreille. Mais le vrai sorcier, ce fut le renard; il profita de ce sommeil paisible et vint dès la première nuit dans le poulailler du *brideur* faire une razzia terrible.

Bonnes gens, que ceci vous serve d'exemple; il n'y a contre le fourbe nulle meilleure sorcellerie qu'une méfiance toujours éveillée. Ou ne dormez que d'un œil, ou fermez solidement les portes de vos poulaillers.

« Le renard, dit Buffon, est fameux par ses ruses et mérite en partie sa réputation; ce que le loup ne fait que par la force il le fait par adresse et réussit plus souvent. Sans chercher à combattre les chiens et les bergers, sans attaquer les troupeaux, sans traîner les cadavres, il est plus sûr de vivre. Il emploie plus d'esprit que de mouvement, ses ressources semblent être en lui-même; ce sont comme on le sait, celles qui manquent le moins. Fin autant que circonspect, ingénieux et prudent même jusqu'à la patience, il varie sa conduite, il a des moyens de réserve qu'il sait n'employer qu'à propos. Il veille de près à sa conservation; quoique aussi infatigable et même plus agile que le loup, il ne se fie pas entièrement à la vitesse de sa course; il sait se mettre en sûreté en se pratiquant un asile où il se retire dans les dangers pressants, où il s'établit, où il élève ses petits; il n'est point animal vagabond, mais animal domicilié. »

Aussi, maître renard, conservera-t-il, quoiqu'on fasse ses droits d'électeur, il pourrait même très bien élever plus haut encore sa visée; il faut, avec ce rusé compère, s'attendre à tout, on l'a vu en plein moyen âge, à la barbe du loup et des inquisiteurs, se rire même de l'excommunication papale :

> Renard, en se moquant, s'écrie :
> Que ferais-je? on m'excommunie.
> Manger ne pourrai plus de pain,
> Si je n'ai appétit ou faim
> Et mon pot bouillir ne pourra,
> Tant que le feu ne sentira.

XV

5 Janvier 1874.

LOUP

Le renard a fait le sujet de notre dernier entretien. Cette fois nous parlerons du loup. L'hiver est la saison où l'on doit le plus se méfier de ces rôdeurs. Il n'est donc pas sans opportunité de reporter vers eux notre pensée.

Le loup est le plus fort de nos grands carnassiers; il est le mieux armé, le plus léger, le plus agile. En courant, il emporte un mouton et saute avec sa proie par dessus les parcs. Il joint à la force l'intelligence et la ruse; il pourrait vivre en roi dans les forêts d'Europe, et cependant il n'y joue guère d'autre rôle que celui d'un rôdeur misérable, hargneux, maigre, chétif, affamé. La nature l'a traité en seigneur, mais le seigneur loup, tout en étant le plus fort de tous nos mammifères, en est aussi le plus poltron. Sa vie est un accès de peur incessante. Si du moins le danger seul l'effrayait, ce ne serait rien; mais tout est pour lui sujet de terreur. Un bruit, une lueur, une étincelle, une ombre, un rien l'épouvante. Il semble qu'il ait

une vague horreur de lui-même, et que, parfois, il
se lasse d'être pour tous un objet de réprobation.
C'est un brigand sans audace, un assassin à la fois
cruel et craintif; cruel pour les autres, craintif pour
lui-même. En vue de reconquérir l'estime, et par
elle la sécurité, volontiers, comme *Tartuffe* il dirait
au mouton :

Oui, mon frère, je suis un méchant, un coupable etc.

Le plus vrai de nos naturalistes, La Fontaine, a
peint on ne peut mieux les hésitations et les embarras de ce pénitent hypocrite :

> Un loup rempli d'humanité,
> (S'il en est de tels en ce monde)
> Fit un jour sur sa cruauté
> Quoi qu'il ne l'exerçat que par nécessité,
> Une réflexion profonde.
> Je suis haï, dit-il, et de qui? de chacun.
> Le loup est l'ennemi commun.

Vous connaissez la suite; mais relisez les autres
endroits de ses fables où La Fontaine met en scène
le loup et vous verrez qu'un siècle avant Buffon il en
avait fait une peinture parfaite. Le loup est l'éternel
trembleur qu'une feuille en tombant effarouche et
que le chant des cigales volontiers ferait fuir. Objet
de terreur pour tous, il est lui même le plus terrifié
de tous les êtres.

Buffon n'a rien dit de plus complet ni de plus exact que La Fontaine quoiqu'il ait très bien dit et qu'il faille aussi le citer :

« Le loup est un des animaux dont l'appétit pour la chair est le plus véhément, et quoique avec ce goût il ait reçu de la nature les moyens de le satisfaire, qu'elle lui ait donné des armes, de la ruse, de l'agilité, de la force, tout ce qui est nécessaire en un mot, pour trouver, attaquer, vaincre, saisir et dévorer sa proie, cependant il meurt souvent de faim. Il est naturellement grossier et poltron.... »

Il est vrai que la faim, le désespoir, la rage, le poussent quelquefois aux entreprises les plus hasardeuses ; alors il entre furieux dans les bergeries et met tout à mort, avant même de songer à rassasier sa faim.

Mais, sauf ces jours de crises terribles, le loup ne combat qu'en tremblant :

« Il mord cruellement et toujours avec d'autant plus d'acharnement, qu'on lui résiste moins, car il prend des précautions avec les animaux qui peuvent se défendre. Il craint pour lui, et ne se bat que par nécessité et jamais par un mouvement de courage. Il préfère la chair vivante à la morte, et cependant il dévore les voiries les plus infectes. Il aime la chair humaine et peut-être, s'il était le plus fort, n'en mangerait-il pas d'autre. »

Avec tout cela, les loups en sont réduits quelquefois à vivre de limaçons. Quelle misère et quelle honte!

Aussi, après avoir été, pendant tout le moyen âge, l'effroi de nos campagnes, sont-ils devenus presque un objet de risée. Cela s'explique: au moyen âge ils vivaient en troupes, et, pour la moindre attaque, se réunissant toujours en nombre, ils n'avaient rien à craindre. D'ailleurs, les paysans, partout désarmés, ne pouvaient guère se défendre contre leurs agressions. C'était le bon temps pour les seigneurs loups; ils mangeaient les paysans ou tout au moins leurs enfants et leurs femmes...

Nul animal n'a eu plus à souffrir de nos révolutions. Le droit de chasse accordé à tous les citoyens a été pour les loups le signal de la décadence.

Aussi, les a-t-on vus se réjouir entre eux et prendre part à tous les mouvements de réaction politique; du fond des forêts, ils ont suivi, non sans espoir quelquefois, les péripéties de notre histoire depuis soixante ans; mais les voici définitivement déçus et, le soir, je les entends sur les côteaux boisés d'Heurteauville pousser contre la société moderne leurs hurlements mélancoliques.

Terminons par cette anecdote qui met bien en relief leur poltronnerie:

Une brave femme était tombée le soir dans une

fosse à loups; un renard y tombe quelques instants
après; puis, un peu plus tard, un loup vient les rejoindre. Au matin on les trouva dans la fosse. Aucun
des trois ne s'était blessé; mais l'un d'eux était à
moitié mort de peur; c'était le loup, qui se laissa
prendre et museler sans faire la moindre résistance.

Relisez le grand naturaliste, Jean La Fontaine, et
vous verrez que presque toujours, en effet, le loup,
dans ses fables, finit misérablement, soit qu'il essaie
de se faire berger, soit qu'il veuille jouer auprès du
cheval le personnage d'Hippocrate, soit qu'il accourre
lorsqu'il entend *mère tenchent chen fieux qui crie.*

XVI

14 février 1874.

TILLEUL

Un de mes plaisirs, à ce moment de l'année et même dès la fin de janvier, c'est de voir rougir les tilleuls, aussi vais-je souvent chez notre ami et voisin et médecin, le docteur Lavrillière, visiter la belle allée de ces arbres qui conduit de sa barrière au seuil de sa maison en traversant une très jolie cour, qu'un autre rang de tilleuls entoure au nord et à l'ouest.

Le docteur, en se promenant avec moi sous ses arbres, me disait fort judicieusement :

— Tout domaine, si petit soit-il, a presque toujours un trait caractéristique, et ce trait autrefois s'appliquait, comme titre qualificatif, au propriétaire lui-même ; un vieil arbre y suffisait, témoin *Monsieur de la Souche* dans Molière

> Qui du vieux tronc pourri de quelque métairie
> Se fait pompeusement un nom de seigneurie.

Et voilà comment nous sont venus les Duchêne, Dufrêne, Delorme, Deslauriers, Desrosiers, Delosier, Delespine ou Delépine, etc. Si nous étions encore à ces temps de libres appellations, j'aurais été *Monsieur Destilleuls*, les tilleuls étant le trait distinctif et le plus bel ornement de mon domaine.

— Évidemment, dis-je, et ceci me rappelle que le nom du plus grand de tous les botanistes ne signifie pas autre chose. Dans les langues du Nord, le tilleul s'appelle *linn,* et le nom de Linné est venu d'un tilleul qui croissait devant la chaumière habitée par un des aïeux du célèbre naturaliste.

Le tilleul ne nous est point venu par importation, c'est un de nos vieux indigènes; il croît par toute l'Europe. Je crois bien pourtant qu'au dix-septième siècle il reçut en Hollande quelques perfectionnements; mais quoiqu'il en soit, il peut-être mis au rang des plus beaux arbres; et même je dirai que pour l'ornementation des jardins et des promenades, aucun ne l'égale. La beauté de son feuillage à demi transparent, sa docilité à prendre toutes les formes, sa bonne humeur jusque sous les ciseaux, la grâce qu'il montre à croître en entonnoir, en boule, en éventail, en tonnelle, en portique, en pyramide, lui ont conservé dans tous les jardins d'un grand caractère sa prééminence, malgré tant de riches et heureuses importations faites depuis cinquante ans.

Tous les dons ont été faits au tilleul; il est, de nos jours encore, en médecine, un des végétaux les plus populaires : la fleur de tilleul n'est peut-être pas la plus énergique des tisanes, mais je soupçonne qu'elle est de toutes la plus employée! Il y a dans le doux breuvage je ne sais quoi de gai qui semble apporter aux langoureux un peu de la vie saine et tranquille de l'heureux végétal.

Le tilleul vit longtemps en paraissant toujours jeune; il prend avec l'âge des proportions gigantesques et sait parfaitement se donner à lui-même des formes magnifiques lorsqu'on le laisse en liberté. Celui qui fut planté par les Suisses en 1472, après la bataille de Morat, en offre, après quatre cents ans de libre croissance, un mémorable exemple.

On a vu des tilleuls atteindre une hauteur de 10 mètres avec un tronc de 17 mètres de tour à la base. Cet arbre, dont le bois n'est bon ni pour le chauffage, ni pour la charpente, est en revanche fort recherché des sculpteurs et des luthiers. Son écorce fibreuse sert à fabriquer des cordes, des câbles, des toiles grossières et du papier d'emballage. Le mucilage abondant qu'elle contient est quelquefois utilisé comme substance alimentaire; on peut même en extraire du sucre en assez grande quantité. En Russie, cette écorce sert aux paysans à faire de la chaussure; en Suède, on l'introduit dans le pain; les anciens Grecs l'employaient à confectionner les bandelettes de leurs sacrificateurs. L'utile et charmant végétal se prête de bonne grâce à tous les services; et pourtant

on peut affirmer que nos horticulteurs et nos chimistes ont encore des secrets à lui emprunter. Quelle
créature a dit son dernier mot? La science, née
d'hier, n'en a interrogé que quelques-unes, mais
l'enquête est ouverte.

XVII

29 Avril 1874.

ANCOLIES

Le temps a laissé son manteau
De vent, de froidure et de pluie,
Et s'est vêtu de broderie,
De soleil luisant clair et beau.

Ces vers de Charles d'Orléans reviennent naturellement à l'esprit chaque fois que le printemps éclate
en un seul coup dans toute sa splendeur, comme il a
fait cette année et comme il fait assez souvent chez
nous. Il y a quelques jours, nous grelottions sous la
bise et nous voici passés à 28 degrés de chaleur avec
un air pur, plein de parfums et de chants. Les fleurs
aux arbres, dans les haies, dans l'herbe, ne sont pas
seulement écloses, elles ont fait explosion. Le moindre
jardin, à de telles heures, est, pour qui l'observe, un
monde enchanté! Avec les fleurs et la verdure qui,
d'un instant à l'autre, transforment le décor champêtre, voici revenus les insectes : coléoptères, diptères, aptères, lépidoptères et vermisseaux, c'est-à-
dire les insectes à étuis pour leurs ailes (coleoptères),

comme messieurs les hannetons, mesdames les cé-
toines et mesdemoiselles les coccinelles; insectes à
deux ailes (diptères), comme les cousins, les tipules
et les mouches; insectes sans ailes (aptères), comme
cette petite bête, *du repos des humains, implacable
ennemie*; insectes à ailes membraneuses et pou-
dreuses, comme les papillons (lepidoptères).

J'aurais à signaler aussi la réapparition des seigneurs limaçons, mollusques prudents, dont le réveil est pour nous l'assurance que le beau temps est
décidément revenu.

La travailleuse et guerrière fourmi, si bien observée et si bien décrite dans ces derniers temps, non
seulement par John Lubbock mais par notre compatriote Jules Levallois dans l'*Année d'un ermite*, la
fourmi a repris le travail.

Nous recommençons à entendre le soir la voix ar-
gentine des crapauds et le ver luisant déjà nous éclaire
de sa douce lumière; les oiseaux chantent, nous avons
revu l'hirondelle; les arbres sont en fleurs et partout
dans l'air retentit la chanson printanière :

> Le temps a laissé son manteau
> De vent, de froidure et de pluie,
> Et s'est vêtu de broderie,
> De soleil luisant clair et beau.
> Il n'y a bête ni oiseau
> Qu'en son jargon ne chante et crie:
> Le temps a laissé son manteau.

Je voudrais vous parler aujourd'hui d'une plante
de mon jardin qui ne fleurira pas avant le mois prochain, mais que déjà je vois sous l'influence de ce
beau soleil, allonger de jour en jour sa tige. C'est
aux ancolies que je fais allusion; mais peut-être ne
connaissez-vous pas cette fleur modeste, si délaissée
depuis quelques temps.

Vous chercheriez, en effet, dans les dix-huit squares de Paris, une pauvre ancolie que vous ne l'y trouveriez pas. Vous ne la trouveriez dans aucun de nos
jardins à la mode; comme les jardiniers, les herboristes eux-mêmes l'abandonnent, après l'avoir autrefois tant cultivée. Heureusement, on ne l'a point
encore bannie des jardins de campagne, et chaque
année elle s'épanouit dans un million de parterres
rustiques ; d'elle-même, en son joli état sauvage,
elle croît le long des haies, dans les bois et dans les
prairies elle aime la fraîcheur et l'ombre. C'est une
fleur sérieuse, sans éclat, de couleurs toujours un
peu sombre, mais agréable par sa contenance et son
feuillage. Jamais elle n'est plus charmante et mieux
entourée que, lorsqu'elle-même, elle s'est choisi sa
place et s'y est développée sans culture dans un aimable meli-melon avec les autres plantes. Le violet, le
bleu, le brun foncé, le rose un peu terne, et le blanc,
voilà ses couleurs habituelles. Les deux mois magnifiques de mai et de juin sont ceux de l'ancolie. Il

n'est pas rare, pourtant, de la voir refleurir en automne. Parmi nos fleurs indigènes, elle est certainement une des plus jolies aussi bien que des plus
singulières par l'emboîtement de ses cornets contenus
quelquefois au nombre de cinq les uns dans les autres. Ce qui a contribué à la discréditer, c'est qu'elle
ne se prête point à la culture par grandes masses. Tout
au plus, dans les coins solitaires, peut-on la disposer
par petits groupes de cinq ou six plantes de couleurs
différentes : elle a surtout bon air au milieu des
broutilles ou parmi les décombres.

Mais l'heure est mal choisie pour la recommander.
Le goût du jour est aux fleurs éclatantes, à celles
surtout qui ne demandent point à être cultivées et
admirées individuellement. Un jardin n'est plus un
lieu de culture et d'éducation pour la plante, c'est un
lieu de décoration ou plutôt un lieu d'exposition florale luxueuse. La plante n'y est admise que pour
briller et périr. Mais celui qui vraiment aime les
fleurs, celui qui, vraiment, a l'âme jardinière, celui-
là se garde d'un tel procédé ; il sème de ses propres
mains, il voit peu à peu croître et fleurir sa plante ;
il sait et vous dirait toutes les phases de son existence, la progressive métamorphose des feuilles qui
préludent à sa floraison. Celui-là n'aura peut-être,
autour de sa maisonnette, qu'un *jardin de curé* ;
mais le plus beau des jardins est celui que l'on

soigne soi-même. C'est dans ce jardin-là qu'on sait apprécier le charme d'une ancolie, d'un œillet ou d'une giroflée. Toutes ces fleurs, délices de nos pères, ont été bannies des jardins à la mode. Vous n'y trouveriez pas même un lis; il semble, qu'excepté la rose, on en ait à dessein proscrit toute fleur parfumée. Le réséda, verdure enchanteresse, n'y a pas même été conservé. On a, depuis trente ans, importé de tous les points du globe des plantes nouvelles, et, pour résultat, l'on a vu diminuer le nombre des fleurs admises dans les jardins d'apparat.

C'est un travers qui, sans doute, passera vite comme tant d'autres modes disgracieuses venues du pays de monotonie, c'est-à-dire de Londres. Mais le goût français, le goût de la variété infinie reprendra le dessus; c'est alors qu'avec tant de plantes nouvelles, on aura le vrai jardin moderne où seront réunies, comme en une immense fédération florale, toutes les plantes connues. Que de mélanges, que de combinaisons heureuses! c'est alors que nos jardiniers feront bien de se familiariser, eux aussi, avec la loi des contrastes et de l'harmonie des couleurs comme l'ont fait déjà les teinturiers, les tapissiers, les décorateurs et les peintres. Ils comprendront quel parti l'on peut tirer des fleurs aux teintes sombres ou un peu ternes comme les ancolies. La gamme des couleurs sans elle reste incomplète. La moindre fleurette bien placée peut embellir par son voisinage **la** plante la plus fastueuse. Les jardiniers dans les squares et ailleurs en sont encore aux contrastes violents; mais quelques-uns cependant ont **déjà le** sentiment des transitions et des nuances.

L'art des jardins dans leurs mains tend à devenir le plus délicat des arts. Ce sont eux ou leurs continuateurs, on doit l'espérer, qui sauront un jour replacer dans nos parterres l'ancolie et tant d'autres fleurs momentanément démodées.

XVIII

1er Juin 1874.

ORIGINES DES PLANTES ET DES ANIMAUX

Heureux et tranquille, mais toujours actif dans son petit domaine, parmi ses plantes et ses bêtes, Jean Labêche ne se plaît pas seulement à étudier les unes et les autres, à les multiplier, varier, modifier et perfectionner, ce qui aurait déjà un grand charme; il aime encore à tirer de ses observations et de ses expériences un enseignement philosophique. Aussi, combien de fois il s'est demandé à part lui quelle avait bien pu être l'origine et des plantes et des bêtes. Les deux grands règnes organiques ont entre eux tant de points communs (de mieux en mieux constatés) que malgré leurs différentes manières d'être, on conçoit aisément qu'ils durent avoir un point de départ commun. Les deux règnes, en effet, dans leurs représentants les plus humbles, sont tellement unis l'un à l'autre, que jamais les classificateurs n'ont réussi à bien s'entendre sur le point précis où s'opère la séparation.

Végétaux, animaux, à quelque degré qu'ils se soient élevés, depuis l'infusoire jusqu'au chêne, jusqu'au mammifère le plus parfait, la *cellule* les a tous commencés comme individus et comme espèces.

Ce sera l'éternelle gloire du XIXᵉ siècle d'avoir si bien entrevu, et l'on peut dire maintenant si bien éclairci ces questions d'origine, questions qui n'ont jamais cessé de préoccuper Jean Labêche. Mais depuis quelque temps, il avait eu le tort de se tenir peu au courant des travaux importants publiés sur ce sujet, tout de philosophie scientifique.

La pensée lui était venue quelquefois de lire l'ouvrage d'Haeckel : *Histoire de la création des êtres organisés d'après les lois naturelles;* malheureusement le livre n'avait été publié encore qu'en langue allemande; mais le docteur Ch. Letourneau vient de le traduire en français. Nous devions déjà au docteur Letourneau une excellente traduction de Büchner : *L'Homme selon la science;* or, malgré son peu de connaissance de la langue du grand Gœthe, Labêche est tenté de croire qu'en traduisant soit Büchner, soit Haeckel, M. Letourneau leur donne, en notre langue précise et concise, une clarté qu'ils n'ont pas en la leur.

Labêche a donc lu Haeckel. Il a vu dans cette histoire des découvertes relatives à l'origine, à la généalogie, aux métamorphoses successives et à la descendance des êtres organisés, tout ce qu'on doit au génie français qui, en ceci encore, par Lamarck et

3*

par Geoffroy-Saint-Hilaire (Etienne) eut l'initiative.

Par Darwin en Angleterre, par Gœthe en Allemagne, etc., la question s'est de plus en plus élucidée; mais cette genèse, selon la science, cette conception nouvelle de l'univers, base de la philosophie scientifique qui, à cette heure est en train de s'établir partout, elle a commencé en France durant la *période révolutionnaire*, et c'est en ce point vraiment que la Révolution devait avoir son caractère d'universalité, d'infaillibilité; car il n'y a pas de réaction possible contre la science, il n'y a pas même d'antagonisme international. L'œuvre d'un Napoléon peut périr sous la coalition des puissances étrangères, l'œuvre des Lamarck et des Geoffroy-Saint-Hilaire ne compte que des alliés et des continuateurs même chez l'étranger, même chez l'adversaire politique. Sous tous les régimes et chez tous les peuples, ce qui ne s'arrête, ni ne recule, ni ne transige, c'est la science. L'ignorance et l'imbécilité l'ont quelquefois méconnue; pour toute réponse, la science les comblait de ses bienfaits : aliments, vêtements, bien-être, enchantements, transports et communications féeriques; voilà ce qu'elle donne au monde. Et qu'est-ce encore que cette énumération incomplète, au prix de la réalité ?

Donc, messieurs, on doit à la France la « conception unitaire de la nature »; c'est un des premiers points mis en lumière par l'allemand Haeckel.

Comment depuis, chez tous les peuples, cette conception a été confirmée et complétée, voilà ce qu'il expose très bien, quoique longuement et lourdement, à la façon allemande! Il est vrai que ce livre est écrit, non pas pour des Français, qui comprennent à demi mot, mais pour des Allemands de qui le cerveau ne s'ouvre qu'aux coups de massue scientifique.

Le livre de Haeckel aura cet excellent résultat de propager dans cette vaste Allemagne les vérités naturelles. La science est là comme un rouleau immense promené sur le vieux monde... Le géant Loupgarou, dans Rabelais, n'a pas d'autre arme, pas d'autre argument que sa *masse*.

Les Allemands tiennent du Loupgarou rabelaisien : l'écrasement est, en toute chose, leur système.

Mais, dans ses longueurs, dans ses brutalités philosophiques, trop souvent excessives, le livre d'Haeckel n'en contient pas moins des pages qui ont paru au vieux jardinier d'Heurteauville offrir une vraie grandeur :

« Dans l'espace et dans le temps, l'univers est » sans bornes et sans mesure... il est éternel, il est » infini... »

A propos des lentes, mais inévitables métamorphoses par lesquelles ont passé toutes les espèces et par lesquelles repasse à nouveau (durant la période embryonnaire) chacun des individus qui les composent, il y a des pages et même des planches dont on reste saisi.

Labêche a donc lu avec le plus vif intérêt ce livre d'Haeckel, bon à signaler à tous ceux qui se plaisent à la philosophie scientifique. Cette philosophie (pourquoi ne pas l'avouer) a fait le charme de ma vie : je lui dois cette heureuse attention aux faits de nature, c'est-à-dire que je lui dois de m'être plu dans mon rôle modeste de fouille-la-terre.

Jean Labêche évite ainsi, grâce à l'étude, les ennuis de la vieillesse, ou du moins, il les évite en partie. Enivré du parfum de ses pommiers en fleurs, il savoure avec délices ces premiers beaux jours...

XIX

6 Juin 1874.

BARBEAUX

Je n'apprendrai à personne que les barbeaux, d'un si joli effet par la variété douce de leurs couleurs, ne sont qu'une transformation légère du bluet champêtre. La culture fait prendre à cette fleurette gracieuse toutes les couleurs excepté le jaune.

Les barbeaux, très cultivés au siècle dernier, avaient été quelque peu délaissés au commencement du siècle actuel; mais on y revient, et l'on a raison, car, en les cultivant en massifs, on en obtient les effets les plus agréables.

Tous les terrains et même toutes les expositions semblent leur convenir. On sème en septembre, on met en pépinière en mars, puis on repique en place dès que le plan a pris assez de force.

On peut laisser les barbeaux se semer d'eux-mêmes; ils s'en acquittent à merveille, de même que les coréopsis, le réséda, la bourrache, et tant d'autres plantes aimables et modestes, qui n'exigent l'intervention de personne, qui font par elles-mêmes, sagement, leurs petites affaires, et par-dessus le marché réjouissent encore tout le voisinage de leurs parfums et de leur sourire.

La culture a donné au bluet la variété ; mais elle ne l'a pas embelli, et c'est encore à l'état de nature qu'il a son plus grand charme. Il est dans nos blés, avec son ami le coquelicot, la gaieté des campagnes.

En tous les temps, la douce fleur bleue, la *perselle* fut célèbre ; on l'appela *perselle* jusqu'au seizième siècle, du mot *pers* qui signifie bleu. Ceux qui ont lu nos vieux fabliaux ou nos romans rimés du quatorzième siècle savent qu'ils sont pleins d'héroïnes aux yeux *pers*.

Jean Froissard, le chroniqueur, qui fut aussi un de nos plus gracieux poètes au quatorzième siècle, a cité la perselle dans sa jolie ballade sur la *Margherite*. Cette ballade, chantée par les contemporains de Jeanne d'Arc, n'est plus guère connue aujourd'hui que des amateurs de vieille poésie.

Elle est pourtant un document précieux pour l'histoire du jardinage, puisqu'elle nous fait connaître quelques-unes des plantes à la mode au temps de Charles VII. Qu'on me permette d'en citer au moins la première strophe (tout à fait horticole) en la rajeunissant un peu d'orthographe et de forme :

> Sur toutes flours tient-on la rose belle
> Et, en après je crois la violette,

> La flour de lys est belle, et la *perselle* ;
> La flour du glai (1) est plaisante et parfaite
> Et li plusours aiment moult l'anquelie (2)
> Le pyonier (3) , le muguet, la soussie,
> Carcune flour a sa part de mérite
> Mais je vous di, tant que pour ma partie :
> Sur toutes flours j'aime la margherite.

Cette poésie nous montre que, même dans les jardins, on ne connaissait guère alors que les fleurs des champs : la marguerite, la violette, le muguet, l'ancolie, le bluet, la rose, le glaieul qui n'était autre que l'iris des étangs. La rose et le lis, résultat de cultures plus perfectionnées et venues d'Orient, avaient été autrefois, ainsi que la pivoine et le souci (le *pyonier* et la *soussie*), importés par les Romains, et, grâce à leur rusticité, ces jolies plantes s'étaient conservées à travers tant de siècles barbares.

Ce n'est guère qu'au sortir du seizième siècle que l'horticulture se réveille avec tout le reste, tant il est vrai qu'avec la raison tout renaît. Ce qu'il y a de plus fécond pour la terre, ce n'est peut-être pas le fumier, c'est le bon sens, car le bon sens, au besoin, sait créer le fumier.

On a parlé des amitiés végétales ; le bluet n'est-il pas l'ami toujours fidèle du coquelicot et du blé ?

(1) La fleur de glaieul.
(2) Et plusieurs aiment beaucoup l'ancolie.
(3) La pione ou pivoine.

On le force, dans les jardins, à croître loin de ses deux amis, mais il n'aura toute sa beauté et toute **sa** vigueur qu'à la condition d'y vivre en famille nombreuse. Rien n'est moins solitaire que le bluet; il lui faut ou compagnie d'amis ou compagnie de parents. Ne le laissez pas seul; il perdrait sa gaieté et sa grâce. Ce goût d'une pauvre plante pour la compagnie, d'instinct, nous le sentons. On se contente en effet de cueillir un lis, une rose, un œillet, une tulipe, u e anémone, mais on veut toujours cueillir *des bluets*, tant il se voit qu'en compagnie l'aimable fleur est toujours plus gracieuse.

XX

24 Août 1874.

NAVETS

Nous recevions à dîner, il y a quelques jours, l'excellent docteur Lavrillière. Mme Labêche, qui s'y entend, nous avait préparé un canard aux navets. Les navets, tout naturellement, furent, pour un quart d'heure, le sujet de la conversation.

LAVRILLIÈRE

Ces navets sont exquis, Madame Labêche; où vous les procurez-vous?

MADAME LABÊCHE

Ce sont tout simplement des navets de Martot.

MOI

Mais du vrai Martot, docteur, venu de Martot, et cultivé à Martot.

LAVRILLIÈRE

Comment se fait-il que la même variété cultivée et récoltée chez moi, à Heurteauville, ne ressemble en rien à ceci?

MOI

C'est que le navet est essentiellement le fruit du terroir : et que tant vaut le terroir, tant vaut le navet.

LAVRILLIÈRE

Mais le sol d'Heurteauville est un sol de première classe.

MOI

Sans doute, mais ce n'est point un sol à navets. J'ai été autrefois, au Boisguillaume, l'élève d'un homme qui a laissé en horticulture maraîchère et florale, un nom justement honoré : c'était Prévost. Eh bien ! Voici de lui un *Petit traité pratique de culture potagère* excellent (ici, je me levai pour prendre le livre dans ma bibliothèque); écoutez un peu; c'est lui qui va vous répondre :

« Aucune plante potagère ne change plus complè-
» tement de qualité en changeant de terrain que le
» navet; ainsi les navets de *Martot,* de *Freneuse,* si
» justement réputés lorsqu'ils sont excrus dans les
» communes dont ils portent le nom, deviennent
» méconnaissables dans les terres franches ou argi-
» leuses, à leur deuxième génération; ils y perdent
» en finesse et en saveur, ce qu'ils y gagnent en
» volume. C'est qu'en effet rien n'égale en bonté les
» navets récoltés sur le sol arénaire compris entre
» Elbeuf et le Pont-de-l'Arche, si ce n'est les navets

» de la Délivrande, près Caen ; n'en déplaise à l'insi-
» pide *Navet blanc des Vertus,* tant estimé à Paris. »

Voilà, docteur, en quels termes s'exprime mon ancien maître Prévost dans son *Petit Traité de culture
potagère.*

LAVRILLIÈRE

Peut-on encore se procurer en librairie ce *Petit
Traité* de Prévost ?

MOI

Je ne le crois pas ; le mien, dans tous les cas est à
votre disposition.

LAVRILLIÈRE

Je vous remercie ; mais cela ne le mettra pas dans
les mains de tout le monde comme sans doute il mé-
riterait d'y être, si j'en juge par ce passage.

MOI

Le livre est, d'un bout à l'autre plein de renseignements utiles et devrait être, en effet, dans toutes
les mains. Il fut publié en 1854 par le *Cercle pratique d'Horticulture et de Botaniqve du département
de la Seine-Inférieure.* Mais personne, depuis, n'a
essayé d'en faire une nouvelle édition.

LAVRILLIÈRE

On a publié pourtant, depuis cette époque, pas mal

de rogatons horticoles : mais il paraît qu'en toute chose, à cette heure, on ne peut entendre parler que ceux qui n'ont rien à dire.

MOI

Evidemment, ceux qui savent se taisent. Parmi ces silencieux, nous avons chez nous, en ce moment même, les premiers jardiniers de France.... Mais, pas même en matière de jardinage, on ne peut être prophète en son pays. Nos incomparables pépiniéristes, nos rosiéristes, nos horticulteurs tels que Boisbunel, Garçon, Eugène Pinel et tant d'autres obtiennent quelquefois justice ; mais c'est des étrangers que cela leur vient.

LAVRILLIÈRE

Sans être étranger, je suis tout à fait de votre avis et j'admire surtout chez nous les petits jardins populaires si bien tenus, si verdoyants, si fleuris et si gais d'aspect. Voyez surtout, le long des chemins de fer, les parterres cultivés par les chefs de gare... En cela, nos dernières expositions d'horticulture régionale ne m'ont paru qu'insuffisamment répondre aux besoins actuels. Les fleurs plébéiennes n'y avaient point la place qu'elles méritent et qu'elles occupent depuis quelques années aux expositions parisiennes.

MOI

Vous avez raison, et sur ce point, la plus heureuse initiative a été prise par la maison Vilmorin.

LAVRILLIÈRE

Voilà donc que les horticulteurs parisiens, les plus en renom, les plus en vue, exposent les plantes les plus modestes, les plus accessibles à tous. Nous avons, par leurs soins, des collections splendides de plantes à quatre sous. C'est là le vrai caractère des expositions parisiennes. Ce devrait être celui de toute exposition française. Ces plantes populaires cultivées, disposées, mélangées avec un art infini et la plupart délicieusement parfumées, sont à Paris et devraient être partout la partie vraiment attrayante et vraiment gaie des expositions florales. Simplettes et charmantes, ces fleurs ont, entre toutes (comme les femmes de France) le don d'attirer et de plaire.

J'ai, comme tout le public, admiré les richesses de nos dernières expositions locales : palmiers, fougères, orchidées, cactus, etc. ; mais je regrettais que les fleurs de pleine terre (fleurs de tout le monde) n'y fussent pas en rapport, quant au nombre, avec ces riches cultures. Et pourtant, quel parti l'on peut tirer des plantes de pleine terre dans nos jardins et quel parti, en effet, on en tire !

4

MADAME LABÈCHE

Tout cela est très juste, docteur. Mais nous voilà bien loin de mes navets. J'avais cependant à vous demander un renseignement sur ce légume. Est-il vrai qu'il soit malsain?

LAVRILLIÈRE

N'en croyez rien. Le navet appartient à la bienfaisante famille des crucifères; ce n'est, pour le botaniste, qu'une variété du chou, et le chou est un de nos meilleurs produits. La vaillante Alsace y trouve en grande partie sa nourriture. Il est vrai que la fermentation qu'on lui fait subir en Alsace le débarrasse de ses gaz et le rend plus digestif, tandis que chez nous, la manière dont nous le préparons lui conserve (en termes d'apothicaire) toutes ses *vertus carminatives*.

Mais avec les légumineuses et les céréales, les crucifères n'en sont pas moins un des meilleurs aliments que puisse fournir le monde végétal.

Qui n'emprunterait qu'à ces trois familles sa nourriture, en y mêlant quelques fruits, du lait et des œufs, pourrait se faire une santé solide. C'est, du reste, de quoi se nourrissent en très grande partie les paysans de France. Azote, carbone, soufre, phosphore, etc., se trouvent, avec ces aliments très simples, introduits en dose à peu près suffisante au développement de l'organisme humain. Et bien en prend-il aux pauvres, car, sans ces richesses alimentaires du blé, des pois, du chou, du lait, de l'œuf, que fussent-ils devenus?

Vous pouvez, Madame Labêche, en toute sûreté, manger des navets. Je ne trouve pas mal cependant que de temps en temps vous mêliez aux navets un excellent canard comme celui d'aujourd'hui. Il n'y aurait pas inconvénient non plus à mêler aux choux la perdrix. Mais la viande est toujours le luxe de la table, et le temps n'est pas venu et ne viendra jamais de faire fi des légumes. Or, parmi les légumes, les crucifères continueront de tenir un des premiers rangs. Comme salade, comme condiment, ils efface-ront tout par le cresson, le radis, le raifort, la mou-tarde.

MOI

Et n'oubliez pas que les crucifères nous donnent jusqu'à l'huile avec le colza.

L'éloge de la précieuse famille végétale se continua longtemps encore; mais je ne puis tout redire. Quand finirais-je?

XXI

10 Décembre 1874.

ROSES DE NOEL

Les meuniers d'Heurteauville et de Pontbruneau sont dans l'allégresse : leurs moulins menaçaient d'arrêter, notre rivière étant presque tarie : mais grâce à la pluie de ces derniers jours, les voici, moulins et meuniers, qui recommencent à faire tapage.

Cette pluie, favorable aux meuniers, ne l'est guère aux horticulteurs bien qu'au total leurs jardins n'aient eu nullement à souffrir de ces pluies et de ces brouillards. Seulement Jean Labèche, qui craint les bronchites a dû, pendant ces jours de pluie, garder le coin du feu. Ne pensez pas qu'il y ait dormi; il y a lu, plume et crayon à la main, une demi-douzaine de volumes......

Mais enfin une suspension momentanée de la pluie m'a permis hier une promenade au jardin. Mes yeux s'y sont tout de suite arrêtés sur des roses de noël prêtes à fleurir.

— Eh! vraiment, dis-je, puisque dans les plus modestes jardins il y a des fleurs et de très belles fleurs, même en hiver, pourquoi n'en pas parler?

Une autre question se présenta encore : pourquoi, dans nos squares publics, si bien cultivés pourtant, néglige-t-on, non pas seulement les plantes rustiques d'hiver : roses de noël, laurier-tin, mais les jolies fleurs printanières : pommeroles, crocus, perce-neige, anémones, hépatiques, fritillaires (je n'ose leur donner leur nom de *couronnes impériales*).

Les jardins publics pourraient égayer les promeneurs, même en décembre et janvier.

Aux premiers jours de février, le moindre jardinet d'amateur est en pleine floraison printanière; mais dans les squares, on ne voit la fleur reparaître qu'aux derniers jours d'avril, alors seulement que les éternels géraniums peuvent passer de la serre à la plate-bande. J'aime les géraniums, mais je ne les attends pas pour fleurir mon jardin.

Et voyez un peu, voilà les squares, en ce moment, finis (je veux dire *défleuris)* tandis qu'avec les chrysanthèmes, le rustique enclos de Labèche est encore resplendissant. Les chrysanthèmes vont nous conduire aux roses de noël, les roses de noël aux pommeroles, aux paquerettes, aux narcisses, et le cercle floral n'éprouvera pour nous que peu ou point d'interruption.

Cette riche fleur d'hiver si bien appelée, *rose de noël* est un ellébore (ellébore noir) plante autrefois des plus célèbres par ses vertus.

Un heureux berger, Mélampus, avait, selon la légende antique, découvert ses propriétés merveilleuses. Ayant observé que l'ellébore purgeait et calmait ses chèvres, il se servit de ce végétal pour guérir les filles du roi Prœtus qui, devenues folles, se croyaient transformées en vaches, les malheureuses. Le berger Mélampus, avec son ellébore, put seul mettre fin aux mugissements de ces étranges princesses.

Hercule, atteint de folie, lui aussi, fut remis en santé par l'ellébore.

Il est vrai que l'ellébore, mis en si grande réputation par le berger Mélampus, croissait en Orient, et ne devait pas être tout à fait notre rose de Noël originaire des Alpes, des Pyrénées et du Puy-de-Dôme.

Ce qui est bien singulier, c'est qu'une si jolie plante n'ait été introduite que depuis un siècle tout au plus dans la culture florale. Les herboristes seuls et les apothicaires s'en occupaient au temps de Linné.

L'ellébore noir était encore, à cette époque, une des plantes les plus renommées pour ses propriétés purgatives : elle était administrée aux maniaques, aux apoplectiques, aux ladres et, révérence parler, même aux galeux.

Les médecins ont complètement abandonné l'emploi de l'ellébore; les vétérinaires cependant en font encore usage.

Mais je ne veux ici parler de l'ellébore noir qu'au point de vue floral.

J'en ai chez moi sept ou huit *touffes* magnifiques qui depuis des années prospèrent et fleurissent sans que personne s'en occupe; aussi me paraît-il que la plante est des moins exigeantes; mais se plaît-elle en tout terrain? cela n'est pas vraisemblable. Consultez *Les plantes de pleine terre* de MM. Vilmorin et Andrieux, vous y lirez :

« Par sa rusticité et la beauté de ses fleurs qui s'épanouissent en décembre et janvier, très souvent sous la neige, la rose de Noël est justement regardée comme une plante de premier mérite pour l'ornement des parterres; elle demande une terre un peu forte, argileuse et humide, et une exposition ombragée... »

L'ellébore noir, d'ailleurs, par son feuillage sombre bizarrement découpé, par sa large, calme et sérieuse corolle d'un blanc teinté de rose, se trouve être en parfaite harmonie avec la majesté de l'hiver.

C'est une plante robuste et sévère, mais dont la fleur a je ne sais quelle grâce en sa vigueur austère.

Elle apparaît au milieu de la mort universelle comme une protestation d'éternelle jeunesse et d'invincible amour, car on sait ce qu'est la floraison pour la plante : c'est le moment des noces. Le pâle soleil des derniers jours de décembre suffit à cette fête. Ah! roses de Noël, vous nous conservez aux plus froids, aux plus sombres jours d'hiver, nos impressions printanières! Qui pourrait ne pas vous donner place dans son jardin?

XXII

23 Février 1875.

PERCE-OREILLES

C'est un vrai charme que de voir apparaître dans son jardin, à ce moment de l'année, les premières fleurettes et les premiers insectes. Déjà la coccinelle recommence à se promener au soleil. Les papillons tout à l'heure vont éclore. Mais c'est d'un autre insecte que je veux aujourd'hui parler, d'un insecte que l'on peut certainement chez nous, où il n'est jamais en grand nombre, classer parmi les plus inoffensifs, malgré les choses terribles qu'ont écrites de lui des gens très doctes et très graves, tels que les auteurs des *Ephémérides d'Allemagne* (en 1672), et autres qui depuis ont répété ces âneries épouvantables. L'histoire d'une bonne femme de Nuremberg qui croyait avoir depuis vingt ans une nichée de perce-oreilles dans la cervelle, est surtout curieuse. Je dis que la bonne femme *croyait* avoir cette nichée d'insectes dans la tête, mais l'histoire, ou si vous voulez la légende, affirme qu'elle l'avait certainement. Eh! vraiment oui, elle avait au cerveau quelque chose, mais ce n'était point des insectes. Les médecins allemands, s'ils eussent eu du bon sens, avaient là une belle occasion d'étudier certains phénomènes cérébraux, très dignes d'attention (l'imagination faisant éprouver à la malade tous les effets d'un rongement d'insectes).

On avait, en ce temps-là, une peur effroyable du perce-oreille à cause de son nom.

« Il a été nommé ainsi, disait-on, parce qu'il recherche avidement les oreilles et s'y glisse avec prestesse. »

Et là-dessus, récits interminables; mais qui s'avisait d'observer l'insecte? Personne. Heureusement, de nos jours, l'étude de la nature est entrée dans des voies plus positives et généralement (pas toujours) on regarde les choses, tout au moins, et on les étudie avant d'en parler.

On a donc *vu* que les perce-oreilles sont, parmi les insectes, du très petit nombre de ceux qui s'élèvent au sentiment de la famille et de la maternité. Une mère perce-oreille surveille et protège ses œufs : qu'ils se trouvent un peu dispersés, elle les reprend, les réunit en un petit tas, et si quelque danger continue de les menacer, elle se place dessus et vous diriez une petite poule. Les petits éclos, elle ne les abandonne que quand ils sont en état de se pourvoir et de se protéger eux-mêmes.

Malgré ce fait observé par Geer, entomologiste

suédois, beaucoup de détails sont encore ignorés de la vie et des habitudes de ces insectes. On n'a, je crois, que peu de détails sur leur métamorphose incomplète et depuis bien peu de temps l'on sait que par leur multiplication, ils peuvent rendre un pays inhabitable.

S'ils peuvent être, chez nous, rangés parmi les insectes les plus inoffensifs, les jardiniers pourtant les redoutent pour leurs fruits et pour leurs fleurs, particulièrement pour les œillets. Il ont, depuis fort longtemps imaginé pour s'en débarrasser de piquer au pied de leurs plantes des baguettes au haut desquelles ils placent des ergots de mouton ; les perce-oreilles, la nuit, pour se garantir du froid, viennent s'entasser dans ces nichettes, et, le matin, le jardinier les écrase ou les noie, ou mieux encore en régale sa volaille.

Mais, en vérité, qu'est-ce que les dégâts de ces pauvres bestioles, au prix de ceux que causent les limaces, le puceron et le papillon à l'état de chenille?

Eh bien! c'est cette bestiole si peu redoutable, ne pouvant ni piquer, ni mordre, de façon à se faire sentir, qui va nous révéler la puissance de l'insecte. Stanley, à la recherche de Livingstone dans l'Afrique centrale, a traversé une contrée rendue inhabitable par les perce-oreilles, tant ils y étaient en nombre prodigieux. Partout on les écrasait sous le pied, sous la main, sous la dent avec ce qu'on mangeait; de partout ils grimpaient ou tombaient; on en était couvert; les cheveux et la barbe, quoiqu'on fît, en étaient infestés. Quelque soin, quelque activité que l'on mit à s'en débarrasser, ils se renouvelaient. Dans le lit on les retrouvait par milliers. Il n'en résultait pas même une piqûre, mais leur fourmillement, leur chatouillement, leur malpropreté par tout le corps, devenait un supplice auquel, à la fin, on eut succombé.

Du courage contre les lions, on peut en avoir, mais contre des insectes?

Du reste dans ces régions terribles, vierges encore de toute amélioration humaine, ce que le voyageur craint, ce n'est pas de rencontrer les lions, les serpents ou les tigres, jamais les Livingstone, les Stanley, les Speke, les Burton, etc., n'ont été par la pensée d'une telle rencontre, détournés de leur voie; mais ce dont ils s'inquiètent, c'est de savoir si le territoire qu'ils vont traverser ne cache pas dans ses buissons la mouche Tsétsé dont la piqûre tue irrémédiablement les chevaux, bien qu'elle soit pour l'homme tout à fait inoffensive. Donc, la première chose à faire sur une terre restée à l'état de nature c'est d'en chasser l'insecte; la besogne d'Hercule contre les grands animaux ne commencera qu'après ce premier nettoyage. Hercule, dans cette bataille, aura pour arme sa massue. Mais contre l'insecte, lorsqu'il a tout envahi, quelle arme est possible : le feu.

Aussi, le feu n'était pas resté cher aux premiers hommes seulement comme émanation, comme représentant et comme fils du soleil ; on l'adorait surtout à cause que par lui la terre avait été rendue habitable.

Je ne sais si les grands animaux eux-mêmes n'en vécurent pas plus à l'aise, débarrassés de la vermine qui infestait le monde.

Ne perdons pas de vue cette multiplication effroyable de perce-oreilles dans un coin de l'Afrique. A qui voudrait coloniser une telle contrée, quel moyen conseiller, sinon le feu ?

Mais ai-je donné dans cette causerie la description de l'insecte ? Je ne le crois pas. Eh ! vraiment, à quoi bon le décrire ? Le lecteur, sans doute, le connaît aussi bien que moi ; seulement, je ne peux pas omettre de dire qu'en latin le perce-oreille s'appelle *forficula*, et que les savants ont fait de cet insecte la famille des *labidoures*.

Labidoure, ce mot vient, non pas de Pontoise (ce qui vaudrait bien mieux), mais de Grèce, et ça veut dire *pince-en-queue*. C'est une allusion, vous vous en doutez bien, aux petits crochets mobiles qui terminent le corps de l'animal. N'oubliez pas, dans tous les cas, que cette famille des *labidoures* tient à peu près le milieu entre les *coléoptères* (ailes pourvues d'étuis) et les *orthoptères* (ailes droites).

Et n'en demandez pas davantage, je ne saurais vous en dire un mot de plus.

XXIII

5 Mai 1875.

CYTISES

Le lecteur est-il de mon avis? Le beau moment de l'année me paraît être celui où les lilas sont en fleurs, à la condition qu'aux lilas seront mêlés le cytise et les boules-de-neige.

Arbrisseaux exotiques, les lilas sont d'introduction relativement récente, puisqu'ils ne remontent pas à trois cents ans; mais la boule-de-neige, les cytises sont des arbrisseaux indigènes. La boule-de-neige, *liburnum* en latin et *Viorne* en français est, je le sais, à son état de boule-de-neige, un résultat de la culture, mais elle est essentiellement française.

Les cytises sont enfants de nos montagnes. Le plus répandu et le plus élégant de tous, le cytise Aubours ou faux-ébénier, croît dans toute l'Europe centrale. Connaissez-vous rien de plus élégant que ses belles grappes jaunes, suspendues au milieu des lilas et des boules-de-neige?

C'est un spectacle que jamais je n'ai revu sans émotion, sans attendrissement et sans joie, bien que la nature en soit pour moi à sa soixante-deuxième représentation.

Le cytise Aubours a reçu le nom de faux-ébénier, à cause de la couleur noire de son bois dans les sujets âgés.

Ce très bel arbuste orne volontiers les terrains les plus arides et même, dit-on, les terrains crayeux. Si vous le consultiez pourtant, il vous demanderait de le planter de préférence aux lieux un peu ombragés. De même que le lilas, le cytise aux grappes d'or est un de nos arbustes les plus agréablement parfumés.

Comment se fait-il que botanistes et horticulteurs restent froids et secs en parlant de ces doux et riants végétaux? Cette inattention au vrai caractère de ces arbres, qui est la beauté, révolte à la fin et conduirait à faire prendre en mépris la science et les savants.

J'ai dix auteurs en ce moment ouverts sur ma table à l'article *cytise* ou *cytisus*, je n'en vois qu'un qui ait mis, avec l'exactitude, un peu de cœur à nous le décrire : c'est M. Ferd. Hœfer dans son excellent *Dictionnaire de Botanique pratique*.

— Eh! quoi, voudriez-vous que tout le monde fût poète?

— Oui, si, par être poète, vous entendez avec moi éprouver, en présence de toute chose, une émotion humaine. Malheur à qui n'a pas cette émotion! Celui-là ne se met pas seulement en dehors et au-dessous de l'humanité, il se met volontairement au-dessous de la bête, au-dessous même du végétal qu'il a sous les yeux.

En 1826, un horticulteur de Vitry, M. Adam, ayant fécondé l'un par l'autre le cytise Aubours et le cytise pourpre, obtint une des plus remarquables hybridations observées jusqu'ici.

Le cytise Adam reproduit pêle-mêle, sans les confondre pourtant, feuilles et fleurs paternelles, feuilles et fleurs maternelles; une même branche est à sa base cytise pourpre, puis devient, au milieu, cytise Aubours à fleurs jaunes pour redevenir encore cytise pourpre et ainsi de suite.

En fait d'hybridation, on n'a guère à citer de comparable à ce fait que celui du pommier de Saint-Valery-sur-Somme, qui ne porte que des fleurs pistillées (fleurs femelles) qu'on ne féconde qu'en leur faisant éprouver le contact de fleurs staminées apportées de quelque autre pommier. Telle branche de ce pommier que vous aurez fécondée avec les fleurs staminées d'un pommier de pigeon, vous donnera des pommes de pigeon; telle autre, fécondée avec des fleurs de pommier de reinette, vous donnera des pommes de reinette, et ainsi de suite, tant que vous voudrez.

On a multiplié par la greffe le cytise Adam, pourquoi n'a-t-on pas de même multiplié le pommier de Saint-Valery, ne fut-ce que comme objet d'étude et de curiosité?

Mais revenons aux cytises et disons que ces jolis arbres appartiennent à la riche et secourable famille des légumineuses.

La fleur du cytise, en infusion, passait autrefois pour *apéritive*.

Je ne saurais dire de quelle maladie cette infusion peut guérir, mais, aux premiers jours de mai, lorsque vous verrez, dans un verdoyant jardin, les grappes du cytise se mêler aux lilas et aux boules-de-neige, si vous êtes atteint d'hypocondrie, anémie, apepsie ou lienterie, allez, allez respirer le parfum de ces vivifiants végétaux ! Vous vous en trouverez bien.

Mon ami et voisin le docteur Lavrillière, est sur ce point tout à fait de mon avis.

XXIV

1er Septembre 1875.

MOURON

Les savants ont quelquefois des dédains, des mépris, des oublis bien inimaginables. Le mouron des oiseaux est peut-être la plante la plus universellement connue. Prenez à Paris, prenez où vous voudrez la plus vieille, la plus impotente portière, demandez-lui quelle est cette herbe à petite fleur blanche en étoile. Tout de suite, sans hésiter, elle vous répondra : c'est du mouron! Mais montrez-lui du blé, du trèfle, de l'avoine, je ne suis pas sûr que vous aurez toujours une réponse aussi satisfaisante.

Eh bien! voyez un peu, ce mouron connu de tout le monde est la plante dont on s'est le moins occupé dans les livres; de gros traités de botanique l'ont quelquefois oubliée. Ceux qui en parlent le font dédaigneusement en deux ou trois lignes; encore se gardent-ils de lui conserver son nom populaire de *mouron*, et cela même dans les livres où l'on conserve aux plantes leur nom français et vulgaire, où le cresson s'appelle cresson et non *Sisymbrium officinale*, où l'œillet s'appelle œillet et non pas *dianthus*, où le salsifis reste salsifis, et ne se déguise pas en *tragopogon ;* oui, même dans les livres au langage commun, le mouron perd son nom et devient ou la *morgeline*, ou l'*alsine ; alsine,* du mot grec *alsos,* qui signifie bois, parce que la plante, dit-on, croît à l'ombre des bois, ce qui n'est pas vrai. Quant au mot *morgeline,* celui-là ne vient pas du grec, mais du latin, ce sont les deux mots *morsus gallinæ (morsure de poule)* parce que les poules et beaucoup d'autres oiseaux mordent cette jolie herbe et s'en nourrissent volontiers.

L'humble plante, pourtant, se vend chaque année par centaines de mille francs, centaines de mille francs qui tombent dans les mains les plus pauvres. Le commerce du mouron est peut-être le seul que, même sans un centime en poche et sans apprentissage, sans préparation, on puisse d'un instant à l'autre, entreprendre ; nulle formalité à remplir, nulle déclaration, nulle patente, nul outillage ; armé de ses deux mains seulement, le plus pauvre enfant peut s'en aller parmi les champs humides et ombreux cueillir la petite plante, puis rentrant à la ville, crier par les rues : « Mouron pour les petits serins, les petits oiseaux. » Il se trouvera le soir possesseur de quelques sous qu'il ne devra qu'à lui seul et qu'il aura gagnés par un honnête travail. Peut-être que de grandes fortunes ont commencé par ce petit commerce.

Ce qui est bien singulier, c'est que le mouron semble s'offrir de lui-même aux pauvres gens. C'est, en effet, autour des plus humbles masures qu'il croît de préférence et souvent jusque sur le seuil, jamais, du moins, vous ne le trouverez aux lieux non fréquentés par l'homme; il a ce trait commun avec la bardane, qui, comme lui, semble venir offrir ses services aux ménages indigents. La racine de la bardane est un excellent savon dont autrefois les paysannes savaient très bien se servir.

Dans quelques contrées, autrefois aussi, on mangeait le mouron cuit comme plante potagère et l'on en disait grand bien; la vieille médecine prétendait même y trouver un excellent remède contre le *marasme*; ah! s'il en est ainsi, combien nous aurions besoin, mes amis, de manger du mouron.

Les anciens médecins, sans doute, voyant que le mouron consolait les serins dans leurs cages, avaient imaginé, que l'homme aussi dans ses misères, en pourrait être consolé et rasséréné. Cette expression même de *rasséréné* avait dû favoriser cette croyance, car on admettait très bien, en ce temps-là, l'influence des mots et des noms sur l'essence même des choses. Les végétaux et les saints tiraient de leur appellation leurs vertus curatives. Les *saxifrages*, à cause de leur nom qui signifie *brise-pierre* s'employaient contre la gravelle; sainte Claire, de même, à cause de son nom, était invoquée contre le mal aux yeux. O la puissante logique !

Mais revenons au mouron, à *l'alsine* ou *morgeline*. La petite plante verdoie partout, au midi, au nord ; tous les climats lui sont bons, moyennant qu'elle y trouve de petits coins fréquentés et le voisinage de l'homme. Non seulement elle croît partout, mais elle fleurit en tout temps, ou du moins se tient prête à fleurir en tout temps, car sa petite fleur blanche ne s'ouvre que sous l'influence du soleil. Mais, même en hiver, si le soleil brille, vous pourrez la voir scintiller.

Les horticulteurs pourraient en faire pour l'hiver de jolies suspensions. Nulle verdure plus agréable à l'œil que celle de la morgeline, — appelons-là par son nom distingué, — car le client qui, peut-être la repousserait sous son nom vulgaire, sera tout heureux de se la procurer sous ce nom moins connu.

Personne n'a encore suffisamment pensé à ce qu'on pourrait faire de la petite plante. Les oiseaux seuls ont su, jusqu'ici, en tirer avantage. Qui sait si, pour nous, il n'y aura pas quelque jour à les imiter ?

XXV

27 Septembre 1875.

ARBRE A PIPES

Le fils d'un de nos très bons voisins, le petit Ludovic Lachaussée est accouru vers moi, ce matin, et m'a dit tout en joie :

— Monsieur Labèche, papa m'a donné un petit jardin pour que je le cultive moi-même tout seul. Voulez-vous me donner un arbre à pipes? Je vous promets d'en avoir bien soin.

— Mais, mon enfant, je n'ai jamais entendu parler de l'arbre à pipes.

— Oh! monsieur Labèche, pardonnez, vous en avez un dans votre jardin et j'y ai cueilli de très belles pipes.

Les cheveux me dressaient d'étonnement. Voici cependant toute l'explication : dans un coin sauvage de notre jardin se trouve un grand poirier mort, au pied duquel, ne voulant l'abattre, je plantai, il y a quelques années, une aristoloche qui l'a maintenant envahi tout entier, ce qui nous donne en cet endroit un très agréable ombrage. Or, la fleur tout a fait bizarre de l'aristoloche ressemble, en effet, à la pipe des Orientaux. Cet enfant avait très bien vu et il avait aussi, par conséquent, très bien dénommé la plante dont le nom grec, tiré d'une opinion fausse, n'a plus aujourd'hui de raison d'être puisqu'il attribue à cet arbrisseau grimpant des propriétés médicinales qu'on lui dénie aujourd'hui. Des centaines d'autres plantes sont dans le même cas et portent des noms en contradiction avec ce que nous enseigne aujourd'hui l'observation. Mais ceci n'est pas particulier au monde végétal. L'ignorance primitive des hommes a laissé dans les mots son empreinte inévitable. A cause de cela même ces appellations ont leur utilité historique; elles sont comme des monuments indicateurs des voies qu'a suivies l'esprit humain et de la distance parcourue.

Revenons à l'aristoloche; c'est avec la glycine un des arbrisseaux grimpeurs les plus intrépides, rien ne l'arrête. Il enveloppe, recouvre, écrase, quand on le laisse faire, les arbres les plus élevés. Ce puissant volubile nous est venu des forêts américaines intertropicales. Se figure-t-on les entrelacements gigantesques qui peuvent résulter dans les forêts tropicales de la présence de ces arbres abandonnés à eux-mêmes?

On compte plus de cent variétés d'aristoloches, celle dont on recouvre chez nous les tonnelles, l'aristoloche à grandes feuilles, — l'arbre à pipes

du petit Ludovic, — n'est pas la plus puissante; il
en est dont la fleur pourrait servir de chapeau à la
plus forte tête humaine. Nous aurions avec lui
l'arbre aux chapeaux; mais quelques-unes de ces aristoloches ont une odeur absolument insupportable.
Aussi lit-on dans le *Bon jardinier,* à propos de
l'aristoloche labiée ou *lipue,* originaire du Brésil :
« Fleur très grande à limbe large, terminée en
pointe blanchâtre, tachée de violet noir, d'un effet
extraordinaire; nous n'osons en conseiller la culture
à cause de sa mauvaise odeur. »

M. de Humboldt a vu sur les bords du fleuve de la
Magdeleine, près de Moupox, des aristoloches dont
la fleur avait plus d'un mètre trente de circonfé-
rence; les habitants du pays s'en coiffent pour se
garantir du soleil.

L'Europe a aussi sa petite *aristoloche clematite,* qui
quelquefois, même en France, envahit les champs.
C'était autrefois une des plantes médicinales les plus
célèbres. Elle conserve même en partie sa réputation.

Ferdinand Hœfer lui attribue encore des vertus
« d'une grande activité; » ses racines, dit-il, « passent pour être diurétiques, apéritives, diaphorétiques
et carminatives. » — Le lecteur se rappelle que
Beaumarchais dans le *Barbier de Séville,* fait prendre
très à propos, par l'intermédiaire de Figaro « un nar-
cotique à l'Eveillé, un sternutatoire à La Jeunesse... »

La poudre *sternutatoire* dont il est ici question, se composait de trois racines rapées, mélangées en quantité égale :

1º Racine d'aristoloche.

2º Racine de Bétoine.

3º Racine de Verveine.

Vous savez les admirables résultats obtenus par Figaro... Mais il s'agissait pour moi de donner satisfaction au petit Ludovic.

— Mon ami, lui dis-je, le petit jardin que vous a donné monsieur votre père est-il grand?

— Mais non, monsieur, puisqu'il est petit.

— Et vous voulez y planter un arbre à pipes?

— Oui, monsieur.

— Mais votre jardin, dès la première année, disparaîtra sous votre arbre

— Ça n'y fait rien, j'aurai des pipes tant que j'en voudrai.

— N'est-ce que pour les pipes que vous voulez cultiver ce beau végétal?

— Oui monsieur.

— Qu'à cela ne tienne. Je vous offre toutes celles qui pousseront ici; vous pourrez les cueillir, les emporter, en faire ce que vous voudrez. De cette façon, vous pourrez dans votre *petit jardin,* cultiver toutes sortes d'autres plantes moins encombrantes, et ce sera beaucoup plus agréable pour vous, mon petit ami. Je vous donnerai les plantes qui vous plairont, et vous pourrez avoir un très joli parterre.

L'enfant s'en alla tout joyeux d'avoir à sa disposition, la récolte de notre arbre à pipes, et moi, je restai à mes réflexions sur les aristoloches.

XXVI

13 Janvier 1876.

VERGE A FOUET

Un anier, son sceptre à la main.

Le sceptre de l'ânier, c'est son fouet. Vous savez, lecteur, combien est cher aux enfants ce signe du commandement. Pour le bambin de village, posséder un fouet n'est pas seulement un bonheur, c'est une gloire.

Avoir une bonne mèche à son fouet et savoir s'en servir, c'est toute l'ambition du petit rustre de six à douze ans; à cet âge, ce fut aussi la mienne; mais je ne me contentais pas d'une bonne mèche ou bonne *cache*, comme on dit au village, il me fallait un beau manche.

Que n'eussé-je pas donné pour un *perpignan?* Vous savez peut-être qu'en terme de charretier, on nomme *perpignan* ces longs et beaux manches flexibles, presque incassables et de si léger maniement.

Une de mes préoccupations d'enfant était de savoir où pouvaient pousser ces belles baguettes, si longues, si bien faites, si lisses, si régulières, si solides, si pliantes et d'une si parfaite venue.

A la fin, j'appris qu'on les appelait des *perpignans*, parce qu'elles venaient de Perpignan. Mais quel arbre pouvait produire d'un seul jet d'aussi admirables pousses, régulières en leur amincissement, et résistantes, solides comme le plus vieux bois? Avez-vous quelquefois examiné ces longs manches de fouet de nos conducteurs d'omnibus et des charretiers conduisant la charrue? On dirait un produit fabriqué, car on ne peut croire à une telle régularité de croissance chez aucun végétal. On ne peut croire surtout à une telle solidité dans une simple baguette. Quel arbre est capable de produire ces branches modèles?

Cet arbre, c'est le *micocoulier*, et le micocoulier croît partout en Provence, en Languedoc et dans le Roussillon. C'est un arbre de très bel aspect, à feuillage magnifique, d'un vert sombre et très ombreux. On en a fait, dans plusieurs villes du midi, de très belles promenades. Il se prête on ne peut mieux à la décoration des jardins; il se laisse, en effet, tailler, palisser et diriger comme le tilleul; il s'élève à 10 et 15 mètres de hauteur, et, comme le tilleul, il vit très vieux. Il en existe un à Aix de grosseur prodigieuse et qu'on dit âgé de cinq cents ans. Le roi René, si l'on en croit la tradition rendait ses édits à l'ombre de son feuillage.

Mais où sont, sur le micocoulier, les belles barguettes dont nous avons parlé? Cherchez bien, vous n'y en trouverez pas une.

Qu'est-ce à dire? on nous a donc trompés sur l'origine des longues verges à fouet! Non, vraiment, mais veuillez écouter. Si l'on cultive le micocoulier pour son bois, le plus dur que produise l'Europe, après le buis et l'ébène, on le cultive aussi pour ses branches, c'est à dire pour lui faire produire des manches à fouet. Cette culture consiste tout simplement à planter de jeunes micocouliers qu'on scie au pied à l'âge de douze ou quinze ans. Des bourgeons se forment sur la souche de l'arbre ainsi rasé, et ces bourgeons qu'on a soin de ne pas laisser trop nombreux, absorbant à eux seuls toute la sève, se développeront en ces longues verges si chères aux cochers.

De vastes plaines sont ainsi couvertes de micocouliers rabattus et transformés en branchages, dont il se fait un commerce considérable et très lucratif pour le paysan du midi.

Mais aux environs de Sauve, dans le département du Gard, on fait mieux encore : on dirige la croissance des verges de micocoulier de façon à ce qu'elles forment des fourches à deux, à trois, quatre et même à cinq dents, fourches élégantes, légères, solides!... Quinze cents hectares sont employés à cette culture, voilà plus d'un siècle, et produisent annuellement 75,000 douzaines de fourches, dont le produit brut est, en moyenne, de 1 million 125,000 francs, auquel il convient d'ajouter les branches de rebut, dont on fait encore d'excellents manches pour toutes sortes d'outils.

M. Dubreuil vient de publier dans le *Journal de l'Agriculture* un très intéressant article sur le micocoulier, duquel il résulte que le capital engagé dans sa culture en cépages produit un revenu net qui dépasse, en moyenne, 14 p. 100.

Il faut ajouter que le feuillage de l'arbre sert à la nourriture des bestiaux, qu'on fait avec sa racine et sa souche, d'excellents manches de couteaux.

Cultivé en haute tige, il fournit un bois solide, inaltérable, qui échappe à la vermoulure. Son fruit, semblable à une petite cerise et dont la maturité ne s'achève qu'après les premières gelées, est très recherché des enfants et des oiseaux; toutefois son utilité, son emploi possible n'est pas là, à moins d'un grand perfectionnement dirigé dans ce sens; mais on peut tirer de son noyau une huile qui égale en qualité l'huile d'olive, qui peut servir aux mêmes usages, et qui, de plus, est parfaite pour l'éclairage.

Voilà donc un grand végétal, et l'un des plus puissants, dont toutes les parties, tiges, tronc, branches, fruit, feuillage, racines ont un emploi profitable, qui est de plus dans les jardins et les parcs un très bel ornement.

Son écorce, comme celle du chêne, est utilisée pour le tannage des cuirs.

Le micocoulier est connu en Provence et dans le Languedoc sous les noms de *fabricoulier*, de *falabriquier* et de *fanabrègue*. Dans le commerce, on l'appelle *bois de Perpignan*.

Combien de charretiers, de cochers passent leur vie, sa branche à la main, sans savoir rien ni de sa culture, ni de son origine! Tous, néanmoins, portent avec orgueil, comme l'ânier de La Fontaine, leur sceptre de Perpignan :

> Un anier, son sceptre à la main
> Menait en empereur romain
> Deux coursiers à longues oreilles.
>
> . . . .

Quel plaisir on m'eut fait dans mon enfance si l'on m'eut conté tout cela! Pour moi, j'ai voulu adresser pour cadeau d'étrennes aux jeunes paysans d'Heurteauville cette histoire de la verge à fouet.

XXVII

8 Juillet 1876.

FRAMBOISIERS

Voici, dans les jardins d'Heurteauville, les fraises en pleine maturité, et dans quelques jours nous aurons les framboises. Puis viendront groseilles et cerises, mais la gloire de la fraise et de la framboise, c'est d'ouvrir chaque année la récolte fruitière et de l'ouvrir délicieusement. Ceux-là seuls, cependant, connaissent fraises et framboises qui peuvent les goûter sur place, fraîches, non échauffées, non fermentées et n'ayant subi d'autre voyage que du jardin à la table.

La culture du fraisier, négligée pendant des siècles, a subi depuis cinquante ans une transformation complète; aussi les variétés se sont-elles multipliées et améliorées au-delà de toute espérance. Le framboisier pourrait très vraisemblablement se transformer et perfectionner, lui aussi; mais il semble qu'on se plaise à le laisser à l'état sauvage ou à peu près sauvage. Quels soins lui donne-t-on, sinon de le laisser croître un peu à l'aventure, dans les coins frais et obscurs du jardin; c'est là, d'ailleurs, qu'il paraît se plaire, mais qui songe à en faire des ensemence-

ments judicieux? Qui songe à en croiser et perfectionner les diverses variétés? Parce qu'on le voit croître
naturellement dans les bois, on se figure que l'humidité du sol, l'air et le soleil lui suffisent. On le traite
comme ces modestes et humbles créatures humaines
dont on dit : « Que faut-il à une personne seule? »
et qu'on laisse dans leur solitude, dans leur pauvreté et trop souvent dans leur détresse. Mais ne fut-
ce que de lui faire bon visage, c'est déjà quelque
chose. Un jardinier illustre (Claude Mollet, je crois)
a dit de certains arbres à fruit qu'*ils aiment l'haleine de l'homme.*

Mais, je vous prie, laissez-moi vous citer quelques
lignes d'un ancien maître au fait de culture. Voici
comment s'exprime Olivier de Serres sur le frambo-
sier :

« C'est un arbuste plustost de montaigne que de
plaine, aussi vient-il facilement en aer froid... Par
jettons enracinés est le vrai moyen de se meubler de
telle plante... et bien que de lui-mesme vienne es forêts agrestes, si est-ce qu'apprivoisé au jardin par
bonne culture, manifeste et en bois et en fruits,
combien il se plaît d'être bien cultivé et caressé. »

J'ai beau chercher partout dans les traités de botanique ou de jardinage, je ne trouve nulle part sur
le framboisier, une ligne comparable à ce qu'en a su
dire le seigneur de Pradel. D'ailleurs, les botanistes

modernes sont devenus absolument muets, je veux dire que quand ils ont indiqué en leur langage technique l'ordre, la classe, la famille d'un végétal et donné ses principaux caractères, ils semblent craindre d'ajouter un seul mot. On fait ainsi, je l'avoue, des livres fort utiles et même des guides indispensables, mais on ne fait pas un livre lisible! La nature est pleine de délices, et l'on nous l'interprète par un suprême ennui.

Le framboisier n'est pas autre chose que la ronce un peu perfectionnée, une ronce qui, au lieu de ramper, se tient debout, élégante et fière. Son fruit est, d'ailleurs, incomparablement plus savoureux que celui de la ronce. Je ne sais même s'il n'est pas le plus exquis de nos fruits indigènes; dans tous les cas, rien n'égale les framboises mêlées aux fraises et aux groseilles sucrées et arrosées de vin.

Un enfant ayant, pour la première fois, entendu parler d'*ambroisie*, breuvage céleste, se figura naïvement que les habitants de l'Olympe se régalaient de *framboisie*.

Les botanistes de l'antiquité rapportent, en effet, que les framboisiers furent découverts sur le mont Ida; c'est sur cette montagne, on le sait, que se passa l'enfance de Jupiter. Ah! le petit dieu s'en régala-t-il de framboises!

Encore à présent, que d'excellentes confitures, que

d'exquis ratafias, combien de liqueurs, combien de douces *framboisies* savent préparer nos ménagères rustiques avec le fruit de la *ronce d'Ida!*

Vous le dirai-je, et ne rirez-vous pas de moi? A la ville, je me soucie peu des confitures; elles sont produit de confiseurs et ne me disent rien, sinon que l'industrie des gélatines sucrées et parfumées se perfectionne de jour en jour. Mais les confitures dans le ménage champêtre, c'est l'âme de la femme. Je m'y suis rarement trompé. Tant vaut la ménagère aux champs, tant valent ses confitures et conserves. J'eus à faire pour mon fils, il y a quelques années, la demande en mariage de la fille d'un cultivateur. C'est au dîner, au dessert surtout, que je fus pris d'une véritable estime pour la mère et la fille. Les confitures étaient excellentes. Gelées de groseille et de framboise irréprochables : pureté, goût exquis, transparence, degré parfait de cuisson, sucre, zest de citron, mélange de plusieurs fruits en quantités précises; quand rien de tout cela ne fait défaut, une femme est jugée.

Je fus heureux de marier mon fils en si bonne famille, et nous n'avons eu depuis, en effet, qu'à nous féliciter de cette union.

C'est aussi sur ce chapitre des confitures qu'il faut consulter Olivier de Serres :

« Ce sera ici donques, où l'honorable damoiselle

se délectera, continuant la preuve de la subtilité de son esprit. Aussi en recevra-t-elle et du plaisir et de l'honneur, quand à l'inopinée survenue de ses parents et amis, elle leur couvrira la table de diverses confitures apprestées de longue main, dont la bonté et beauté ne céderont aux plus précieuses de celles qu'on fait es grosses villes; bien qu'estant aux champs, elle n'ait autre confiseur que l'aide de ses servantes. »

Et savez-vous ce qu'Olivier de Serres dit encore des confitures? Qu'elles servent à nous « repaistre l'entendement. »

Mais revenons aux framboises, ou plutôt aux framboisiers, dont il me reste à vous dire, ceci entre autres: que, si vous tenez à cultiver de bonnes variétés, vous ferez bien de vous procurer la framboise dite *des Alpes*, qui produit jusqu'en automne un fruit très beau et très agréable.

Pour ce qui concerne les framboisiers d'ornement, parmi lesquels le *framboisier du Canada* doit être mis au premier rang, que vous en dirai-je, sinon que, dans tous les cas, il vaut toujours mieux cultiver les framboisiers à fruit.

Quant à la sœur sauvage du framboisier, quant à la ronce, laissons-la aux champs ou plutôt ne l'y laissons pas, arrachons-la de partout, sauf des rochers arides qu'elle enveloppe et recouvre parfois d'un manteau de verdure qui, de loin, a son charme, et qui, même de près, peut, s'il est accessible, nous attirer par ses petits fruits noirs si chers aux enfants.

XXVIII

16 Août 1876.

PIE

Il y a deux ou trois ans, lors de l'enquête qui se fit dans notre région sur le classement des corneilles parmi les animaux utiles ou nuisibles, le lecteur se souvient peut-être que les pauvres oiseaux, destructeurs infatigables des hannetons et des mans, furent déclarés nuisibles, parce que M. le maire de Chauvigny-le-Guigneux avait vu ses guignes attaquées par lesdits oiseaux, et parce qu'à la Robinette elles avaient endommagé quelques pommes de terre municipales.

Des communes plus importantes et plus éclairées eurent beau défendre ces oiseaux autrefois sacrés, les corneilles furent déclarées coupables...

Voilà où nous en sommes en France pour les corneilles, voyons où l'on en est en Allemagne pour les pies.

La Chambre des Seigneurs de Saxe, dans le même temps à peu près qu'on criait chez nous anathême aux corneilles, faisait publier une invitation de tuer les pies depuis les saints jours de la Noël jusqu'à l'Epiphanie (du 20 décembre au 8 janvier) avec injonction formelle d'envoyer lesdites pies à l'établissement des Dames Diaconesses.

Vous vous demandez ce que peut signifier une telle prescription.

Cela signifie que ces pies tuées dans une époque sainte, les pieuses Diaconesses, en desséchant ces pies au four, avec de certaines cérémonies, en préparent une poudre qui guérit infailliblement l'épilepsie.

Je lis cette histoire tout au long dans les *Leçons de Carl Vogt sur les animaux utiles et nuisibles.*

Heureusement, toutes ces vieilleries sont en train de s'écrouler, même en Allemagne, et M. Littré a pu écrire avec justesse, ces jours passés :

« ..... Toute l'Europe est sur un terrain plus
» exhaussé que n'était son terrain, il y a cinquante
» ans. Croyez-en un vieillard parvenu à l'extrémité
» de sa carrière..... »

Il n'y a point de doute sur le rôle de la pie dans le *Ménage des champs;* elle y est nuisible, au même titre que le renard; guerre aux poussins, guerre aux œufs d'oiseaux, voilà ce qu'on lui reproche, et le reproche est fondé; mais cette part faite, quel oiseau intelligent, rusé, sagace, amusant, accessible aux sciences, aux lettres, aux arts! Les pies sont mathématiciennes; elles savent compter au moins jusqu'à cinq (on l'a constaté), elles savent parler, chanter, imiter tous les cris, tous les bruits. Chez elles (en famille) elles sont propres, actives, dévouées, économes; elles font de leur nid une vraie forteresse où l'on s'aime, où l'on rit, où l'on cause, où surtout l'on se gausse des voisins.

J'ai dit, en parlant du renard, que, grâce à ce rusé compère, si bien connu du paysan, jamais on n'en avait pu venir à nier tout à fait l'intelligence des bêtes. La pie, parmi le monde des oiseaux, a protesté, elle aussi, contre la doctrine des animaux machines, et La Fontaine avait entendu l'éclat de rire de Margot, traversant avec l'aigle un coin de prairie :

> Caquet-Bon-Bec alors de jaser un plus dru,
> Sur ceci, sur cela, sur tout. L'homme d'Horace
> Disant le bien, le mal, à travers champs, n'eut su
> Ce qu'en fait de babil y savait notre agace.

La légende est interminable sur cet oiseau, et l'on raconte sans fin des histoires de pies savantes, pies menteuses, pies voleuses. Toutes ces histoires, ramenées à de justes proportions, ne seraient qu'histoires de *pies farceuses*. Les commères n'avaient pensé d'abord qu'à s'amuser et ce n'est pas leur faute si, par l'imbécilité et la cruauté de l'homme, quelques-unes de ces histoires ont tourné à la tragédie. Dans la célèbre histoire mise en drame et en opéra, l'animal qui vraiment fait pitié est-ce l'oiseau?

Heureusement, il y a aussi des histoires de pies bienfaisantes et reconnaissantes. En tous cas, ce n'est pas en cage ni en domesticité qu'il faut juger la pie, c'est chez elle, élevant, soignant, morigénant ses *piats* et jacassant en liberté sur la plus haute branche du canton.

Du reste, ménage parfait! le père, au besoin, remplace la femelle sur le nid pendant que celle-ci s'en va en quête de vivres et de nouvelles dans le voisinage. Il faut bien, vraiment, qu'en faisant les provisions on apprenne un peu ce qui se passe. On n'a pas de journaux à lire, mais on a bon œil et bon bec.

On va, on vole, on court, on saute, on s'élance, on file à tire d'ailes. Le tout pour savoir s'il n'y a pas quelque bon tour à faire à mesdames les corneilles ou à messieurs les geais du voisinage. Ah! les corneilles et les geais, voilà ceux qui en auraient long à nous dire sur les pies. Voyez plutôt Rabelais (*ancien prologue* du IVe livre) :

« Des contrées du Levant advola grand nombre de
» geais d'un côté, grand nombre de pies de l'autre,
» tirant vers le ponant... et fut la bataille tant
» furieuse que c'est horreur seulement d'y penser.. »

Et c'est de cette bataille que causent encore, en se menaçant, chaque soir, et les geais et les pies.

XXIX

20 Août 1876.

CLOPORTES

Voltaire, sur le point d'arriver au bel âge de soixante ans, eut une légère attaque d'hydropisie. C'était en 1753, c'est à dire en l'année la plus malheureuse de sa vie. Après trois ans de séjour en Prusse, il venait d'avoir avec le roi, Alcine-Frédéric, cette querelle terrible dont toute l'Europe s'était préoccupée, Jamais encore l'attention universelle n'avait été, comme en ces circonstances, fixée sur le philosophe ; banni de France par Louis XV, emprisonné à Berlin, fugitif et sans asile parmi les catholiques, persécuté par un roi protestant, c'est l'heure où il écrit confidentiellement à sa nièce :

« Il y avait trois ou quatre ans que je n'avais pleuré, et je comptais bien que mes vieilles prunelles ne connaîtraient plus cette faiblesse, jusqu'à ce qu'elles se fermassent pour jamais. Hier, le secrétaire du comte de Stadion me trouva fondant en larmes... »

Plus confidentiellement encore, il écrit à son vieil ami d'Argental : « *Je suis perdu sans ressource...* »

Pour augmenter la curiosité qui s'attachait à Voltaire, il fut question, dans ces mêmes circonstances, d'un duel qu'il devait avoir avec Maupertuis, champion de Frédéric. Voltaire, dans son *Akakia*, annonça qu'il partait pour Plombières, où il attendrait Maupertuis, et il s'y rendit, en effet, malgré le danger pour lui de rentrer sur le territoire français; mais Maupertuis n'y vint pas.

Autre sujet d'étonnement pour le monde entier : Voltaire, ne sachant réellement où trouver un asile, écrit à l'aimable dom Calmet, supérieur des Bénédictins de Sénones, et lui demande si, pour un grand travail historique qu'il comptait achever bientôt (l'*Essai sur les Mœurs*), il ne pourrait pas mettre à sa disposition la bibliothèque de l'abbaye de Sénones, la plus riche qu'il y eut alors en documents historiques. Dom Calmet, par un acte de tolérance qui lui fait honneur, répondit au philosophe que la bibliothèque de Sénones serait mise tout entière à sa disposition, et qu'il pouvait venir.

Voilà l'auteur de *Mahomet* installé chez les moines, qui le reçurent avec déférence. Dom Calmet, surtout, fut plein d'attentions; il voulut faire à l'illustre malade (l'hydropisie venait de commencer) un régime à part; mais Voltaire déclara qu'il considérerait comme un honneur de prendre ses repas au réfectoire avec les pères, ce qui lui fut accordé. Tout entier qu'il est

à ses travaux historiques, au fond de son monas-
tère, il n'en reste pas moins en relations avec ses
amis ; il écrit à d'Argental :

« Je me suis fait bénédictin dans l'Abbaye de Sénones avec dom Calmet, au milieu d'une bibliothèque
de douze mille volumes. Je lis ici, ne vous en déplaise, les Pères et les Conciles... Je m'occupe avec
dom Mabillon, dom Merteme, dom Tuilier, dom
Ruinart... »

Et il signe : *le Moine Voltaire.*

On ne saurait imaginer les bruits absurdes auxquels donna lieu cette retraite de Voltaire dans la savante et paisible abbaye : on prétendit qu'il s'était
fait capucin, et il y eut là-dessus cent brochures et
libelles.

Le certain, c'est que Voltaire s'attira l'estime de
tous les pères, qu'il resta en relations avec dom
Calmet, et que c'est lui qui, à la mort de ce père,
fut chargé de rédiger son épitaphe, ce qu'il sut faire
sans manquer d'un mot à sa conscience de philosophe :

> Des oracles sacrés que Dieu daigna nous rendre,
> Son travail assidu perça l'obscurité.
> Il fit plus : il les crut avec simplicité,
> Et fut par ses vertus digne de les entendre.

Voltaire donc, dans toutes ces agitations, avait été
atteint d'un peu d'hydropisie. D'abord on l'envoya

aux eaux. « Mais » écrit-il à d'Argental, « Gervasi (un célèbre médecin d'alors) a jugé que des eaux n'étaient pas trop bonnes contre des eaux et il m'a condamné aux cloportes. » Ce remède l'étonne, mais il ajoute mélancoliquement : « J'ai été plus d'une fois en ma vie condamné aux bêtes. » Et le voilà qui avale tous les jours très scrupuleusement des cloportes vivants; aussi annonce-t-il à toute la terre cette condamnation *aux cloportes*.

C'est aussi le temps où il écrivait au duc de Richelieu : « j'ai un petit malheur, c'est que je n'écris pas une ligne qui ne coure l'Europe. »

Voilà donc toute l'Europe informée de la guérison de M. de Voltaire par les cloportes.

Il est vrai qu'avec les cloportes il y eut, pour le remettre en santé, son établissement à Ferney, vaste domaine formé, comme on sait, de plusieurs seigneuries achetées par lui, et s'étendant sur les territoires de France, de Savoie, de Genève et de Suisse. Il devenait ainsi à la fois citoyen de deux royaumes et de deux républiques, de telle sorte que, pour l'exiler, il eut fallu l'entente de toutes les puissances.

Le voilà heureux, le voilà devenu « roi » lui aussi : l'hydropisie disparaît.

Mais la gloire de la guérison n'en reste pas moins aux cloportes, aussi Dieu sait si les cloportes vont devenir à la mode. Dans tout le beau monde c'est presque une joie, pour la moindre indisposition d'être mis *aux cloportes,* comme M. de Voltaire. On n'avalait plus seulement les cloportes vivants, on les appliquait en cataplasmes pour les maux de gorge, on les mettait en sirops, en confitures, en pâte. Pour tout médecin bien placé il n'y avait plus que cloportes, si bien que les pauvres bêtes, faisant défaut en France, on en fit venir d'italie, de qualité, disait-on, bien supérieure; et tout cela venait d'une réclame involontaire du fugitif de Berlin.

Cet engouement dura jusqu'à la fin du siècle et même en 1838, le docteur Achille Richard, dans ses *Eléments d'Histoire Naturelle Médicale,* essaie encore de l'excuser et de l'expliquer *chimiquement.*

Les cloportes, dit-il, sont aujourd'hui bien rarement usités. On les considérait comme diurétiques; propriété qui peut être réelle, et qui dépend probablement des particules de nitrate de potasse dont leur corps est souvent chargé; mais encore est-il que, bien des fois, on en a administré un grand nombre sans produire aucun effet sensible.

Mais soyez persuadé que la vraie cause de la grande réputation des cloportes en médecine fut ce que j'ai dit.

Quand à celui qui, le premier, s'avisa d'employer un tel remède, il eut bien dû transmettre à la postérité ses raisons, elles nous seraient aujourd'hui un sujet de gaieté.

Vous connaissez les cloportes, vous connaissez ces innocentes et timides petites bêtes à qui la nature a donné quatorze jambes afin qu'elles marchassent tout doucement. Aussi dans leur incapacité de fuir lorsqu'un ennemi les poursuit, se roulent-elles prestement en une petite boule, qui en fait comme autant de jolies pilules vivantes.

Pilules! pilules Naturelles! Voilà, n'en doutez pas, ce qui les fit admettre dans les pharmacies..... et ce qui, Voltaire s'en mêlant, faillit au dernier siècle amener leur destruction complète. Mais depuis elles se sont singulièrement refaites et multipliées. Longtemps on est resté sans se préoccuper de leur réapparition; on les croyait, d'ailleurs, bêtes inoffensives. Mais on a découvert qu'elles sont très friandes et qu'au fruitier leur présence doit être évitée avec soin. Les horticulteurs leur font aussi la chasse, s'étant aperçus que ces bestioles sont destructives de certaines espèces de semis et boutures et notamment des pétunias, si recherchés depuis quelques années.

On dit que le nom de cloporte n'est que l'abréviation de *clou à porte*, nom primitif de ces petits crustacés.

Les femelles pondent leurs œufs tout d'abord dans un petit sac qu'elles portent sous le ventre. Ce sac, à la fin de l'incubation, se déchire longitudinalement, puis transversalement, puis les petits en sortent, tout semblables à leurs parents, sauf qu'ils ont deux pattes et un anneau du corps en moins. Après leur naissance, il leur viendra donc deux nouvelles jambes. Voilà un fait certainement assez rare, et pourtant, que de choses il reste à voir et à dire sur ces singuliers animaux ! On les accuse, malgré leur air innocent et timide, de se manger les uns les autres ; anomalie inexplicable chez les herbivores. Mais cette accusation ne paraît aucunement prouvée. On a tant dit de sottises sur les cloportes, depuis le médecin Gervasi, qui les faisait avaler vivants à Voltaire, jusqu'à l'époque actuelle, qu'il convient de rester en grande défiance de tout ce qu'on lit sur ces bêtes. Leur histoire n'a guère été faite *que par ouï-dire*, si l'on en croit Rabelais, qui fut, lui aussi, un illustre médecin en son temps. Or, ce vieux maître *ouï-dire* ne conservait déjà plus, au seizième siècle, que bien peu d'autorité.

XXX

28 Août 1876.

SALPIGLOSSIS

Je n'avais jamais cultivé cette plante et je ne
la connaissais qu'à grand peine, tant elle est peu
répandue; mais depuis quelques années on l'a remise
dans le commerce et je m'en suis procuré de la
graine au printemps dernier.

Semée sur place en avril, elle achève, en ce moment, sa floraison, et j'en ai obtenu des effets auxquels je ne m'attendais point. Sa fleur en forme
d'entonnoir, longuement et finement pédonculée,
parait être quant à la couleur et quant à la panachure, variable à l'infini. Semez-en tant que vous
voudrez, vous n'en aurez jamais deux identiquement
pareilles.

Parmi les êtres vivants, je ne lui connais de comparable que les *combattants* (oiseaux singuliers entre
tous, par leur diversité). Aussi, ai-je pris un vrai
plaisir, au moment de leur éclosion, à voir s'épanouir
ces plantes gracieuses, où sur un fond blanchâtre,
jaune, mordoré, brun, gris, violet, ardoisé, cramoisi
et souvent velouté, se dessinent des stries et des mar-

brures bleuâtres, jaunes, dorées, brunâtres, etc., le tout en combinaisons infinies.

Le salpiglossis a conservé sa fraîcheur et sa grâce pendant plus d'un mois. Je m'étonnai, devant un tel résultat, que la plante soit si peu cultivée. Mais deux heures de pluie et de pluie très peu abondante ont suffi à m'expliquer cette rareté de la jolie fleur. La moindre humidité les met en loques, et il lui faut, je crois, avec la sécheresse, la plus grande chaleur. Ceci m'a fait comprendre comment, ayant eu la chance de faire cet essai de culture du salpiglossis dans une année sèche et chaude, j'ai si bien réussi; mais en cette nécessité de chaleur et de sécheresse, doit se trouver aussi la cause d'abandon presque général d'une plante si delicatement, si originalement et si diversement jolie. On la croit venue du Chili; mais j'ignore la date de son importation. Elle appartient à la famille des *scrofularinées*. On la connaît en horticulture sous le nom de *salpiglossis à fleurs changeantes*. Jamais désignation ne fut mieux appliquée, Ses fleurs sont le changement même. Il semble que leur idéal soit de ne se jamais ressembler les unes aux autres. De forme, il est vrai, elles ne varient pas; mais aux couleurs, à la bigarrure, au mouchetage, elles n'ont pas de frein. Nul autre exemple comparable d'instabilité et d'inconstance.

Qu'elles ne soient pas très répandues en Normandie, cela se comprend, puisque la Normandie est un pays humide; mais dans les régions moins pluvieuses, moins brumeuses et plus chaudes comment ne sont elles pas plus habituellement cultivées? Du reste, l'époque de la floraison étant juillet et août, il y a chance pour que, même en Normandie elles réussissent assez souvent, car assez souvent ces deux mois, chez nous, sont très beaux sans l'être avec l'exagération qu'ils y ont mise cette année.

Pour moi, je me propose de continuer cette culture à Heurteauville. D'ailleurs, notre terrain de vallée paraît lui convenir.

XXXI

31 Août 1876.

LIBELLULES

Les bords de notre rivière, l'*Amblette,* ont des coins délicieux de fraîcheur.

J'étais pendant les dernières chaleurs, dans un de ces coins à regarder les *demoiselles*..... Brillantes, rapides, diaphanes, elles passaient, repassaient. Vous connaissez ces jolis insectes : leurs ailes, à peine visibles, ont une beauté merveilleuse et féerique qui étonne. En ces mouches aériennes est l'idéal du vol, de la danse, de la pirouette, de tous les mouvements, de toutes les immobilités gracieuses, séduisantes et hallucinatrices de la chorégraphie. Terpsichore dut apprendre son art chez les libellules. Fixes et suspendues au milieu de l'air, elles montent, descendent, s'arrêtent, avancent, reculent, sans se détourner, puis disparaissent obliquement, en cercle ou en zig-zag, d'un vol si étourdissant, qu'on n'en saurait saisir la dirction.

Quelle est leur couleur? on ne le sait pas bien, tant cette couleur change, miroite et varie. L'insaisissable insecte a-t-il même une couleur? a-t-il un corps?

Les libellules seront l'éternel étonnement, l'éternel désir des enfants.

Ce nom de libellules leur est venu de leurs ailes toujours ouvertes comme un livre ou libelle. Mais quel libelle enchanteur !

La vie en ces bestioles de gaze, d'azur et de feu, se manifeste avec une intensité terrible, ce sont des chasseurs d'une adresse, d'une souplesse, d'une avidité, d'une apreté sans exemple. Ils ont pour se ruer sur leur proie tous les mouvements de chute, d'ascension verticale, de recul, de brusque détour et avec cela *douze mille-z-yeux* pour tout voir autour d'eux. Leur machoire est un appareil prodigieux. « C'est dit Jonathan Franklin, un des instruments les plus remarquable des la création, et il n'existe rien de semblable dans le monde des insectes. »

Il est vrai que Jonathan Franklin applique cette description à la larve de la libellule; mais la machoire ne se modifie guère dans l'insecte parfait : machine à tuer, à percer, à rompre, couper, briser, broyer, dévorer.

Les Anglais n'ont vu de ce brillant insecte, en leur qualité d'anglais, que les facultés dévorantes et l'ont appelé *mouche-dragon*. En France on a vu sa beauté sa grâce, son inexprimable charme : on l'a appelé *demoiselle*.

Ce qu'on sait des serpents et de certains oiseaux

rapaces qui du regard fascinent leurs victimes, vous
le retrouvez chez la libellule. Les ailes étendues,
immobile au milieu de l'air, elle affole et terrifie de
ses douze mille regards flamboyants quelque pauvre
moucheron. Ce qu'elle détruit ainsi de petits insectes
est, dit-on, prodigieux. Les cousins, les mouches,
même les papillons sont sa plus habituelle nourriture. Les papillons surtout sont par la libellule
anéantis comme par la foudre; avec une prestesse
inimaginable l'insecte est englouti, et vous voyez
voler au vent ses ailes dispersées.

Et voilà pourquoi la libellule a été classée parmi
les insectes utiles.

Pour moi, je l'avoue, en observant ce spectacle,
j'eus l'âme consternée, malgré les délices du lieu où
j'étais placé, malgré la fraîcheur, la transparence et
les doux murmures de l'Amblette, malgré les chansons innocentes et gaies que faisaient entendre les
oiseaux, les grillons, et malgré les propos amusants
d· deux belles jeunes filles qui caquetaient au bord
de la rivière à quelque pas de là.

XXXII

4 Septembre 1876.

MASSETTE

Si les grenouilles avaient le bonheur de posséder un roi, il y aurait chez elles des princes du sang, des familles nobles et privilégiées, et l'on verrait ces familles se distinguer par leurs blasons et leurs armoiries. Les hauts barons et marquis de la grenouillère et de la lézardière auraient a leur disposition tout un monde d'animaux et de végétaux héraldiques. Parmi les animaux, les plus puissantes et les plus glorieuses familles choisiraient pour leurs armoiries, au lieu du lion, le crocodile, mais parmi les végétaux, quel pourrait être leur choix? Ce problème qui a son importance a été très judicieusement résolu, il y a une trentaine d'années par un de nos plus spirituels artistes c'est-à-dire par Grandville, dans ses illustrations des *Fables de La Fontaine*: les grenouilles de distinction, celles qui approchent de plus près le monarque, ont été par lui armées d'un joli roseau appelé vulgairement *masse* ou *massette,* et connu en botanique sous le nom de *typha* (du grec *typhos* *marécage).* L'élégant roseau, avec son joli épi brun, disposé en masse, et placé au bout d'une lance acérée que traverse sa pointe, est, en effet, un véritable insigne du commandement; mais ça n'est pas tout, ces longues feuilles rubanées et droites sont de véritables sabres. Les botanistes disent : *longues feuilles gladiées*.

Le triomphant roseau, qui de lui-même croît dans nos étangs et rivières, en est l'un des plus remarquables ornements. Sa *masse*, formée d'un duvet laineux, très tassé, est pour les enfants l'objet d'une éternelle convoitise; pour les cueillir, beaucoup se sont noyés. En quelques contrées, on a utilisé son duvet et l'on en a fait des matelas et des oreillers; on a même essayé de le tisser en le mélant avec du coton, mais le succès a été médiocre.

Le roseau *typha* croît dans les eaux avec une telle vigueur et une telle abondance qu'il réussit à les combler du débris de ses tiges. Des étangs par lui ont été changés en marécages et de marécages sont devenus prairies. Son rôle a été considérable dans le desséchement du globe. C'est lui qui, en bien des contrées, a dit aux eaux : « vous n'irez pas plus loin. » Plante de combat, elle rétrécissait l'empire des poissons et créait, élargissait le boueux domaine des batraciens. Grenouilles et salamandres lui durent leur puissance. Grandville donc avait à bon droit fait de la massette l'arme honorifique des grenouilles de qualité.

Il est vrai que ces grenouilles de Grandville n'avaient fait en ceci que suivre l'exemple des hommes. Je lis, en effet, dans le *Dictionnaire botanique* de Hœfer :

« L'élégance des tiges du *typha,* garnies de leur massue, a probablement donné lieu à l'institution de ces massues que l'on porte par honneur devant les principaux magistrats, ainsi que dans plusieurs cérémonies religieuses. »

Ceci n'est pas douteux et l'on en pourrait donner cette preuve certaine, que dans quelques contrées la massette est connue sous le nom d'*Herbe-au-Bedeau.* Les jardiniers paysagistes savent parfaitement tirer parti du grand et même du petit roseau typha pour l'ornementation des pièces d'eau.

Les typha n'exigent d'autre soin que de les empêcher de tout envahir et de tout obstruer; il est bon aussi de couper leurs feuilles et leurs tiges, non pas au-dessus, mais au-dessous de l'eau. Leur reproduction se fait tout simplement par la division des touffes.

Les pisciculteurs auront raison, eux aussi, de cultiver la massette dans leurs étangs. Elle fournit aux petits poissons un abri contre les gros et elle donne à tous une ombre salutaire, car même les poissons dans l'eau ont quelquefois besoin de se mettre à l'ombre.

XXXIII

7 Octobre 1876.

STAPHYLIN

Connaissez-vous le staphylin? C'est un gros insecte noir, de forme allongée, que l'on voit courir dans les endroits suspects. Sa tournure est des plus singulières, et je ne sais pourquoi l'on ne peut regarder sans rire ce sombre personnage. vrai Falstaff des coléoptères.

D'abord, il a tout à fait l'air d'un coléoptère amateur, n'ayant que des élytres écourtés qu'il porte sur l'une et l'autre épaule, comme deux capes espagnoles. On ne lui voit point d'ailes, ce qui n'empêche pas qu'il en ait de fort jolies et de fort amples très savamment repliées sous ses petits élytres. Malgré le triple repliement de ces ailes, il sait prendre son vol instantanément.

Le staphylin n'est pas seulement un excellent voilier, c'est encore un hardi et infatigable coureur; mais, chose incroyable, s'il se voit ou se croit attaqué au lieu de prendre vol, le voilà qui se met en garde. C'est là qu'il faut le voir, si l'on veut se donner un peu de bon temps. Pensez-vous qu'il regarde en face son adversaire? Oh! que non pas! Il vous tourne le dos; mais, de la partie postérieure de son corps et de tout son abdomen qu'il élève en l'air avec mille contorsions comiques, on dirait qu'il veut vous effrayer. Jamais il n'y eut pareilles grimaces; l'extraordinaire chez ce bizarre personnage, c'est qu'au lieu de faire ses grimaces avec le visage, comme se doit faire toute grimace honnête, il les fait de toute autre manière.

Mais ce n'est pas tout; si vous l'excitez, si vous l'exaspérez, si vous le mettez à bout, vous voyez tout à coup, de son extrémité postérieure sortir deux appendices charnus qu'aisément vous pourriez prendre pour deux petits revolvers. Vous vous tromperiez, ces objets singuliers sont deux flacons... Ne perdez pas l'insecte de vue, approchez sans crainte et soyez attentif; il va se passer quelque chose de réellement surprenant; mais votre surprise sera plus grande encore si d'avance vous savez quelle est la nourriture ordinaire de l'insecte, c'est à dire sa matière première; cette nourriture dans laquelle il se vautre, est telle que je m'abstiens de vous l'indiquer. Eh bien! les deux flacons du staphylin vont s'ouvrir et il s'en échappera à l'instant même un parfum dont vous serez ravi; c'est l'odeur bienfaisante de l'éther sulfurique mais délicieusement aromatisée. Nul parfumeur n'a encore égalé le *Staphylin odorant*; et de quoi compose-t-il sa pommade, ô mon Dieu! c'est un miracle de chimie!

A quelle fin l'ingénieux insecte distille-t-il autour de lui une si suave senteur? Voilà ce que personne encore n'a pu découvrir. N'est-il pas vraisemblable que cette émanation éloigne ou tue quelque ennemi redoutable? Curieux sujet d'étude pour les entomogistes.

Maintenant l'insecte doit-il être classé parmi les animaux utiles? Je ne sais; mais sûrement on peut le classer parmi les animaux amusants.

Il y a plusieurs variétés de ces bestioles et toutes n'ont pas l'appareil aux parfums, mais c'est du staphylin odorant que j'ai voulu parler; et c'est aussi celui que l'on rencontre partout dans les coins un peu solitaires.

Pour moi, vraiment, si j'étais parfumeur, je ferais peindre sur mon enseigne un de ces merveilleux insectes débouchant ses flacons, avec ces simples mots :

AU STAPHYLIN

Cela dit tout, et c'est exactement comme si l'on mettait :

Au créateur de la parfumerie.

XXXIV

20 Avril 1877.

VALÉRIANE

Hélas! parmi les végétaux même, il est des gloires et des grandeurs qu'on oublie!

Au coin d'un sentier solitaire d'Heurteauville je voyais hier, parmi les ordures apportées d'un jardin du voisinage, quelques vieilles racines; je les examinai, c'étaient des racines et des plantes entières de valériane. A leur odeur un peu camphrée je les reconnus vite.

Je détachai quelques éclats de ces plantes ainsi jetées au rebut et m'empressai de leur donner place dans mon propre jardin.

A l'heure qu'il est, j'éprouve un mouvement de honte d'avoir si longtemps négligé et véritablement oublié cette plante célèbre entre toutes dans l'antiquité et même dans le moyen âge.

L'ancienne médecine n'a pas connu de plante plus précieuse; de quelle maladie n'a-t-elle pas guéri : fièvre, étouffements, spasmes, vapeurs, épilepsie, migraine, brûlement d'entrailles, borborygmes, crispations, hoquet, danse de Saint Guy, etc.

Ses racines, qu'aujourd'hui l'on dédaigne, on en tirait autrefois le *nard*, tant célébré par les poètes :

> O myrrhe, ô cinname !
> Nard, cher aux époux !

On cultivait la valériane dans tous les jardins comme plante d'agrément.

C'est aussi une petite valériane qui se mangeait comme salade d'hiver sous le nom de *mâche* et qu'en quelques contrées gouailleuses on appelait : *salade du chanoine*.

Les chats ont un tel amour pour la valériane qu'ils viennent de loin se rouler sur ses tiges, ce qui, de la part des bonnes femmes, a valu à la plante le surnom d'*herbe aux chats*.

Cette herbe aux chats fut longtemps la fortune des herboristes, tant il en était fait usage par toutes les vieilles pour calmer les nerfs de *Minet et de Minette*.

Toujours est-il que les chats semblent avoir devancé l'homme dans la découverte des vertus antispasmodiques de la valériane, vertus pour lesquelles la plante est encore employée de nos jours.

Si donc les chiens ont la gloire d'avoir trouvé les propriétés bienfaisantes du chiendent, les chats, on le voit, n'ont pas moins bien mérité de la pharmacie.

La valériane officinale croît partout dans nos bois et dans les lieux un peu humides ; c'est une de nos plus belles plantes indigènes. Ses tiges, hautes de un à deux mètres, se terminent par un joli bouquet de fleurs blanches ou rougeâtres légèrement odorantes. Les bestiaux sont très avides de valériane, et quelques botanistes pensent qu'on en pourrait faire un excellent fourrage.

Dans les jardins, on cultive de préférence la valériane rouge. On la plante surtout parmi les rocailles dont on entoure quelquefois les étangs, sur les roches et sur les vieux murs.

Mais la vérité, c'est qu'elle est depuis une quarantaine d'années fort négligée, à tort ; car elle produit en certains endroits un effet des plus agréables. Aussi, suis-je tout heureux qu'un hasard me l'ait fait retrouver, car, moi aussi, je l'avais oubliée, cette plante autrefois si glorieuse et si fêtée.

> O myrrhe, ô cinname,
> Nard, cher aux époux !

Tous ont lu ces vers dans les *Feuilles d'Automne,* mais combien peu ont su que le *nard cher aux époux* n'est que le suc extrait des racines de la valériane ?

XXXV

7 Novembre 1877.

MERCURIALE

Longtemps avant qu'on en eut fait la découverte positive, les anciens avaient rêvé vaguement la sexualité chez les plantes; ils avaient, en effet, très bien vu que certaines fleurs restent infécondes tandis que certaines autres donnent ordinairement naissance à un fruit ou à des graines; mais ils avaient si incomplètement observé le phénomène, qu'ils donnèrent aux fleurs fructifères la qualification de fleurs mâles. La lumière ne se fit sur cette question capitale qu'à la fin du dix-septième siècle et au commencement du dix-huitième.

Quelques plantes, chez les anciens eux-mêmes, se divisaient donc en mâles et femelles et de ce nombre était la mercuriale; un dieu, disait-on, Mercure, dieu trompeur et voleur, avait enseigné aux hommes, ou plutôt aux femmes, que pour mettre au monde des garçons ou des filles, à leur choix, elles devaient recourir aux infusions de mercuriale mâle pour les garçons, et femelle pour les filles. Et les femmes ont cru cela mille ans, comme les marins (M. Faye nous le rappelait ces jours ci) croient à l'influence de la lune sur les changements de temps. Mais voyez le beau pronostic, quant à la mercuriale! les anciens prenaient pour la fleur mâle précisément la fleur femelle, c'est à dire la fleur pistillée et fructifère, si bien que si l'influence imaginée par eux du sexe de la plante prise en infusion, sur le sexe de l'enfant à naître, avait pu avoir la moindre réalité, elle se fut manifestée à l'inverse de leur supposition.

Mais passons sur ces sottises anciennes et modernes.

Bien qu'elle appartienne à la famille très médicinale et très vénéneuse des euphorbiacées, la mercuriale est aujourd'hui tout au plus considérée comme une plante légèrement laxative; mais médecins, pharmaciens et malades la dédaignent.

Ainsi cette herbe autrefois sacrée, placée durant toute l'antiquité sous la protection du dieu dont elle porte le nom, n'est plus connue de nos paysans que sous le nom de foirole ou foirande.

La mercuriale croît partout aux environs des villes, au pied des vieux murs et parmi les décombres. En pleine campagne rarement on la trouve; de nature essentiellement faubourienne, elle est, du reste, sans charme et sans attrait, sinon qu'elle recouvre de sa verdure rapide de croissance, les lieux où peut-être rien ne pousserait. Ses fleurs verdâtres se distinguent à peine de ses tiges et de son feuillage.

Elle envahit souvent dans les villes, les jardins un peu négligés, heureusement nulle plante n'est d'un arrachage plus facile; ses racines chevelues et légè-res tiennent à peine au sol.

Je parle bien entendu, de la mercuriale annuelle et non de la mercuriale des bois, plante vivace et vénéneuse, qui contient, dit-on, en assez grande abondance une matière tinctoriale bleue et une autre matière tinctoriale rouge, question renvoyée à l'exa-men de MM. les chimistes. Tant il est vrai que quatre-vingt-dix sur cent de nos plantes, même les plus communes, telles que la mercuriale annuelle, sont encore vierges de toute étude, réellement scientifi-que. La botanique les a rangées par classes, genres et familles; mais qu'est-ce qu'une botanique qui s'en tient au classement? Classement est le vestibule de la science, mais ce n'est pas la science. Le classificateur, s'il n'est que classificateur, n'a droit à aucun autre titre que celui de concierge ou portier scientifique. Le moin-dre jardinier en sait plus que lui et nous en dira plus aussi sur la vie végétale, car il sait mieux qu'un tel sa-vant comment vivent et comment meurent ses giroflées et ses choux. Heureusement, à côté du botaniste clas-sificateur nous avons le botaniste physiologiste, et, de ce côté, l'étude de la vie végétale a pris de nos jours des développements qui seront une des gloires du dix-neuvième siècle, lequel aura fait à lui seul plus que les dix siècles qui l'ont précédé.

Mercure, avec ses belles révélations sur la plante qui porte son nom, serait aujourd'hui bafoué à l'Académie des Sciences et ce serait justice. L'Olympe tout entier serait envoyé dans une de nos écoles primaires ou Mercure rougirait (si les dieux rougissent) d'avoir pris dans sa mercuriale la fleur inféconde pour la fleur femelle. Et le pauvre Jupiter, que deviendrait-il devant les pointes de Franklin?

XXXVI

3 Janvier 1878.

ÉCUREUIL

« Dis qui tu hantes on te dira qui tu es. »
Voilà, pour justifier le proverbe, un petit animal
charmant qui, comme vous et moi, appartient à la
lourde famille des mammifères; mais il vit dans les
arbres avec les oiseaux et peu s'en faut que dans
cette *hantise* il ne soit devenu lui-même presque un
oiseau. Son nid, tout semblable au nid des oiseaux,
de forme sphérique avec une ouverture à la partie
supérieure, ouverture qu'il recouvre d'un toit pour
préserver de la pluie ses petits, son nid est tissu de
mousse et de buchettes entrelacées. Ce nid solidement attaché au fourche de quelque branche, n'empêche pas qu'il ne se construise de petits terriers au
pied des arbres pour y placer ses provisions d'hiver :
faînes et noisettes. Les creux d'arbre souvent aussi
lui servent de magasin.

Vif, léger, intelligent, soigneux de sa personne,
sociable, ami du plaisir, causeur bruyant, plein de
gaieté, c'est presque un oiseau, c'est presque un
quadrumane; assis élégamment sur son petit der-

rière, sa belle queue relevée comme un panache ou comme un dais au-dessus de sa tête, il se sert de ses mains pour manger, à la façon des singes.

Il saute et semble voltiger sur la cîme des plus grands arbres, et, de branche en branche, parcourt les forêts, sans mettre pied à terre. Innocent de mœurs, docile et caressant, tout de suite, lorsqu'on l'attrappe au piége, il s'habitue avec l'homme, semble même heureux d'être en sa compagnie et le voilà qui fait tout pour lui plaire. Il saute, il danse, fait des mines, prend de jolies poses, essaie de parler, de chanter et de rire. Ses yeux ardents et pleins de feu n'ont de comparables pour la vivacité que les yeux des oiseaux; mais pour l'expression, ils égalent, s'ils ne les surpassent, ceux du chimpanzé.

Les écureuils ont de tout temps attiré l'attention par leur intelligence; ils passent pour avoir, avant l'homme, inventé la navigation. Quelquefois, en effet, sans qu'on en sache bien les raisons, on les voit en troupes nombreuses passer d'une forêt ou d'un pays dans un autre. Si quelque rivière ou quelque fleuve s'oppose à leur passage, comme ils ont une peur terrible de mouiller leurs belles et longues soies, ils se creusent prestement des radeaux en écorce, dressent leur queue en guise de voile, et traversent ainsi d'une rive à l'autre. Regnard affirme qu'il vit

en Laponie de ces jolies flotilles, et Linné a depuis
confirmé le fait.

Quelles réflexions on pourrait faire ici! Tenons
nous en au mot de La Fontaine :

> Qu'on ose soutenir, après un tel récit,
> Que les bêtes n'ont point d'esprit.

XXXVII

29 Avril 1878.

GRILLON

> Criquet, criquet, criqueton,
> Le feu est à ta maison.

Ah! la jolie chanson, lorsqu'on la chante de huit à dix ans, couché sur l'herbe, guettant d'un œil attentif et passionné la *maison du criquet!*

Dans nos campagnes de Normandie, on a donné le nom de criquet au grillon des champs et même au grillon domestique.

Sur les côteaux exposés au midi, vous avez entendu, en mai, juin, juillet, août et septembre, le concert des grillons ou criquets. Ces concerts rustiques sont la joie du petit paysan. Quel triomphe s'il peut saisir, au bord de son trou, le brillant musicien! Pour l'en faire sortir, il lui chantera cent fois, s'il le faut :

> Criquet, criquet, criqueton,
> Le feu est à ta maison.

Il enfoncera des herbettes dans la *Maison* et fera tant, qu'à la fin, l'insecte effrayé se précipitera dehors. Les enfants, à la campagne, savent très bien faire des cages à insectes, et voilà le pauvre grillon prisonnier!

Criquet, criquet, criqueton...

Les grillons chez nous sont en été le charme de la campagne, comme les cigales dans les pays plus chauds. Vous connaissez le mot heureux de Virgile : *résonnant arbusta cicadis*, (les vergers retentissent de cigales). On pourrait dire chez nous que l'herbe retentit de grillons.

Les insectes, vous le savez, n'ont pas leur voix dans la gorge; il est même plus exact de dire qu'ils n'ont pas de voix. Cymbales, tambours, lyres, harpes ou guitares sont leurs seuls instruments d'orchestration. Mais quelle puissance de sonorité! Les hommes n'ont imaginé rien encore de comparable. Tambours et cymbales à peine perceptibles et qu'on entend de si loin!

Chez les grillons, aussi bien que chez les cigales, le mâle seul possède l'appareil musical, et l'on n'en joue que pour appeler et charmer les femelles ou pour chanter victoire, quand un mâle a triomphé d'un autre, car il n'y a pas d'animal plus batailleur que le grillon; le coq pourrait à peine lui être comparé. Mais le coq ne chante qu'après la victoire; les grillons chantent en combattant, et tous les autres mâles qui, du bord de leur trou, assistent à la lutte, ne cessent pas d'animer les champions du son de leurs instruments.

Le triomphateur, après la victoire, rentre dans son palais, d'où il fait entendre une symphonie héroïque.

Ne perdez pas de vue ce palais rustique... Voici que mystérieusement un autre grillon s'en approche; il y entre... c'est la femelle qui vient visiter et féliciter le vainqueur. La visite avait été prévue. Il y a dans le palais du mâle place pour deux; le logis de la femelle n'a de place que pour elle seule. Elle sait que le mâle jamais ne se dérangera.

Le grillon mâle, depuis longtemps, s'est dit comme Gros-René :

> Si nous avions l'esprit de nous faire valoir,
> Les femmes n'auraient pas la parole si haute.
> Oh ! Qu'elles nous sont bien fières par notre faute !
> Je veux être pendu, si nous ne les verrions
> Sauter à notre cou, etc. . . . .

Le grillon champêtre, aussi bien que le grillon domestique, est le plus innocent des êtres; pour l'un, quelques brins d'herbe, parfois une fourmi égarée, pour l'autre les miettes du foyer, voilà de quoi se compose l'ordinaire de ces harmonieux ermites.

L'innocence, la sobriété du grillon n'ont pas empêché que l'Allemand Carl Vogt, dans son livre sur les *Animaux utiles et nuisibles*, ne l'ait placé parmi les derniers. Mais pourquoi cela?

— Parce qu'il fait du bruit, parce qu'il est artiste.

— Mais alors que ferez-vous de Beethoven et de Mozart? Vous entendez donc en Allemagne, sans un épanouissement de bonheur, le chant du grillon dans la plaine? et le grillon du foyer ne vous a jamais attendris?

En France, il n'est pas un village où les enfants n'aient quelques chansons pour l'insecte, chants informes et naïfs, mais où l'on ressent l'allégresse et l'émotion.

Ajoutons que l'ancienne médecine avait imaginé que les grillons mis en poudre étaient un excellent remède contre la surdité. C'est, qu'en effet, les sourds recouvreraient l'ouïe pour entendre le grillon des champs et le grillon du foyer.

XXXVIII

9 Juin 1878.

SERINGAT

L'arbuste est joli, mais avec quelle ardeur Monsieur de Pourceaugnac l'eut arraché de son jardin. *Seringat!...* d'où lui est venu ce nom déplorable? Hélas! de ce que ses tiges, pleines de moelle, pouvant se creuser aisément, forment de petits cylindres creux que les enfants transforment en... Le gentilhomme limousin en fut mort d'épouvante.

Le Notre, La Quintinie eurent beau recommander l'arbuste parfumé, Monsieur de Pourceaugnac dut le bannir de ses terres.

Le seringat est pourtant de la même famille que le myrte et le grenadier; mais combien la culture en est plus facile! Il ne craint ni le soleil ni la pluie, se plaît en tous les terrains. Sa blanche et suave corolle, en mai et juin, donne à l'air, jusque dans le nord, les senteurs tropicales. La force de son parfum est telle que, dans les appartements, on ne le peut supporter. Il n'a son vrai charme qu'apporté de loin par effluves.

Les botanistes ont donné au seringat le nom latin de *philadelphus*. Pourquoi ce nom? Parce que les fleurs se réunissent *amicalement* et par petits groupes à l'extrémité de la branche. Mais il a été donné une autre explication qui mérite d'être citée avec le nom de son auteur, Jonston : « Le surnom de *philadelphus*, qui signifie *bon frère*, dit l'incomparable étymologiste, a été donné à cet arbrisseau, parce que ses branches s'entrelacent. » Comme si l'entrelacement des branches était particulier au seringat.

Même après floraison, l'arbuste conserve sa belle verdure, toujours si bien garnie, et qui reste tout l'été un des ornements les plus gracieux et les plus frais de nos parcs.

Originaire des Alpes, du Piémont et du Dauphiné, il paraît être un des plus anciens végétaux d'agrément cultivés dans les jardins d'Europe.

On en faisait de jolies salles vertes. Il se plaît à l'ombre, au soleil, dans les terrains frais. Il croît même sous les autres arbres. Nulle créature plus accommodante! Taillez-le, ne le taillez pas, donnez-lui quelque forme qu'il vous plaira, seul ou en compagnie, partout et toujours vous le verrez souriant.

Chose singulière, il paraît n'avoir été en médecine d'aucun usage, et, sans doute, parmi les végétaux puissamment parfumés, il en est peu (s'il en est),

dont il soit possible d'en dire autant. Il n'a de mé-
dicinal que son nom, qui sans aucun doute le rendit cher aux apothicaires. Tout au rebours de M. de
Pourceaugnac, M. Fleurant devait avec délices, dans
son jardin, cultiver le seringat.

XXXIX

20 Février 1879.

MERLE

Aux premiers jours de mars recommence le concert matinal des oiseaux; c'est le merle qui le premier fait entendre sa voix. Il chante dès l'aube, avant de se mettre au travail, et l'on dirait qu'il veut à lui-même se redonner du cœur, aussi bien qu'à sa femelle. Il s'agit d'une œuvre capitale : la construction du nid. J'imagine que le lecteur connaît le nid du merle. Ce nid, très gros, est à l'extérieur habilement et solidement charpenté de brindilles entrelacées, de mousse légèrement mastiquée d'une couche de terre glaise. L'intérieur est matelassé d'un doux feutrage de fines racines d'herbes. Comptez les brindilles apportées une à une et délicatement reliées; comptez si vous en avez la patience, les brins de mousse, les bequetées de terre patiemment délayées et gâchées ; comptez les racines flexibles et moelleuses de l'intérieur ; elles y sont par milliers ! Voyez maintenant avec quel art tout cela est combiné et demandez-vous quelle activité prodigieuse il faut à deux pauvres oiseaux pour achever un tel ouvrage en huit jours, car huit jours leur suffisent pour cette construction.

Alors vous comprendrez cette *Marseillaise* matinale de l'oiseau chantée chaque jour au réveil.

Tout, dès lors, vous sera expliqué du merle, et son inquiétude, et sa turbulence et sa brusquerie, et son vol empressé, et son agitation continuelle, et son intelligence rapide, et le peu de choix qu'il met à sa nourriture. Il ne peut ni chercher, ni attendre : graines, fruits, bestioles mortes ou vivantes, tout lui est bon, cuit, cru, frais ou gâté.

Le grand musicien est, en ce moment, tout à l'architecture et ne demande à son art de prédilection, le chant, qu'un *sursum corda* quotidien pour la construction du nid où, dans quelques jours, la femelle déposera *ses œufs, ses tendres œufs*.....

Une fois la couvée en train, le mâle n'aura plus qu'à chanter sur la branche voisine, pour charmer et réjouir sa compagne. . . , et puis, de temps en temps, vous le verrez s'élancer comme une flèche à la recherche pour elle et pour lui d'un peu de nourriture.

Mais voici un autre spectacle! Un brigand terrible approche, tout s'envole, s'enfuit ou se blottit sous terre : c'est le renard. . . . . le merle s'élance à sa rencontre, le regarde en face, pousse un cri terrible, vole en tournoyant autour du malfaiteur, crie, jure, appelle, sème l'alarme, menace de son bec jaune, de

son plumage noir le renard effaré, qui fuit devant
l'oiseau et l'oiseau n'arrêtera sa poursuite qu'à l'entrée même du terrier où le mangeur de poulets revient « honteux et confus ».

Ceci est un des plus beaux exemples de ce que
peut la vaillance chez les petits.

Ajouterai-je que les ornithologistes ont rangé les
merles dans l'ordre des passereaux ou sauteurs, famille des *longirostres*, c'est à dire en français, famille des longs becs.

Ah! Quand la science en finira-t-elle avec ces
cuistreries?

XL

11 Avril 1879.

HORLOGE DE LA MORT

Ne vous est-il pas arrivé quelquefois, aux heures silencieuses, étant seul dans votre chambre, d'entendre derrière les lambris un petit bruit régulier : *toc, toc, toc, toc,* comme l'appel d'un être invisible ou comme le balancier d'une horloge mystérieuse?

A la campagne, dans tous les endroits peu bruyants, à force d'entendre le terrible *toc, toc,* sans en pénétrer la cause, on l'a expliqué en l'attribuant à l'*Horloge de la Mort.*

Nombre de bonnes femmes, au village, disent encore avec effroi : « Il va nous mésadvenir, j'ai ouï l'Horloge de la Mort. »

Cependant des curieux se sont avisés de vouloir pénétrer l'origine de ces battements singuliers, et ils ont trouvé qu'ils sont dus tout simplement à un petit coléoptère assez semblable au taupin ou maréchal des enfants, lequel le produit en frappant de sa tête contre les lambris, ou plus souvent encore contre le bois des cadres et des glaces.

Qu'était-ce que cet insecte? la nature ne lui avait

pas écrit son nom sur ses élitres; ceux qui les premiers l'aperçurent, continuèrent à l'appeler l'*Horloge de la Mort*. Le nom lui est resté.

Mais qu'a-t-il à frapper ainsi? Voudrait-il seulement nous faire peur et se rire de nous en cachette? C'est pour la solution de ce problème qu'il fallut l'intervention d'observateurs instruits, attentifs, clairvoyants et surtout patients.

L'insecte, s'accrochant solidement aux lambris ou aux tableaux, cogne de la tête tant qu'il peut sept à huit coups réguliers, puis s'arrête et recommence... Mais pourquoi ces coups? L'insecte se gardera bien de vous dévoiler lui même son secret... Vous ne le découvrirez qu'à force de persévérance, car il vous faudra rester en sentinelle, immobile et silencieux, peut-être des heures et des heures. Surtout pas d'indiscrétion téméraire, n'essayez pas de soulever le cadre et de surprendre le frappeur, vous le verriez tomber mort à vos pieds, ou plutôt avec toutes les apparences de la mort, simulée comme aucun comédien ne le saura jamais faire.

M. de Geer, M. Duméril, ont, l'un et l'autre constaté que ni l'eau ni le feu ne les feront bouger de place.

L'insecte, appelé en latin par les savants *anobium,* en a reçu l'épithète de *pertinax* (entêté).

Plutôt que de livrer le mystère de son existence, l'*anobium pertinax* endurera le martyre. Soyez donc assez patient vous même (*homo pertinax*) et vous pénétrerez « ce secret plein d'horreur » c'est à dire qu'au *toc toc* du mâle vous verrez accourir la femelle (c'est la répétition de l'histoire du grillon), et derrière ce cadre ou derrière ce lambris une idylle va se réaliser. Nos grand'mères avaient pris pour un signal de mort le doux signal d'amour; elles avaient frémi lorsqu'il fallait admirer, sympathiser et sourire.

Mais comment un *toc toc* si retentissant peut-il être produit par un insecte qui est à peine en grosseur la moitié du taupin? C'est qu'il sait, ce frappeur, qui, de générations en générations, frappe ainsi depuis des siècles de siècles, c'est qu'il sait, dis-je, trouver tout de suite l'endroit précis où lambris et vieux cadres ont leur point de plus grande sonorité. Des observations précises n'ont laissé sur ce point aucun doute.

Les anciens, si maladroits observateurs des insectes, ont pourtant connu celui-ci ; ils lui avaient donné le nom de sonicéphale, c'est à dire qui sonne de la tête.

A l'état de larve, l'insecte est mieux connu; c'est un de ces petits gâte-bois dont les vieux meubles sont si souvent attaqués ; leur présence se révèle par des petits tas de sciure et de déjections qui s'amassent sur le plancher, au-dessous des trous qu'ils percent dans les meubles. Ces trous, semblables à ceux que ferait une vrille fine, ont valu au foreur le nom de vrillette et nous retrouvons adjoint à ce nom l'équivalent de l'épithète latine si bien méritée : l'*anobium pertinax* s'appelle en français la *vrillette entêtée.*

Quelle jolie histoire ! J'espère qu'après l'avoir lue mes plus timides lectrices pourront, le soir, sans frémir, entendre à leur chevet, doucement et mystérieusement retentir l'*Horloge de la mort.*

XLI

29 Mai 1879

BLAPS

Aujourd'hui encore, si vous le voulez bien, nou
parlerons d'un insecte. L'imagination, tout de suite
à ce mot *insecte*, se représente une bestiole vive, bril
lante, aérienne, joyeuse ; mouche, chrysis, cétoine
criocère, coccinelle, papillon ou libellule tout au
moins ; s'il n'a pas le privilège du vol, ce sera quel
que rapide et brillant marcheur, tel que le carab
doré.

Mais non, le misérable insecte dont je veux vou
parler est un coléoptère disgracié, laid, puant, s
traînant à peine sur ses jambes engourdies, priv
d'ailes d'ailleurs et les élitres soudées. Noir, bossu
craignant la lumière, vous l'avez vu cent fois, escar
bot honteux, se traîner en infirme dans les cave
obscures, où il se tient caché sous les pierres. Son
nom scientifique est *blaps*, son nom populaire
annonce-mort ou *porte-malheur*. Sa vie, en effet, a
l'on ne sait quoi de sinistre. Aussi, les entomolo
gistes eux-mêmes semblent-ils ne s'occuper qu'avec
répugnance de cette bestiole, car, bien qu'elle vive

au milieu de nous, chez nous, dans nos caves, bien
qu'elle y soit commune, et, par conséquent, facile à
étudier, nous savons à peine comment elle vit, comment elle se métamorphose. Je la recommande donc
aux jeunes naturalistes aux jeunes coléoptéristes.

Ces noirs insectes de cave, gros comme de petites
noisettes, d'apparence malheureuse, qui jamais ne
voient la lumière, jamais ne respirent le bon air, ni
les fleurs, éternellement accroupis dans l'humidité et
dans les ténèbres, semblent être, dans le monde des
coléoptères, ce que sont parmi les mammifères, les
tardigrades bradypes ou paresseux.

Que font-ils dans nos caves? Y sont-ils utiles, y
sont-ils nuisibles? On ne le sait pas bien. Quelle vie
ont-ils à l'état de larve? Personne ne s'en est encore
suffisamment rendu compte. Donc, jeunes chercheurs, mettez vous à l'œuvre et donnez nous le
résultat de vos observations sur les blaps. Il y a là,
je crois, une étude à faire des plus intéressantes, et
qui peut avoir son utilité. Toute étude d'ailleurs
devient tôt ou tard utile. Dites-nous donc ce que font
dans nos caves ces lugubres et déplaisantes bêtes.
On dirait d'insectes derviches accomplissant quelque
étrange pénitence et s'imposant par dévotion une vie
contre nature.

10 Juin 1879.

XLII

MARTIN-PÊCHEUR

Mon âme s'en allait tristement abattue
Sous le pesant fardeau de cent soucis divers

. . . .

Mais malgré la douleur du destin qui m'outrage
Je vis tes grands exploits faire sur mon courage
Ce que font sur les flots les nids des alcyons.

De qui ces vers harmonieux et mélancoliques? De Lamartine? de Musset? Nullement. Ils sont de maître Adam Billaut, le menuisier poëte de Nevers.

Ils me sont revenus tout à l'heure en mémoire; un martin-pêcheur, passant d'un trait rapide, me les a rappelées. Le martin-pêcheur (alcyon des anciens), le plus bel oiseau de nos climats avait, au temps d'Aristote et de Pline, la réputation de faire un nid flottant que berçaient doucement les eaux de la mer sans le submerger jamais. Neptune, en faveur de ces oiseaux, maintenait le calme dans son empire; les jours alcyoniens étaient connus de tous les matelots.

Buffon a pris la peine de recueillir toutes les fables auxquelles ont donné lieu les habitudes solitaires et mystérieuses du martin-pêcheur.

Après sa mort, suspendu dans les maisons, il préservait de la foudre, chassait les insectes, indiquait à l'avance la direction du vent; il maintenait la paix dans les familles, comme son nid la maintenait sur les flots; à qui portait une ou plusieurs de ses plumes, il communiquait la grâce, la beauté; donnait le succès à la pêche aussi bien qu'en amour; sa chair était incorruptible; et, suspendu en l'air par un fil, on voyait au printemps, chaque année, son plumage se renouveler.

Durant sa vie, les branches des arbres sur lesquelles il se posait se desséchaient à l'instant; son nid qui flottait si bien sur les eaux, portant ensemble la mère et les petits, était un tissu d'arrêtes de poisson, étroitement entrelacées.

Tout cela s'est dit, redit, répété pendant des siècles. Personne n'en avait rien vu; mais on l'avait lu dans les livres, on l'avait appris de son père, de son grand'père; et l'éternel *ouï-dire* l'emportait sur la réalité.

Tout un siècle de science, d'observations positives devait être employé à dissiper ces chimères. Depuis Buffon, c'est l'oiseau lui-même qu'on observe, qu'on étudie, qu'on interroge.

Ne songeant d'abord à le décrire qu'en son extérieur, qu'en ses mœurs, Buffon commença par le regarder vivre avec ses libres allures au bord des rivières. Il le voyait passer éblouissant et rapide dans ses jardins de Montbard, comme nous le voyons ici dans les prairies d'Heurteauville ; aussi, de quelle sûreté de plume il nous le décrit :

« C'est le plus bel oiseau de nos climats, et il n'y en a aucun en Europe qu'on puisse comparer au martin-pêcheur pour la netteté, la richesse et l'éclat des couleurs ; elles ont la nuance de l'arc-en-ciel, le brillant de l'émail, le lustre de la soie ; tout le milieu du dos avec le dessus de la queue est d'un bleu-clair et brillant qui, aux rayons du soleil, a le jeu du saphir et l'œil de la turquoise ; le vert se mêle sur ses ailes au bleu et la plupart des plumes y sont terminées et ponctuées par une teinte d'aigue-marine ; la tête et le dessus du cou sont pointillés de même de taches plus claires sur un fond d'azur. Gesner compare le jaune rouge ardent qui colore la poitrine au rouge enflammé d'un charbon.

« Il semble que le martin-pêcheur se soit échappé de ces climats où le soleil verse avec les flots d'une lumière plus pure tous les trésors des plus riches couleurs.... »

Mais il n'a ces splendeurs qu'à l'état de vie... le feu, la flamme, l'éblouissement s'éteignent à la mort. L'empaillement pour le martin-pêcheur est la plus néfaste des calomnies.

Même vivant et vu au repos, il perd de sa grâce et

de son éclat; l'absence de queue le rend ridicule en
ses brillants habits, tandis qu'au vol c'est une étoile
filante, un météore irrisé.

« Son vol est rapide et filé; il suit ordinairement
les contours des ruisseaux en rasant la surface de
l'eau. Il crie en volant *ki, ki, ki, ki* d'une voix per-
çante et qui fait retentir les rivages...

« Il niche au bord des rivières et des ruisseaux
dans des trous creusés par les rats d'eau ou par les
écrevisses, qu'il approfondit lui-même et dont il maçonne et rétrécit l'ouverture... »

Nous voilà bien loin des nids flottants sur l'onde;
mais nous entrons dans la réalité.

Nous n'y perdrons rien, les nids flottants se re-
trouveront avec les grebes castagneux si bien observés,
si bien dessinés par P. Noury, d'Elbeuf.

Le martin-pêcheur semble lui-même savoir parfaitement qu'il n'a toute sa beauté que dans le vol; il
ne s'arrête qu'aux lieux les plus solitaires. Devant
tout spectateur, il passe comme un trait. L'hirondelle n'est pas plus rapide ni plus brusque en ses
mouvements. C'est à la pêche surtout qu'il est beau
à voir : suspendu dans l'air, à cinq ou six mètres au-
dessus de l'eau, aperçoit-il poisson ou bestiole, il
tombe, plonge, se relève, emportant sa proie avec la
rapidité de la foudre. On a dit qu'il tombe aussi vite
que la pierre ou le plomb, et pour cela les Italiens

l'ont nommé *piombino*. Il est dans sa chute bien autrement rapide que les corps bruts soumis aux seules lois de la pesanteur, du moins pour la première seconde, en voulez-vous la preuve? Un poisson hors de l'eau se débat, s'échappe de son bec et va retomber dans la rivière; l'oiseau redescend lui-même et ressaisit sa proie *en dessous*, l'ayant devancée de vitesse.

Si l'on en excepte le temps très court des accouplements, le martin-pêcheur vit seul, farouche et sauvage, évitant surtout d'être aperçu de l'homme. Il ne se livre à ses pêches qu'aux lieux les plus isolés, se cantonnant du reste dans un cercle assez restreint d'où ses pareils sont par lui chassés avec fureur.

Difficilement, trouverait-on une créature moins sociable.

Sa beauté, son éclat, ses incomparables richesses ne l'empêchent pas d'être un oiseau triste, inquiet, agité, condamné pour vivre à un travail incessant. Du matin au soir il circule, il plonge, replonge, descend et remonte sans cesse; avec cela, l'œil toujours au guet, tremblant de quelque rencontre funeste, tant ses ennemis sont nombreux. La spendeur, les feux et les rayonnements de sa parure, visiblement au lieu de l'enorgueillir, le gênent en le dénonçant à tous les regards. De là ces brusques détours et ces soubresauts dans le vol. Il trouble, fascine, éblouit, déconcerte la vue. Tout cela avec une aile étroite et sans ampleur. Mais avec quelle prestesse, quelle adresse et quelle puissance il en joue! Léger, d'ailleurs, en toute sa personne, vif, alerte, pétulant, il paraît être (comme la guêpe) toujours en fureur, n'ayant ni jeux, ni délassements, ni repos. Sans société, sans amis, sans relations, toujours en chasse, toujours en guerre, poussant en avant dans l'air et dans l'eau son bec vigoureux, acéré, terrible, il combat, tue, dévore, n'a d'autre chant qu'un cri de bataille très bien indiqué par Buffon. Au temps des amours, il mêle à ce cri un monosyllabe d'appel. C'est tout.

On ne chante pas, on ne plaisante pas chez le martin-pêcheur. Rien de moins artiste. Les autres oiseaux, pour cela, paraissent le mépriser et lui mal vouloir. Il n'a rien, en effet, des mœurs de l'oiseau, ou du moins il n'a rien des oiseaux causeurs, chanteurs et joueurs parmi lesquels il se trouve. C'est un rapace impitoyable, infatigable; tout art est méprisé par lui, jusque dans le nid. Il se terre comme les rats, dont il ne sait qu'usurper les trous délaissés. Il n'a de travail que pour le ventre, cet oiseau saphir et topaze. Nulle créature n'est condamnée pour vivre à de plus rudes travaux. Dévoré en sa pétulence d'une flamme intérieure si ardente qu'elle s'échappe à travers les plumes en gerbes d'étincelles.... On ne sait quoi de chaud et d'électrique scintille en cet oiseau unique dans nos climats tempérés. On le croirait chez nous en exil, et rien vraiment n'y explique sa présence ; il y resté en hiver cependant et pêche jusque sous la glace. Pour moi, je n'ai observé plus curieusement aucune de nos bêtes. Son intensité de vie, sa beauté, son énergie sauvage, son goût pour la solitude, la tristesse de son existence au milieu de son royal éclat ; l'azur, la pourpre et l'or sur ce mercenaire me causent un indicible et mystérieux étonnement. Oh ! que la simple alouette ou le joli chardonneret, ou la joyeuse fauvette charment bien plus l'esprit ! Sur les nids de ceux-ci vous pourriez écrire : « ici l'on aime, ici l'on chante ; famille, amitié, sociabilité, patrie, beaux-arts, industries, nous avons tout cela. » Le martin-pêcheur n'a rien que lui-même et son ventre qui toujours commande. C'est l'éternel affamé, l'éternel martyr de la nutrition.

Avec l'habit d'un prince, c'est le plus misérable des prolétaires.

Combien le peuple de France a su finement pénétrer ce mystère ! Aussi, lui a-t-il, à ce brillant personnage, donné l'humble nom de *Martin* . . . . c'est le *Martin-pêcheur*.

XLIII

26 Juin 1879.

CHARDONNERET

J'ai parlé du plus bel oiseau de nos climats, du martin-pêcheur (alcyon des anciens). Voici aujourd'hui quelques notes sur celui qui, pour la beauté, tient le premier rang après le martin-pêcheur.

Buffon a décrit en ces termes le chardonneret :

« Beauté du plumage, douceur de la voix, finesse de l'instinct, adresse singulière, docilité à l'épreuve, ce charmant petit oiseau réunit tout, et il ne lui manque que d'être rare et de venir d'un pays éloigné pour être estimé ce qu'il vaut.

« Le rouge cramoisi, le noir velouté, le blanc, le jaune doré, sont les principales couleurs qu'on voit briller sur son plumage, et le mélange bien entendu de teintes plus douces ou plus sombres leur donne encore plus d'éclat. »

Le chardonneret ne prend ces belles couleurs qu'en son âge adulte. Pendant les quatre ou cinq premiers mois de son existence, il reste vêtu modestement de gris.

Comme le rouge-gorge, le troglodyte. le moineau

et l'hirondelle, le chardonneret est un oiseau familier, ami de l'homme, dont il recherche la compagnie. Il vit le plus souvent dans les jardins, où le petit friand trouve à festiner copieusement ; graines de salade, de scorsonère (salsifis noir), de rave, de chanvre sont pour lui mets délicieux. Dans les champs une tête de chardon bien épanouie, bien cotonneuse lui cause de telles joies que souvent je l'ai vu, en s'y suspendant, entonner des chants d'allégresse. Son nid est un des plus habilement construits : paroies extérieures en mousse, lichen, doublé intérieurement de fines racines entrelacées avec art, puis vient une couche d'herbes, et puis, pour y déposer les œufs, un délicat coussin de crin, de coton, de duvet végétal. Les petits sont nourris, surveillés, éduqués avec un soin extrême ; leçons de vol, *leçons de chant*, leçons de chasse, rien n'est négligé.

Tout le monde sait que les petits, mis en cage, recevront encore à travers les barreaux les soins paternels et maternels, et les caresses, et les bons conseils, et les douces chansons.

Quelques-uns, vers la fin d'octobre, se réunissent par petits groupes de dix à quarante et s'en vont vers le midi, non par crainte du froid, mais pour retrouver abondance de friandises. En mars ou avril, ils s'empresseront de revenir vers le pays natal.

Croirait-on, si l'on ne l'avait vu cent fois, que le gracieux oiseau mis en cage ou seulement habitué à la *galère* (petit perchoir où l'oiseau reste attaché par une chaîne) croirait-on, dis-je, que, mis en captivité, l'oiseau se laisse habiller, qu'il apprend à faire toutes sortes d'exercices, même à tirer des pétards, à sonner la cloche, à monter l'eau et le grain de ses repas placés au bout d'une chaînette, dans deux petits seaux? quelques-uns montent à l'échelle, font habilement l'exercice du trapèze, tirent les cartes, rapportent à leur maître l'objet désigné.

Le « chardonneret savant » est une des curiosités ordinaires de nos places publiques.

Même en cage, le chardonneret peut vivre vingt ans. La captivité ne semble lui enlever rien de sa gaieté. Ouvrez sa cage, il y reste. Il trouve un visible plaisir et se fait une sorte d'honneur à vivre en compagnie de l'homme. Son maître n'est pas pour lui un geôlier, c'est un ami. Il fera tout pour lui plaire, et voilà comment il consent à devenir un « oiseau savant », un oiseau faiseur de tours, danseur, acrobate, et tireur de cartes, un oiseau artilleur, un oiseau acteur : il fait parfaitement le mourant et le mort. Il a ses chansons rustiques, mais il apprend les nôtres.

Quel curieux livre il y aurait à faire sur l'intelligence des oiseaux! Qui voudra le faire, ce livre, n'aura qu'à vivre huit jours en la compagnie de l'incomparable ornithologiste Noury, d'Elbeuf. Personne n'en sait plus (et n'en écrira moins) sur le monde des oiseaux. Mais s'il n'en sait pas ou n'en veut pas écrire, comme il en sait parler!

XLIV

30 Juillet 1879.

GENET D'ESPAGNE

J'ai toujours aimé et toujours cultivé le genêt d'Espagne pour la beauté de sa fleur, pour son parfum délicieux. C'est, du reste, un des arbrisseaux les plus répandus dans les jardins de campagne. Heurteauville en est plein, et ces arbustes odorants font à notre vallée des nuits enchanteresses, car c'est la nuit que les parfums ont toute leur puissance.

La supériorité du genêt d'Espagne sur tous les autres genêts ne doit pas empêcher cependant de rendre pleine justice au genêt à balais d'un si joli effet sur nos côteaux, lorsqu'en mai et juin il les éclaire de son illumination florale.

En quelques pays on ne se borne pas à en faire des balais, sa fibre sert à fabriquer une toile assez belle et qui prend aisément la teinture. Mais revenons au genêt d'Espagne. C'est, je pense, un des arbrisseaux les plus anciennement cultivés dans les jardins. Malgré son origine toute méridionale (Espagne, Portugal, Italie, Languedoc) il croît très bien dans nos départements du nord et même en Angleterre, et sa culture est partout facile.

Il me semble avoir lu quelque part que l'on a obtenu à l'état double la fleur du genêt d'Espagne; ce serait une bien laide anomalie. Comme toutes les légumineuses, le genêt a sa beauté dans sa simplicité. On peut agrandir, faire varier de couleur et, partant, embellir la fleur des légumineuses et surtout des *légumineuses papillonnacées*, comme le genêt; mais la duplicature serait ici un véritable malheur. Aussi n'a-t-on jamais songé à l'obtenir ni pour les cytises, ni pour les pois de senteur, ni pour le lotier, ni pour la glycine, ni pour l'acacia, ni pour les lupins, si chers à Virgile. Quelques autres plantes, mais en très petit nombre, sont dans le même cas et ne doivent point être recherchées à l'état double; de ce nombre sont les iris, les lis, les orchis; ce sont des fleurs, surtout les iris, que volontiers j'appellerais architecturales ou ornementales et dont il ne faut nullement compliquer la structure; les liserons sont, eux aussi, dans ce cas. Vous figurez-vous un convolvulus double?

Est-ce à dire que les jardiniers n'aient jamais produit une fleur de mauvais goût? Evidemment non. Les jardiniers, comme les peintres, comme les sculpteurs et tous les autres artistes sont quelquefois mal inspirés. Sur plusieurs points, en ce moment

même, l'horticulture me paraît faire fausse route,
notamment pour les plantes à feuillage panaché de
blanc, c'est à dire par ses plantes malades (chlorotiques). La panachure du feuillage ne réussit qu'aux
plantes où elle devient une vigueur, une énergie,
une effervescence de la chlorophile comme aux
bégonias, aux coleus et à certains géraniums. Je
dis à certains, car il en est aussi parmi eux de tout
à fait chlorotiques, dont l'aspect malsain donne la
nausée, plantes poitrinaires qu'il faudrait arracher
de partout, pour rendre aux jardins leur gaieté, leur
salubrité bienfaisante.

Je veux que mon jardin rie, embaume, chante et
brille! Ou si par aventure, pour répondre à l'aspect
de certains coins désolés et sombres, j'y tolère quelques plantes lugubres, je leur veux une tristesse
vigoureuse, comme au grand arum noir, comme à
la belladone, etc.; mais les pâleurs maladives, mais
l'écœurant spectacle de la vie allanguie, les tristesses
de la dégénérescence, fi! et qu'on ne m'en parle
jamais! Je veux dans mes fleurs, non pas la laideur,
mais la beauté, le doux éclat, la grâce.

Et voilà pourquoi, en ce moment même, j'ouvre
toute grande ma fenêtre pour mieux voir mes genêts
d'Espagne et pour mieux respirer leur parfum.

XLV

81 Mars 1880.

HÉRON

Un jour, sur ses longs pieds, allait je ne sais où
Le héron au long bec emmanché d'un long cou.

Les hérons, si l'on en croit Buffon, « ne résistent et ne durent qu'à force de patience et de sobriété. » Buffon reproche ensuite au héron l'apathie et l'inintelligence; puis il plaint le malheureux oiseau pêcheur qui, sans industrie, sans ruse, sans autre ressource que la patience et l'immobilité, en est réduit à attendre que les poissons viennent d'eux-mêmes dans ses pattes, s'offrir à son coup de bec.

Un observateur contemporain, M. Noury, a mieux vu les choses; nul pêcheur n'est au contraire, mieux muni d'amorces pour attirer « ma commère la carpe » et le « brochet son compère ». Immobile au milieu des rivières, l'oiseau, très bon observateur des mœurs, des goûts et des appétits du poisson, a découvert depuis longtemps que les détritus de sa peau, de ses plumes font les délices de la gent poissonnière. Vous le voyez donc de temps en temps secouer son plumage d'où s'échappent mille petits

corpuscules pour lesquels ont tant d'avidité les naïfs
habitants de l'onde ! Ils viennent les saisir jusque
sous le ventre du seigneur Héron, qui, de son bec
rapide comme l'éclair, les avale les uns après les
autres.

Je ne voulais, lecteur, vous révéler que ce fait.

Car de vous redire sur cet oiseau d'ailleurs mal
observé jusqu'ici, ce qu'en ont dit Buffon et tant
d'autres, à quoi bon?

La nature en presque tous ses êtres a été dépré-
ciée, calomniée. On a pris pour un sot, pour un apathique cet oiseau d'intelligence si active, si fine et si
rusée. C'est un philosophe quelquefois héroïque jusqu'à préférer la mort à la servilité, et pour cela, les
naturalistes l'ont accusé de niaiserie et de paresse.
Sa vie n'est qu'une longue et calme méditation ; il
réfléchit, se recueille, combine et admire ; on ose
écrire que son immobilité est due à la crainte, à
l'inquiétude, à l'éternelle appréhension. Il a deviné
très bien que pour s'élever au-dessus des nuages, il
devait rester maigre ; les poissons ont beau se montrer toujours prêts à lui servir de pâture, il a fait
vœu de sobriété ; le génie de La Fontaine ne s'y est
pas mépris :

> Il vivait de régime et mangeait à ses heures.

Jean La Fontaine et Noury, deux enfants de la
compagne, n'ont si bien vu en ceci que parce qu'ils

ont eu vraiment la passion de la nature, que parcequ'ils ont aimé ces animaux au milieu desquels
s'était passée leur jeunesse et toute leur vie. La Fontaine, il est vrai, s'installa pour la deuxième moitié
de sa vie, à Paris, mais les campagnes, les prés, les
bois et les bêtes de Château-Thierry s'étaient photo-
graphiés à jamais dans son cerveau. Il portait en lui
tout le cher paysage, sol, arbres, animaux et gens,
où sa profession de maître des Eaux et forêts l'avait
tenu jusqu'à plus de quarante ans. Noury de même,
enfant, non pas de la Champagne, mais de la Normandie, commença par y garder les vaches. Pour
l'observation de la vie animale, nulle meilleure écolage à ceux qui sont dignes de voir et comprendre
ce qui les environne.

XLVI

17 Novembre 1880.

RADIS

Tout le monde connaît ce petit dialogue :

MONSIEUR JOURDAIN

Dis un peu u, pour voir.

NICOLE

Hé bien! u.

MONSIEUR JOURDAIN

Qu'est-ce que tu fais.

NICOLE

Je dis u.

MONSIEUR JOURDAIN

Oui, mais quand tu dis u, qu'est-ce que tu fais?

NICOLE

Je fais ce que vous me dites.

MONSIEUR JOURDAIN

Oh! l'étrange chose que d'avoir affaire à des bêtes? Tu allonges les lèvres en dehors et approches la mâchoire d'en haut de celle d'en bas; u, vois-tu? Je fais la moue : u.

Hé bien! lecteur, quand vous mangez un radis, savez-vous ce que vous faites? Nulle opération plus grave : vous introduisez dans votre cavité buccale le *Raphanus sativus*, crucifère à sépales dressés dont deux sont gibbeux inférieurement, à pétales onguiculés, à silique coriace ou charnue, indéhiscente, etc. La pulpe ingurgitée passe de la cavité buccale dans la cavité œsophagienne, puis dans la cavité stomachale, etc., etc.

Ah! la belle chose que la langue scientifique! Permettez-moi cependant d'y renoncer et de reprendre notre petit langage terre à terre.

Il s'agit de radis.

Est-il vrai que l'appétissante racine à forme de toupie, d'introduction toute moderne, à ce qu'on assure, soit originaire de la Chine et qu'elle ait été importée en Europe par les missionnaires? C'est ce qu'affirme le *Bon Jardinier*. Je n'ai aucun motif de mettre en doute cette assertion. S'il s'agissait de raves, je protesterais; leur introduction est de beaucoup antérieure. On les cultivait en plein champ dès le seizième siècle, ainsi que le prouve, dans Rabelais, l'histoire du Diable de Papefiguière.

Quoiqu'il en soit de la nationalité de la jolie racine, elle est certainement un produit de l'art horticole, la nature n'ayant nulle part produit d'elle-même le radis à son état actuel. S'il est dû à l'horticulture chinoise, on ne saurait trop en féliciter ni trop en remercier les jardiniers du Céleste-Empire. Le radis, en ses diverses variétés, joue un rôle plus important qu'on ne le soupçonne dans l'alimentation des classes rurales. Combien de pauvres morceaux de pain sec reçoivent par lui un précieux assaisonnement! Ce que je dis de la racine chinoise rose ou blanche se peut appliquer tout aussi bien aux raves. Le rusé paysan qui, pour sauver les siennes, joua si finement le Diable de Papefiguière, en connaissait bien la valeur.

Les radis se sèment presque toute l'année; il n'est personne aux champs qui n'en connaisse et n'en pratique la culture. On sait d'ailleurs qu'il a, comme le cresson, autre crucifère, des vertus bienfaisantes.

Dans ces dernières années, radis et raves ont reçu de nos jardiniers français, comme toutes les plantes maraîchères et ornementales, des perfectionnements imprévus. Mais la Chine a cependant conservé son rang dans cette heureuse culture en nous envoyant le *radis rose d'hiver*. Sa forme conique, sa chair délicieuse, fine, ferme, serrée, croquante et piquante en font un délicieux *hors-d'œuvre*. Rien qu'à le voir l'appétit se réveille. Ce que rapporte la culture des radis, je ne le sais pas, mais le chiffre vous en surprendrait certainement. Rien de productif comme les petites industries agricoles, aussi bien celles qui

s'appliquent aux bêtes que celles qui s'appliquent
aux plantes. Salades, fines herbes, radis et raves
donnent des millions, comme les abeilles, les lapins,
poules et pigeons.

Le romancier Balzac, en vue de s'enrichir, se mit
un jour à cultiver les ananas. Ce beau roman le
ruina. Que ne cultivait-il radis, raves, cresson? Oh!
que de gens ont eu le sort de Balzac en rêvant la fortune par les ananas, c'est à dire en visant trop haut!
Les jardiniers d'Heurteauville sont plus modestes :
ils s'en tiennent aux radis, aux raves et autres petits
produits rustiques.

XLVII

10 Août 1881.

LIN

C'est un immense empire que l'empire de Flore; depuis neuf ans nous le parcourons, nous y aurons fait bientôt quatre cents promenades, et ce que nous en avons vu n'est rien qu'un point imperceptible comparé à ce qu'il nous resterait à voir. Les végétaux, dont nous n'avons encore rien dit, se comptent par centaine de mille, et parmi ces végétaux figurent en très grand nombre des plantes illustres à tous les points de vue.

Parmi ces plantes illustres dont nous n'avons pas encore parlé à ce qu'il me semble, nous aurions à citer le lin. Quel rôle cependant joue le précieux végétal depuis des siècles et des siècles !

Mais aussi combien de siècles ont dû passer avant que les hommes se soient doutés de tout ce que pour eux renfermait de richesses cette herbe si frêle et si délicate en sa beauté ! Comment ses propriétés merveilleuses furent-elles découvertes? Nul ne le sait : la préparation du lin, sa transformation en tissus légers et en linge remonte aux plus anciens

temps historiques. Mais quelles périodes incalcus
lable d'années s'écoulèrent dont on ne conserve
aucun souvenir !

Toujours est-il que voici une plante mignonne, presque aérienne de tige, de feuillage et tout à fait céleste
par sa fleur bleue, fine et diaphane, fleur de jardin
ravissante, fleur de toilette exquise dans les cheveux
d'une jolie blonde, fleur féerique par sa légèreté gracieuse, qui n'en sera pas moins une de nos plantes industrielles les plus importantes. Sa tige nous donnera
le plus précieux des textiles, le textile sacré ; sa graine
renferme une huile bienfaisante, et sa fleur fait en
quelque sorte descendre le ciel sur la terre. Voyez,
en effet, le spectacle qui nous est offert par un
champ de lin fleuri : c'est comme un pan du ciel
étendu sur le sol ; l'alouette avec ivresse y plonge
d'un azur dans l'autre, et le plus parfumé, c'est celui
d'en bas. D'où nous est venue une telle plante ? de
la Haute-Asie, dit-on ; mais d'autres l'ont fait venir
d'Egypte. Quel que soit son berceau, elle est devenue
depuis des milliers d'années la plante universelle.

La France en cultive à elle seule, 80,000 hectares.

Les fins tissus qu'on en tire pour soutenir la concurrence des autres tissus moins délicats, ont été
forcés dans ces derniers temps de se vulgariser en
se soumettant aux procédés du filage mécanique, et
en passant du doigt vivant et inspiré de nos ména-

gères aux doigts de fer du métier moderne. Mais le
lin reste, malgré cette révolution, le premier et le
plus artistique de nos textiles. Il nous donne le vrai
fil et les vrais tissus français. Le coton ne redevient
plus favorable à l'art que pour les toiles peintes, où
la France aussi reprend le premier rang...

Et pourtant, combien éphémère et fragile paraît,
au premier regard, la plante qui nous produit ces
richesses !

XLVIII

17 Novembre 1881.

BOSTRICHES

J'ai déjà dit qu'on trouve dans le monde des insectes presque toutes les professions, foreurs, mineurs, constructeurs, tapissiers, papetiers, cartonniers, fileurs, tisserands, chimistes, musiciens, chanteurs, danseurs, acrobates; on y trouve même des artilleurs, on y trouve l'araignée inventant les ballons et la cloche à plongeur, etc., etc., etc. Je veux aujourd'hui vous parler d'un insecte vitrier et typographe. Cet artiste, dont la taille varie entre trois et cinq millimètres, est un petit coléoptère dont on ne parle habituellement que pour en dire du mal et que pour enseigner aux forestiers le moyen de le détruire. C'est le bostriche. On lui reproche, savez-vous quoi? de *ravager les forêts*. Mais n'a-t-il pas à répondre qu'il en avait pris possession longtemps avant l'homme et que ses ravages sont loin d'égaler les nôtres? Les siens, d'ailleurs, sont faits avec intelligence; il ne s'attaque guère qu'aux arbres vieillis, malades, et menacés de mort. Tandis que nous, tout nous est bon : la coignée du bucheron ne respecte rien, et

si la coignée ne marche assez vite, le feu, au besoin,
suppléera.

Je maintiens que, juridiquement, comme premier
occupant, comme possesseur plus sage, plus discret,
plus entendu, sachant se montrer plus habile conservateur et administrateur de la chose possédée,
l'insecte, au tribunal universel des bêtes, l'emporte-
rait sur l'homme. Qu'il prenne, pour défendre sa
cause, une guêpe, et nous verrons quels traits,
quelles piqûres, quels bourdonnements terribles
accableront le « cousin du singe ». N'est-ce pas lui
que tous les animaux peuvent justement désigner
comme le plus insensé de tous les *gâte-bois*, de tous
les *gâte-forêt?*

Mais ne nous arrêtons pas à ces hypothèses, il n'y
a pas d'avocats chez les insectes; ils ont sur nous
cette supériorité que chacun y sait très bien soi-même
défendre sa cause. Le bostriche, tout d'abord, attaque l'arbre imperceptiblement par sa partie supérieure, il y perce un petit trou, pénètre jusqu'à
l'aubier et là se creuse pour lui et pour ses amis,
mâles et femelles, un lieu de réunion où se feront
« noces et festins »; les couples, une fois mariés, se
mettent à l'œuvre, percent des galeries, des chambres
pour y déposer leurs œufs; c'est à l'organisation de
ces chambres que l'insecte déploie son génie. Il faudra de l'air aux petits, de la lumière, de l'espace. La

chambre sera vitrée d'une vitre merveilleuse où passe en même temps l'air et la lumière; pour cela, trois, quatre ou cinq trous seront percés dans l'écorce, du dedans au dehors, mais l'extrême pellicule de l'épiderme extérieure sera respectée et restera comme un léger *tissu de soie transparent et perméable*, les larves pourront à l'aise circuler dans leurs galeries et les continuer sous toute l'écorce jusqu'au pied de l'arbre. Elles y trouveront « le vivre et le couvert ».

Un seul arbre peut contenir jusqu'à vingt-trois mille ménages de bostriches.

On en connaît un assez grand nombre d'espèces, auxquelles on a donné des appellations différentes. Celles qui, de préférence, dévore les conifères a reçu le nom de bostriche typographe, parce que ses galeries ressemblent à des caractères d'imprimerie. D'autres ont été surnommés *chalcographes*. Et, en effet, il y a, dans leurs *tracés* innombrables, je ne sais quoi qui rappelle l'écriture. Volontiers on irait chercher un champollion pour les lire. Mais voulez-vous une autre preuve encore de l'intelligence de ces bestioles?

Une génération de typographes ou de chalcographes ne dure que trois mois; il peut donc, en un seul été, se faire deux générations; mais dans les années froides, à la deuxième génération, l'insecte parfait, au lieu de s'empresser de pondre comme ont fait père et mère, attendra le printemps et passera tout l'hiver caché au pied des arbres sous l'écorce recouverte de mousse.

Que dire maintenant de l'art avec lequel les larves, au moment de la métamorphose, se construisent une coque en sciure de bois entrelacée de fils soyeux qu'elles filent pour cet usage?

Supposez que l'on essaie de créer une école pour ces insectes; qu'aurions-nous à leur enseigner? Je ne saurais le dire; mais, en revanche, je vois bien ce que nous aurions à apprendre chez eux, nous autres grands pédagogues...

XLIX

10 Juin 1882.

CONFIDENCES

Depuis tout à l'heure dix ans que j'ai commencé d'entretenir le public de jardinage, d'histoire naturelle et particulièrement d'entomologie, on peut se figurer que les correspondants ne m'ont pas manqué, mais jamais encore ils n'avaient été si nombreux que dans ces deux dernières semaines. Lettres, communications horticoles, renseignements sur toutes sortes de bêtes, récits de promenades dans la campagne, récits de chasses entomologiques, critiques et félicitations, blames, éloges, objurgations adressés de toutes parts au vieux jardinier d'Heurteauville enflent depuis quelques jours la sacoche de notre facteur, et le brave homme, chaque matin, dépose sur ma table cette correspondance : lettres, brochures, prospectus, livres, journaux, en disant : — Voilà de quoi vous amuser !

— En effet, il y a parfois dans tout cela, des choses amusantes. C'est particulièrement sur les insectes et leurs ravages que les renseignements ont donné cette semaine. Mais quelques-uns de mes correspondants s'en tiennent aux beautés de la campagne prise dans son ensemble vivant. Un jeune naturaliste s'écrie avec enthousiasme dans sa dernière missive (3 juin) :

« Les bois en ce moment sont superbes, les
» plantes y sont dans toute leur force, les chenilles
» dévorent, les insectes volent, les oiseaux cherchent
» des aliments pour leurs petits; tout est à l'œuvre,
» aussi dans tous mes moments, c'est à dire trois
» fois par jour, je vais admirer tous ces travaux si
» souvent gigantesques. »

A la bonne heure! Voilà *une jeunesse* qui prend plaisir à la vie! C'est ainsi qu'on évite d'être plus tard au rang des cœurs blasés.

Jean Labèche, à vingt ans, avait aussi cette passion des spectacles de la nature vivante.

Mais à propos des vingt ans du père Labèche, voici qu'une correspondante singulièrement curieuse me pose carrément ces questions :

— Avez-vous toujours été jardinier, et êtes-vous né au village d'Heurteauville-la-Rivière?

— Non, madame, je n'ai pas toujours été jardinier, et je ne suis pas né à Heurteauville.

J'ai reçu le jour, ne vous en déplaise, au *Temps-Perdu*, en 1812, le propre jour de la St Jean, d'où j'ai tiré mon nom. Mon père était menuisier et m'eut appris son état, comme à mon frère aîné, si mon tempérament, mes goûts, mon inintelligence, ou si vous aimez mieux, mon inexpérience et diverses autres circonstances n'étaient venues entraver une voie qui s'ouvrait à moi si naturellement.

Le *Temps-Perdu* était, en ce temps-là, un hameau contigu au *Trou-d'Enfer* et situé à mi-distance de Rouen à Darnetal ou Dernetal, comme on disait alors. La plus grande des deux villes s'est depuis annexé le *Trou-d'Enfer* avec ses fosses à poudrette, aussi bien que le *Temps-Perdu* avec son cabaret et la célèbre enseigne qui lui valut ce nom de *Temps-Perdu*.

On voyait et l'on voit encore sur cette enseigne un bel âne soumis au régime de l'instruction obligatoire, régime inhumain ou si vous voulez *inanesque* pour le pauvre animal; bien qu'on l'ait avec luxe assis dans un fauteuil, le pion a beau lui montrer du bout de sa baguette les quatre premières lettres de l'alphabet « le baudet n'en a cure, » comme dit La Fontaine; la baguette du pion depuis bientôt quatre-vingts ans en est toujours à l'A. Inattentif à l'interminable leçon, l'âne a l'esprit ailleurs, il rêve aux chardons des champs; visiblement on n'en fera jamais un docteur.

L'histoire de cet âne fut un peu la mienne, tout enfant, j'en fis moi-même plus d'une fois la comparaison.

On était ,quand je commençai à grandir, aux premières années de la Restauration. Le gouvernement favorisait fort les écoles congréganistes auxquelles le parti libéral ne tarda pas d'opposer les *Ecoles mutuelles*. Une de ces écoles s'établit à Rouen et j'y fus envoyé par mon père. Mais l'esprit de résistance à l'étude m'étant sans doute inspiré par l'âne de l'enseigne, je fus à l'école mutuelle un si mauvais écolier qu'on dut après quelques mois m'en retirer pour me placer chez un bonhomme d'instituteur libre, où, tant bien que mal, j'appris à lire, à écrire, etc. Cet *etc.* ne veut pas dire beaucoup de choses, croyez-le bien; les éléments du calcul, l'addition, la soustraction, la multiplication et la division, à grand'peine avec une lueur d'orthographe et un peu de géographie, voilà tout mon avoir scientifique à quatorze ans, époque où je dus être mis, sur ma demande, en apprentissage chez un épicier. Ce qui me fit choisir cette profession mérite d'être dit : c'était le plaisir que j'éprouvais à deux choses : faire des cornets de papier et brûler du café, ce dernier exercice, à cause de la bonne odeur. Vous voyez donc, madame, que je n'ai pas été toujours jardinier : mais je ne tardai pas à le devenir.

En portant chez le client les menues denrées de mon patron, je fis la connaissance d'un bonhomme d'ouvrier teinturier qui avait le goût des fleurs au plus haut point et qui les cultivait avec passion, avec goût, avec intelligence. Le dimanche il ne quittait pas son jardin et j'allais passer avec lui toutes mes heures de liberté ; la patronne, qui était dévote, me croyait à la messe ou aux vêpres, j'étais à planter des tulipes et des anémones chez mon teinturier.... Mais je m'arrête et j'espère que ces quelques renseignements paraîtront à ma correspondante une réponse suffisante à ses deux questions et qu'elle ne cherchera pas à pénétrer plus avant dans une biographie peu intéressante. Je mettrai donc fin ici, madame, à ce bavardage confidentiel, trop confidentiel peut-être, en vous présentant le sincère hommage de l'ancien garçon épicier et du vieux jardinier actuel.

L

27 Juin 1882.

COSSUS

Un vieil orme dans notre cour languissait depuis quelque temps. Des cossus, je le reconnus bien vite, l'avaient attaqué ; la ponte avait eu lieu sans doute dans l'été de 1879. En ces trois années, les larves, au nombre peut-être de plusieurs centaines (un seul papillon peut pondre un millier d'œufs), avaient envahi tout l'intérieur du tronc et creusé dans le bois des galeries qui s'étendaient de l'aubier jusqu'au canal médullaire. Gros aujourd'hui comme le doigt, ces infatigables ravageurs se préparent à construire leur coque composée de brin de soie et de rognures de bois dans laquelle ils se transformeront en papillons. Il arrive parfois que ces malfaiteurs ayant fait périr un arbre l'abandonnent et passent à un autre. Vous connaissez peut-être ces énormes chenilles sans poil, d'un brun luisant avec une belle et large rayure jaune de chaque côté, allant de la tête à l'extrémité postérieure de l'animal ; son aspect est dégoûtant et son odeur repoussante. On dit cependant que chez les anciens romains les gour-

mets en faisaient dans leurs plus fins repas une
friandise très recherchée; seulement le cossus des
romains était-il bien le nôtre? Il serait peut-être
imprudent de l'affirmer; mais il ne serait pas plus
sage de mettre des bornes aux égarements de la
gourmandise ancienne et moderne. « Tous les goûts
sont dans la nature, »

Dit un vieil adage
Fort sage.

Des réflexions singulières me venaient en regardant tout à l'heure mon orme malade et mourant
des ravages de ces bêtes. Si j'écoute les botanistes
nous parler de l'orme, dans leurs leçons, il semble
que tout ait été prévu pour la plus grande prospérité
et la plus abondante reproduction de ce bel arbre.
Les dons les plus heureux, les facultés vitales les
plus savamment combinées concourent à sa plus parfaite conservation. On dirait que la nature en a
voulu faire son bien-aimé.

Mais ouvrez après ça les livres d'entomologie, vous
y verrez comment tout a été organisé dans le cossus
pour la destruction de l'arbre. Des mandibules lui ont
été données, qui sont à la fois scies, gouges, vilbre-
quins; ce n'est pas tout : en vue de lui épargner la
fatigue dans ses forages, la bienveillante nature a
voulu qu'il distillât une liqueur huileuse savamment
composée, et qui préalablement amollit le bois.

Bon! dites-vous, la nature, qui aime les arbres, aime encore plus cet insecte. Mais attendez, voici venir le pivert, un oiseau dont l'outillage, dont le bec, dont la langue sont des merveilles de combinaisons pour lui faciliter la chasse aux cossus.

Dira-t-on encore que la nature, tout en aimant les insectes, aime encore plus le pivert? Alors que dira-t-on si tout à l'heure un oiseau de proie dévore le bien-aimé pivert, employant à cela des ongles, un bec, un coup d'aile et une intelligence qui confond la nôtre? Eh! vraiment, ne faudrait-il pas, même en histoire naturelle, s'en tenir aux conclusions du paysan Garo dans la fable du *Gland et la Citrouille* :

> A quoi songeait, dit-il l'auteur de tout cela?
> . . . .
> C'est dommage, Garo, que tu n'es point entré
> Au conseil de Celui que prêche ton curé.
> Tout en eut été mieux. . . . .
> . . . .
> Plus il contemple
> Ces fruits ainsi placés, plus il semble à **Garo**
> Que l'on a fait un quiproquo
> . . . .

L'apparent *quiproquo* se retrouve partout dans la nature, finirons-nous par l'expliquer? PEUT-ÊTRE, dirait Rabelais. Cherchons toujours, amis; chercher est notre tâche et trouver notre joie. Or *allez! allez!* c'est le dernier mot du prophète et la conclusion de Son *Pantagruel,* ce sera celle aussi du vieux jardinier.

LI

5 Juillet 1882.

CONFIDENCES

Quoi! madame, vous n'en avez pas assez des confidences de mon avant-dernière causerie? Vous en demandez encore?

Volontiers, j'accéderais à votre désir si, dans une existence aussi peu romanesque, aussi peu héroïque, j'entrevoyais quelque chose qui pût intéresser; mais jamais il n'y eut aventures moins relevées que les miennes, vie plus commune, train-train plus monotone. Jugez-en.

J'étais en apprentissage chez l'épicier et j'avais juste quinze ans, lorsque la plus déplorable inadvertance me mit tout à coup en disgrâce auprès de la patronne. Me trompant de tonneau en servant un client, je déversai le trop-plein d'un pot de savon mou dans un baril de raisiné. Je ne crois pas que dans tous les siècles des siècles il soit tombé du haut des cieux sur la tête d'un pauvre diable un éclat de tonnerre comparable à celui qui, pour jamais, m'exila de l'épicerie.

— Oh! je ne serais toute la vie qu'un petit misérable, déshonneur et désespoir de ma famille, qui était pourtant une honnête famille, mais il n'était pas rare que d'innocentes colombes donnassent naissance à des crocodiles. Cela se voit dans les histoires. Elle avait appris, le matin même de ce jour fatal, que le dimanche je n'allais pas à l'église; M. le curé lui-même l'avait renseignée à cet égard. Dans quels lieux de perdition pouvais-je donc corrompre ma jeunesse! etc., etc.

Le lieu de perdition où je passais mes dimanches, je vous l'ai dit, madame, c'était le jardin de mon vieil ami, l'ouvrier teinturier, un brave homme et intelligent s'il en fut. Tout près de lui demeurait un jardinier fleuriste appelé Colboc; on se voyait et l'on causait par dessus la haie. Ce bonhomme avait remarqué mon amour pour le jardinage. Témoin de ma disgrâce et de l'injustice des accusations lancées contre moi, il offrit à mon père de m'apprendre à manier la bêche et l'écussonnoir.

Voilà, madame, de quelle façon j'entrai en jardinage.

Ne vous suffit-il pas encore de ces nouveaux détails dont, en vérité, j'ai honte de vous entretenir si longtemps? Me forcerez-vous d'ajouter que le père Colboc qui, dans nos premiers rapports m'avait paru le plus facile des bons hommes, me parut tout autre dès que je fus à son service. Sévère, exigeant, emporté, il voulait que l'on fut, comme lui, infatigable au travail. Dès le point du jour, c'est à dire en été, avant trois heures du matin, il fallait être au jardin.

Mais je sus très bien voir qu'en dépit de ces sévérités, le vieux jardinier était la probité même. C'est moi qui, le dimanche et le vendredi, charriais sur une brouette les giroflées, les anémones et les œillets au marché aux fleurs qui se tenait alors au parvis Notre-Dame. Je descendais avec ma brouette des hauteurs de la ville et me rendais, après un long trajet, place de la cathédrale, tout près de la fontaine, où le père Colboc disposait lui même ses plantes de façon à les faire valoir les unes par les autres, bien qu'en cet âge primitif on vendît moins qu'aujourd'hui les plantes en pleine fleur; on les apportait toutes jeunes et toutes basses, longtemps même avant qu'elles « marquassent », c'est à dire avant l'apparition des premiers boutons. Le marché aux fleurs ne se tenait d'ailleurs, je l'ai dit, que deux fois par semaine, au lieu d'être permanent comme il l'est devenu depuis.

Je dois vous dire aussi, madame, que le marché du parvis Notre-Dame n'avait rien de l'éclat qu'offre celui de la place des Carmes. Le jardinage, depuis cinquante ans, s'est transformé comme toutes les autres industries. Le commerce floral du bonhomme Colboc ressemblait à celui de nos jardiniers actuels, les Wood, les Delivet, les Sannier, etc., comme la pauvre petite épicerie où je passai une année ressemblait à l'*Épicerie centrale*...

Je restai cinq ans en apprentissage chez le vieux jardinier.

Il y aurait peut-être dans cette période d'une si mince histoire deux points à mettre en relief : 1º la manière dont se commença mon éducation horticole, philosophique, artistique, et 2º... Mais à quoi bon, madame, ce programme et cette division anticipée d'une histoire qu'il est inutile de pousser plus avant, et pour laquelle, j'ose l'espérer, vous voudrez bien ne pas donner plus de suite à la curiosité charmante (et parfois inquiétante) qui caractérise le sexe soi-disant faible.

Agréez, Madame, les hommages empressés et respectueux de votre vieil ami.

LII

24 Juillet 1882.

MULOTS

La missive inattendue qui va suivre m'est remise ce matin et, dans mon émotion, ne sachant quelle réponse y faire, je me décide à la publier, afin qu'elle arrive ainsi à la connaissance, et de M. le Préfet, et de toutes les personnes compatissantes qui pourront donner quelque appui à mes chers correspondants :

Monsieur Labêche,

Ayez pitié de nous; nous ne sommes que de pauvres bêtes et ne tenons en ce monde, hélas! que bien peu de place; nous vivons dans des trous, osant à peine en sortir discrètement aux heures crépusculaires. Ce sont d'innocents mulots, qui, dans leur infortune, se décident à mettre la griffe à la plume pour vous transmettre leurs doléances; car nous savons écrire, l'enseignement obligatoire a étendu jusqu'à nous ses bienfaits : permettez-nous de faire avec vous le premier essai de notre instruction, si peu développée qu'elle puisse vous paraître.

Depuis un nombre de siècles, pour nous incalculable, nous étions habitués à vivre heureux dans nos galeries souterraines, au fond desquelles nos ennemis ne pouvaient que rarement nous atteindre. Mais voici qu'un monsieur Joseph, l'inventeur de l'huile contre la brûlure, imagine pour nous détruire, une machine infernale effroyablement combinée. Deux sciences, la physique et la chimie, honneur du dix-neuvième siècle, à ce qu'on nous disait à l'école, ont été mises en jeu par cet homme cruel pour assurer notre disparition du globe, si personne ne prend en main notre défense.

Nous apprenons, Monsieur Labêche, de source certaine, qu'à Melun, le directeur de la station agronomique a fait récemment l'essai de l'appareil appelé *mulotière Joseph,* appareil monstrueux à l'aide duquel un mécanisme maudit lance dans nos demeures un liquide épouvantable : l'horrible opération s'est faite officiellement, procès-verbal en a été dressé. Dans un premier trou, sur 17 de nos frères qui s'y trouvaient réunis en famille, 17 ont péri. Dans le deuxième, sur 27 qu'ils étaient, 26 ont été instantanément asphyxiés. Fiers d'un si horrible succès, les opérateurs sont en instance auprès du Préfet de la Seine-Inférieure, pour en obtenir la complicité d'un arrêté prescrivant l'emploi de la machine infâme au lieu de l'arsenic auquel nous savons trop bien nous soustraire. Déjà on l'a fait à deux pas de nous, à Auffray, à la grande ferme de la Corbière, occupée par un homme impitoyable à notre race, et le comice agricole de cet arrondissement n'a pas hésité, ces jours derniers, à décerner à M. Joseph un prix spécial pour cette invention turpide.

De quoi s'agit-il, Monsieur, et quel est notre crime? On nous reproche quelques racines, quelques fruits dégustés. Ah! avarice humaine! Amour du gain, que ne fais-tu pas faire! pour un radis, pour un oignon, pour une pomme enlevée à sa gourmandise, l'homme serait capable de détruire tout ce qui vit à côté de lui.

Une seule bête en nos climats peut lui être véritablement funeste, c'est la vipère; il la laisse en paix, car elle ne menace que sa vie; mais menacer son oignon, son salsifis ou ses carottes, c'est aux yeux de sa cupidité le crime qui doit mériter à ceux qui se le permettent un déluge du plus effroyable liquide qu'ait pu imaginer la funeste chimie.

Nous tendons vers vous, Monsieur Labêche, nos pattes suppliantes. Prenez en vos mains notre cause, inspirez à M. le Préfet quelque pitié pour nous et nos femmes et nos enfants, si jolis, si mignons, si vifs, si intelligents, si gais, si heureux de vivre!

Nous avons droit, Monsieur, nous avons droit à la vie par des milliers et des millions d'années de résidence sur le globe; parce que nous sommes au rang des plus petits dans l'ordre supérieur et sacré des mammifères dont l'homme aussi fait partie, serons-nous voués à la destruction? Que pourrait-on dire alors de la folie humaine qui *crée des louvetiers pour la conservation des loups* (c'est prouvé) et qui prépare l'extinction radicale de toute notre espèce, si l'on adopte l'odieuse mulotière Joseph.

Comptant, Monsieur Labêche, sur votre bienveillant concours à nous préserver contre des machinations odieuses. nous vous prions d'agréer nos sincères et respectueuses salutations.

Signé : GRUGERACINE, CREUSENOISETTE, GATEPÈCHE, RONGEGLAND, GOUTEFAINE, TAPEPOIRE.

Mulots domiciliés à Longueville.

LIII

2 Août 1882.

CONFIDENCES

Hélas ! hélas ! dans quel guêpier me suis-je fourré !...
Cédant comme un sot aux curiosités incessantes d'une
aimable lectrice, j'ai, sans prévoir les suites, commencé de raconter ma très piteuse biographie; je
n'imaginais pas que personne pût jamais en demander la continuation... Combien en cela je méconnais-
sais l'esprit féminin ! Ma curieuse revenant à la
charge, je lui avais exposé mes débuts au *Temps-
Perdu,* mon apprentissage chez l'épicier; il lui fallut
encore le récit de mon entrée chez le jardinier Colboc; j'espérais bien après ça qu'on n'en demanderait
pas davantage. Erreur nouvelle et plus grande encore
cette fois. Deux dames, trois dames, sans parler des
messieurs, désirent aujourd'hui et même on pourrait
dire *exigent* la suite de l'histoire, si cela peut s'appeler *histoire.* L'une de ces dames fait écrire par son
fils pour me demander comment, de Rouen, j'ai pu
être amené à Heurteauville. Cette dame qui m'a
connu, paraît-il, au temps où je passais devant sa
porte poussant devant moi la brouette du père Col-

boc, voudrait surtout savoir comment le modeste apprenti épicier, puis garçon jardinier, est « devenu le savant horticulteur »...

— Eh ! vraiment, madame, je ne suis devenu rien du tout... A l'exemple des fleurs elles-mêmes, j'ai continué de vivre et végéter... La vie a fait son œuvre, l'herbe, si frêle à sa naissance, s'est peu à peu fortifiée, elle a grandi, fleuri, et porte aujourd'hui ses fruits... Si vous tenez cependant à trouver des *mérites* à la pauvre herbette, elle en eut un, celui de ne jamais chercher à changer sa nature et à devenir un grand arbre. Les lois de ce monde avaient fait d'elle un roseau, elle ne se prit pas pour un chêne et ne chercha pas à le devenir ; elle sentit que, peu à peu fortifiée par la chaleur et la lumière du soleil, par les caresses de l'air et les bons soins de la pluie, il n'y avait qu'à se laisser croître...

J'étais donc, mesdames, en apprentissage chez le vieux jardinier Colboc. Déjà mon éducation s'était fort avancée avec mon épicière. Le baril de raisiné gâté comme j'ai dit, ma famille le paya ; ce fut autant de bénéfice pour la pieuse boutique, car pas une cuillerée ne fut sacrifiée du raisiné au savon mou. On se contenta de le mélanger dans deux autres barils. La patronne fit elle-même ce méli-mélo, tournant, retournant, agitant le tout avec une large et longue spatule, et je l'entendais, à chaque mouvement de son bras indigné, se récrier sur la sottise, sur l'inconduite, l'insouciance, l'indélicatesse des jeunes gens d'aujourd'hui.

Ah! quelle leçon me donnait ainsi la dame! je l'en aurais volontiers remerciée! Elle m'apprenait, au moment de les quitter, à quoi m'en tenir sur la dévotion et la probité des chers épiciers.

Le père Colboc, je l'ai dit, était brusque, exigeant, quelquefois brutal en paroles; mais quelle droiture, quelle âpreté à la besogne. J'appris à connaître en lui l'invincible travailleur de la terre, le *durus arator* de Virgile.

Au lever du jour et même avant le jour, lorsque tout endormi, je l'entendais sous ma fenêtre crier : «Jean!» c'était pour moi comme la voix de Jupiter, mais d'un Jupiter respecté.

Je descendais vite : la vue des plantes, au matin, a je ne sais quoi de tonique, de fortifiant, de gai...

Autour de nous les oiseaux chantaient, et parfois, à voix basse, je fredonnais avec eux. J'avais et j'ai toujours gardé depuis le goût des chansons. Que diriez-vous, si plus tard, je devais avouer que j'en ai fait moi-même quelquefois?

J'étais entré à quinze ans chez le père Colboc, et déjà j'en avais dix-neuf. L'éveil des sens n'est nullement hâté par le travail de la terre, par le travail

en plein air; de ce côté, et de plusieurs autres,
j'étais encore à l'état de larve et, sans doute, j'y serais resté plus longtemps encore, sans une chanson
qui vint subitement jeter dans toute ma personne un
trouble inexprimable. Le trouble ne vint pas de la
chanson, mais de la voix pure et fraîche qui la chan-,
tait. La voix a toujours eu sur moi des effets auxquels je ne résiste pas.

J'hésite à dire les paroles de la chanson que d'un
jardin voisin j'entendis, en arrosant un carré de
Reine-Marguerites. Je ne voyais pas la chanteuse et
ne savais qui ce pouvait être.

Comme moi, vous resteriez, ça n'est pas douteux,
attentifs et ravis si je pouvais avec le couplet reproduire la douce mélodie. *La rime n'est pas riche et
le style en est vieux* : mais si jeune, si émue, si touchante était la musique, comme je l'entendis, en juin,
au milieu des fleurs, dans des nuages de parfums!
Ah! qu'une âme de dix-neuf ans aisément s'enivre,
prise ainsi par les sens et par ses propres visions!
Après plus de cinquante ans, j'y suis encore, je vois,
j'entends, je respire tout le paysage, le soleil brille,
monte, chauffe; une fauvette emplit l'air de notes
vibrantes et joyeuses, les roses autour de moi s'épanouissent; l'odeur des seringats me trouble et me
grise... Puis tout à coup plus rien pour moi, plus
rien au monde, qu'une poitrine et des lèvres invi-

sibles mais devinées, imaginées, vues comme en
moi-même et qui doucement chantent :

> J'étais petite et simplette,
> Quand à l'école on me mit,
> Et je n'y ai rien appris
> Qu'un petit mot d'amourette.

. . . .

Je n'avais que douze ans avant cette chanson;
j'en avais vingt quand je l'eus entendue. Je passais
d'un âge à l'autre comme par explosion. — L'enfance était finie; la jeunesse allait commencer.

LIV

11 Août 1887

CONFIDENCES

Avoir vingt ans et se sentir homme, c'est dans la vie l'heure inénarrable; on peut arriver plus tard à la fortune, à la gloire, à la puissance; jamais on ne retrouve rien de comparable à cette entrée dans la virilité.

De quel pied léger, de quel jarret infatigable et joyeux, de quelle âme investigatrice et ardente on s'en irait de par le monde et que volontiers on s'y dévouerait aux entreprises généreuses!

Mais, ô misère! combien de jeunesses flétries, attristées, corrompues et anéanties par l'impossibilité de se mouvoir et d'aller *au haut et au loin!* Avoir des ailes et se sentir en cage, voilà le sort de presque tous les jeunes. Les quatre-vingt-dix-neuf centièmes y succombent et sont réduits à n'être plus que des fantômes d'hommes.

Le jeune Labèche, tout ému de sa jolie chanteuse, recommençait d'arroser les Reines-Marguerites qu'il avait arrosées déjà.

— As-tu perdu la tête, gaspiou? s'écria le père Colboc.

Ce mot de *gaspiou,* je l'avais entendu des centaines de fois, et n'avais fait intérieurement qu'en rire; mais je le reçus ce jour là comme un outrage. Les cheveux blancs du vieux jardinier, le respect qu'il m'avait toujours imposé m'empêchèrent de rien lui répondre, mais, quelques jours plus tard, pour qu'il sentit que j'avais cessé d'être un gaspiou, je lui demandai d'être payé comme les autres ouvriers jardiniers et non plus comme un apprenti. Sinon, ajoutai-je, je sais qu'une place est vacante au jardin des plantes.... — Vas au jardin des plantes, me dit-il, j'aime mieux ça que de garder avec moi un ingrat.

Me voilà donc parti de chez le vieux jardinier. On sait de quelles épithètes m'avait avantagé l'épicière, après l'aventure du raisiné, et ses propos sur mon compte; je devais endurer maintenant du père Colboc l'accusation d'ingratitude.

Ce sont là les certificats que reçoivent de leurs patrons les ouvriers, employés et commis. Mais en revanche, comment les patrons sont-ils, à leur tour, *blasonnés* par leurs ouvriers! Et quels certificats de leur côté, ceux-ci sauraient leur donner!

Je ne faisais cependant aucune comparaison, aucune confusion de mon épicière et du père Colboc.

Je connaissais la probité, la moralité du vieil horticulteur; mais je savais aussi la mesquinerie, l'étroi-
tesse de ses habitudes; je savais, en matière de jardinage, son esprit de routine. Ah! s'il vivait encore
au jour d'aujourd'hui, comme il serait fier de marcher en avant de tous ses confrères rouennais dans
la petite guerre d'opposition à la culture en mousse
de notre ami Dumesnil! On me racontait ces jours-ci
d'un fleuriste de notre ville, ce trait charmant : une
dame lui achète un rosier prêt à fleurir, elle le paie
et prie qu'on enveloppe avec soin l'arbuste qu'elle
va, dit-elle, planter dans la mousse Dumesnil.

— Quoi! planter ce rosier dans la mousse Dumesnil?

— Oui.

— Eh bien! voici votre argent, madame, et je re-
prends mon rosier.

L'anecdote est jolie; mais je ne doute pas que le
père Colboc, en son entêtement routinier et jaloux,
n'eût trouvé beaucoup mieux. Ce n'en était pas
moins, cependant, un brave homme à ses heures et
dont j'aime à me rappeler l'honnête figure, malgré
son air grognon; ses heureuses saillies aussi me reviennent et m'égaient à cinquante années de distance.

Bien qu'il m'eut taxé d'ingratitude, je ne me sépa-
rai pas sans regret du vieux fleuriste; et je vis que

lui-même, au moment de l'adieu, n'était pas tout à fait exempt d'émotion.

J'entrai donc au Jardin des Plantes; ce fut pour moi comme la découverte d'un nouveau monde. Nouveaux procédés de culture, nouvel outillage, nouvelles idées. Je passais brusquement, en matière de culture, du siècle de Louis XIV à nos jours. Le père Colboc eut paru arriéré aux contemporains de la Quintinie; il croyait encore aux influences mauvaises du *Grand Vendredi*; pour rien au monde il n'eut négligé de chômer le jour de Saint-Bruno, quoique jamais il n'allât à la messe et n'eût osé rire des anciens maraîchers dont quelques-uns, en ce temps-là encore, répétaient que les asperges deviennent beaucoup plus belles lorsqu'elles ont été plantées « avec force imprécations et jurons »; et peut-être, après tout, avait-il raison de ne pas rire de cette idée instinctive de la puissance de l'homme sur les plantes qui savent lui obéir comme les animaux; mais l'homme doit, pour cela, manifester son énergie autrement que par des jurons. Les jurons, même à l'égard des animaux, sont aujourd'hui démodés parmi les bons éleveurs, à plus forte raison chez les planteurs d'asperges. Patience et science sont préférées. Le père Colboc m'avait appris à ne jamais semer certaines graines au décours de la lune. Pour la taille, pour les cueillettes, il y avait au calendrier

de ce vieux Voltairien des saints favorables et défavo-
rables.

Au Jardin des Plantes, on me débarrassa vite de
ces préjugés qui, du reste, ne demandaient qu'à se
dissiper d'eux-mêmes.

Je n'avais pas encore un an de résidence au Jardin
municipal lorsqu'ouvrirent les cours de botanique de
M. Pouchet. C'est moi que l'on chargea d'apporter
au professeur les plantes dont il avait besoin pour
son cours. Je suivis ainsi ses leçons qui furent pour
moi comme une révélation. Lisez, si vous voulez,
comme une révolution; révolution bienfaisante et féconde pour un jeune esprit. Je me sentais tout en
joie d'apprendre la vie des plantes.

M. Pouchet était loin, en ce temps-là, d'être le
professeur lumineux, précis et plein de charme que
nous avons connu depuis; sa parole hésitante, manié-
rée, quelque peu prétentieuse, était une entrave au
développement de son érudition, déjà grande et très
variée, mais comprimée par l'autorité funeste de
quelques anciens maîtres encore respectés.

Ah! que nous étions loin du Pouchet de l'*Ovologie
spontanée!*

Du reste, ses études étaient alors plus spéciale-
ment dirigées vers la botanique; ce fut le temps des
belles recherches sur les solanées.

Toute ma vie j'avais aimé les plantes; on l'a vu

dans le récit de mes fréquentations d'enfance et de jeunesse. Mais M. Pouchet en me les faisant mieux connaître, me fit les aimer davantage.

C'est aussi grâce à ses leçons que je sentis naître en moi le goût de l'étude et des observations scientifiques, et ceci décida de toute ma carrière.

LV

18 Août 1882.

SORBIER

Mon plaisir, en ce moment, est de voir rougir les fruits de mes sorbiers. C'est du soleil, c'est du feu et de la vie qui s'entasse dans ces jolies graines. Les oiseaux, grives et merles, sauront bien l'y reprendre. Ils en feront du chant. Une heure de soleil pour les baies du sorbier est une heure de cuisson, cuisson délicieuse et charmante où l'on voit d'un instant à l'autre se colorer, se dorer toutes ces friandises : raisins, sorbes, nèfles, cornouilles, pommes et poires. Il y a là tout un petit peuple attentif à ces opérations du pâtissier-soleil. Tout à l'heure ce sera prêt. En attendant, mes petits, chantez.

Quels concerts, en effet! les entendez-vous?

> Ils sautaient
> S'ébattaient
> Coquetaient,
> Et chantaient,
> Chantaient,
> Chantaient.

Le sorbier, lorsqu'il étale au printemps, dans nos

jardins et nos bois, ses blancs corymbes de fleurs, ne laisse guère soupçonner l'éclat de son automne et de son commencement d'hiver. Au moment où toute vie végétale va s'éteindre, lui, semble rester en feu.

L'énergie, la force, l'éclat sont les caractères distinctifs du sorbier; aucun arbre dans nos climats ne produit un bois plus dur si l'on en excepte le buis. Aucun ne met aussi un plus grand nombre d'années à prendre son développement complet. C'est sans doute à cause de sa persistance à vivre, à cause de sa presque immortalité, que les druides l'avaient pris, presque autant que le chêne, en vénération.

Dans quelques villages de Suisse et d'Ecosse, il n'y a pas longtemps encore qu'aux enterrements on jetait sur les tombes les fruits du sorbier.

J'ai lu quelque part qu'on peut de ses fruits tirer un cidre excellent, beaucoup meilleur et plus fort que celui des pommes; mais l'avoir lu, n'est pas l'avoir vu, c'est encore moins l'avoir bu, ce cidre si vanté. Le sorbier, du reste, appartient à la bachique famille des pomacées. D'autres, il est vrai, le rangent dans la famille voisine des alisiers ou même des rosacées.

Peut-être est-il sage de ne pas prendre parti en ces discussions ardues.

Le sorbier ne se plaît pas beaucoup dans les ter-

rains de vallée, nous en possédons cependant de
très beaux, au nombre de cinq, dans notre jardin
d'Heurteauville-la-Rivière; mais ils occupent la partie la plus élevée de notre terrain, et leur plantation
doit remonter à plus d'un siècle. Ils servent, en
automne, de salle de concert aux oiseaux de tous les
alentours. La joie de ces innocents se communique
jusqu'à nous, et peu s'en faut que nous ne nous
mettions à chanter comme eux dans notre ermitage.

Le froid de nos hivers semble ne pas effrayer le
sorbier; du moins il y résiste très bien, se plaît à
toute exposition, croît dans toutes sortes de terrains
et jusque sur les rochers; l'humidité seule l'in-
quiète, l'attriste, le tue à la longue. J'en ai vu
plusieurs chez nous languir et mourir au bord de
l'eau. Ses préférences, si vous le consultiez, seraient
toutefois, car il n'est pas bête, pour les terrains
meubles, légers, un peu secs et riches en humus.

Il existe, cela va de soi, plusieurs variétés de sorbier; mais celui dont nous nous occupons ici est le
sorbier des oiseaux (sorbus aucuparia). C'est aussi
le plus cultivé dans nos jardins et bosquets. En
quelques contrées, il porte le nom vulgaire de *cochène*
et c'est ailleurs *l'arbre à grives*. On pourrait tout
aussi bien l'appeler *l'arbre à merles*. Son fruit est
délicieux à tous les oiseaux chanteurs; Rabelais
eut dit à *tous les oiseaux canores*.

8

Le fruit rouge du sorbier avait autrefois la réputation d'être un préservatif contre les maléfices des sorciers.

Le sorbier ne devient jamais un très grand arbre; sept à huit mètres sont, je pense, la moyenne de son élévation.

Le docteur Hoefer, dans son *Dictionnaire de Botanique pratique*, en donne une description agréable et bien faite :

« Les sorbiers sont des arbres charmants, cultivés pour l'ornement des bosquets et des jardins. Leur feuillage est élégant, touffu, léger, d'un beau vert. Au retour du printemps, ils produisent de belles fleurs blanches, disposées en larges bouquets, auxquels succèdent des fruits d'un rouge de feu, qui restent sur l'arbre une partie de l'hiver... »

Combien il y aurait de poésie dans la vraie science ! Malheureusement, c'est ce que ne soupçonnent encore qu'un très petit nombre de savants, qu'un très petit nombre de poètes.

Tâchons de le leur faire entendre.

LVI

27 Août 1882.

CHAT

Je n'aime pas à entendre dire du mal des bêtes, encore moins prendrais-je plaisir à en dire moi-même. Il me semble toujours que cela ne peut se faire que par suite d'un malentendu. Et pourtant, *mal entendu, mal vu* ou *mal compris* doit exister pour plusieurs animaux, et le chat est de ce nombre. A ne le juger que sur les apparences et dans l'état actuel de nos connaisances, nulle créature vivante ne paraît avoir été plus minutieusement, plus habilement organisée pour le crime, pour l'embûche, pour la surprise, pour le meurtre et l'assassinat, pour les plaisirs sanglants et cruels.

Et cela, dissimulé sous les apparences de la gentillesse, de la douceur, de l'amabilité, de la grâce. Sa patte mignonne et veloutée est une griffe des plus redoutables et que nul n'égale en prestesse ; il n'a pas seulement la légèreté de la griffe, il a la légèreté, la souplesse de toute sa personne ; il bondit vers sa proie avec une élasticité telle que l'oiseau lui-même, en plein vol, est saisi par ce terrible chasseur; il se joue de la rapidité de l'hirondelle, des petits sauts du roitelet, des insaisissables saccades du papillon. Quand il s'en passe la fantaisie, rien ne lui échappe. Pour ses maraudes nocturnes, il est pourvu de lanternes électriques incomparables.

Voilà, je pense, pour la malfaisance, un outillage savamment combiné; eh bien, cela même n'a pas suffi au chat; la *bête scélérate* (comme dit si bien La Fontaine) a compris qu'il fallait envelopper tout cela d'un air de vertu, et que nulle arme pour le crime profitable ne surpasse l'hypocrisie : oiseaux, mammifères, poissons, insectes, tout lui est bon. Ce que les chats détruisent de gibier dans nos campagnes, on n'en a pas l'idée : pour les lapins, lièvres, perdrix, cailles, bécasses, merles, etc., cela se compte chaque année par millions.

On évalue, je crois, à dix millions le nombre des habitations rurales en France; ne comptons qu'un chat par maison, sans même tenir compte des chats sauvages (ou redevenus tels) qui infestent nos champs. N'évaluons qu'à deux par semaine le chiffre des crimes accomplis par ces dix millions de chats, et faites maintenant le calcul de tout ce qui périt sous la griffe féline.

Si la terre était une planète honnête, aurait-elle de ces brigands-là? Les enfants, dont l'instinct a quelquefois tant de clairvoyance, ont dès longtemps jugé le mangeur de souris ; aussi lui rendent-ils férocité pour férocité et l'on n'en finirait pas à dire les mauvais tours joués au peuple chat par le peuple écolier.

Gustave Flaubert, que j'avais connu, ainsi que Bouilhet, au Jardin des Plantes lorsque Bouilhet était encore étudiant en médecine et avec qui j'eus le bonheur de rester en relations aussi bien qu'avec la famille Pouchet, non pas hélas ! toute ma vie à moi, mais toute leur vie à eux, Gustave Flaubert, peu de temps avant sa mort, le lundi de Pâques 1880, alors qu'il achevait *Bouvard et Pécuchet*, m'écrivit de Croisset à Heurteauville une lettre où je lus ceci :

« Notre ami Pouchet sachant que j'ai besoin d'*une*
» *férocité d'enfant commise sur un chat*, me dit que
» vous avez une histoire de chat sublime !

« Comprenez-vous ce qu'il veut dire? Pouvez-vous
» m'envoyer cette histoire? Si elle est trop longue à
» redire, donnez-moi rendez-vous...»

Une lettre de huit à dix pages partit immédiatement d'Heurteauville pour Croisset, où je racontais l'histoire demandée. J'ai regretté quelquefois de n'avoir pas gardé une copie de cette lettre qui me valut du maître, courrier par courrier, ce remerciment :

« Merci ! C'est excellent. Je vais tâcher de m'inspirer de votre impression. »

Que lui avais-je donc raconté ? Je n'ai plus la lettre ; mais il me reste le souvenir des faits, et je vais de nouveau les consigner ici, ils pourront un jour servir à l'histoire des chats.

Premier fait : j'ai connu une malheureuse chatte qui, traquée par deux bambins, se réfugia dans une cheminée où ils essayèrent de l'enfumer, et où elle resta quatre jours cachée et tremblante ; finalement elle en ressortit folle .et mit au monde depuis une génération de chats qui jamais ne purent supporter la vue d'aucun enfant.

Quelques chats retournés de la domesticité à la vie sauvage ont une terreur de l'homme impossible à décrire, et c'est ce que va nous démontrer le deuxième fait. Mais ceci nous reporte plus de trente ans en arrière. Nous étions depuis très peu de temps installés dans notre ermitage d'Heurteauville. A trois cents mètres de nous se trouvait une ferme hantée depuis quelque temps par un chat sauvage qui dévorait sans miséricorde les poulets de la fermière. Ce chat, que j'avais entrevu, était magnifique ; son pelage du plus beau noir était cause que nous l'avions surnommé *Robert*. Le fils de la fermière, indigné de ses déprédations journalières, avait résolu de lui envoyer à prochaine rencontre un coup de fusil.

— Ne le tuez pas, dis-je, laissez-moi le prendre, je veux essayer de l'apprivoiser.

— Le prendre et l'apprivoiser! Vous ne savez pas à quoi vous vous exposez.

— Laissez-moi faire.

Robert avait sa résidence habituelle dans la grange de la fermière; je fis d'un solide panier un piège pour le prendre; j'y réussis très bien, et je l'emportai non sans une vague terreur, en voyant ses yeux briller à travers le panier, comme du feu, tandis que sans remuer, il poussait des hurlements lugubres.

Il était nuit, on venait d'allumer la lampe, et Mme Labêche, dans notre petite salle chauffée par un poêle, cousait tranquillement.

— Qu'est-ce que tu nous apportes là?

— Tu vas voir.

Et j'ouvris le panier.

La foudre, mes chers amis, ne se serait pas autrement comportée; ce fut, au milieu des ténèbres, un éclair rapide sillonnant la salle en toutes ses parties avec un miolis formidable..... La lampe était brisée, la colonne et les tuyaux dupoêle renversés, les rideaux mis en loques et nous nous sentions asphyxiés par la puanteur.

Les yeux du chat cependant venaient de s'éteindre après avoir décrit au dessus de nos têtes un zig-zag flamboyant. . ., et il y eut un profond silence de stupeur.

On vint de la pièce voisine avec une lumière. L'auteur de tous ces bouleversement gisait immobile sur le plancher.... il était mort, absolument mort, flasque et vidé par cette explosion, dont restaient souillés les quatre murs, le plafond, le carrelage de la salle et nous-mêmes.

Que les naturalistes nous disent maintenant ce que c'est que le chat et quelle force étrange réside en lui; j'avoue ne pas le savoir.

LVII

3 Septembre 1882.

CONFIDENCES

Quoi! vous aussi, mes amis d'Heurteauville et de Pont-Bruneau, vous me demandez de continuer ce que vous voulez bien appeler mon histoire! Je croyais n'avoir plus rien sur ce point d'intéressant à vous dire; mais voilà que plusieurs d'entre vous expriment le désir de savoir ce que devint l'aimable chanteuse dont la voix m'avait distrait un instant de mon travail d'arrosage chez le père Colboc. Cette chanteuse est devenue quelque chose de bien simple et vous la connaissez tous à Heurteauville : c'est Mme Labêche, et cela depuis bientôt quarante ans, et si vous saviez combien entre gens sans prétention ces choses là se font naturellement, sans incidents romanesques, sans aventures, sans interventions diplomatiques, sans tapage et même sans billets de faire part, vous ne demanderiez pas d'inutiles détails sur un événement tout intime.

J'aime mieux, puisqu'il vous faut encore un peu de confidences, vous dire comment se forma peu à peu l'éducation du jeune jardinier. J'avais à vingt ans un désir de connaître, une soif d'instruction qui eussent pu faire de moi un véritable érudit si le temps ne m'eut trop manqué pour m'instruire; mais si je n'eus pas à cet âge les livres autant que je l'eusse voulu, les choses ne me manquèrent pas.

J'avais ce rare bonheur d'être attentif à tous les phénomènes de la vie et j'étais tenu sans cesse en présence de ces phénomènes par mes occupations horticoles. Végétaux, animaux, chaque jour, me donnaient quelque nouveau spectacle. J'avais d'ailleurs les cours du Jardin des Plantes; mais ces cours, pourquoi n'en pas faire l'aveu, m'intéressaient moins que la vue même des choses? Le temps et les efforts d'esprit employés aux classifications, les appellations bizarres, les mots emphatiques et pédantesques, l'absence de cette poésie, qui est un sentiment si naturel à l'homme, tout cela rendait pour moi trop aride, trop dénuée de vie et partant trop fausse l'étude des plantes et des bêtes. Il me répugnait même d'entendre les chimistes parler de la terre végétale comme d'une chose purement inerte; ce mot *inertie* m'a toujours profondément blessé, n'ayant jamais trouvé rien d'inerte dans la nature. Peut-être j'avais tort; mais puisque l'on me pousse à des confidences et même à des *confessions*, il est juste qu'on entende avec un peu de patience l'aveu de mes erreurs.

J'avais d'ailleurs en dégoût toute systématisation

de la vie; le système le plus vaste me semblait insuffisant à tout expliquer, et toujours, en quelque point, la nature l'outrepassait. Les savants aussi me semblaient trop se faire un langage à part et peut-être sur ce point n'avais-je tort que pour la chimie.

Les loisirs du père Labêche, accueillis du public avec tant d'indulgence depuis dix ans, ont quelquefois laissé percer cette antipathie pour ce que volontiers j'eusse appelé l'argot scientifique. Des hommes d'un vrai savoir et d'un vrai mérite (je dois le constater) ont protesté contre ces tendances, ils ne m'ont pas entièrement converti; cela doit tenir à l'imperfection de leurs méthodes actuelles. Cette imperfection, tous seraient prêts à la reconnaître, puisque tous cherchent à simplifier les déterminations botaniques et zoologiques.

Que de fois il m'arriva de rencontrer des docteurs en réputation, lesquels eussent parlé, parlé, écrit, écrit, décrit, classé deux heures durant, à propos de la moindre plante ou de la moindre mouche et qu'au fond de ma conscience je trouvais, sur cette mouche ou sur cette plante, plus ignorants que moi! Des faits que j'avais observés, vus de mes yeux, ces gens là me les déclaraient *impossibles,* par cette belle raison qu'ils ne cadraient pas avec leurs systèmes.

Je ne lisais guère, en ce temps-là, de livres de littérature; mais si j'eusse connu les écrivains alors en réputation, je n'eusse pas manqué de les trouver anti-scientifiques, autant pour le moins que les savants me semblaient anti-littéraires.

J'étais, vous le voyez, un jeune homme assez difficile à satisfaire, ce qui ne m'empêchait pas de vivre content et joyeux, mettant sagement mon bonheur bien plus aux choses de la vie qu'aux paroles écrites dans les livres.

Ecouter le chant des grillons au soleil sur les pelouses parfumées, suivre ces brillants et bruyants artistes dans leurs ébats, dans leurs luttes, dans leurs amours, voir les galanteries des messieurs grillons pour les dames grillonnes, il me semblait (qu'on excuse cette hérésie) que nulle lecture n'aurait pu me causer plus de plaisir.

Ma jeunesse, vous le voyez, eut ses erreurs. Pourquoi me forcer à les dire? Ne suffit-il pas qu'en vieillissant je me sois un peu amendé et que pouvant moins courir avec mes jambes actuelles, je me sois habitué à une vie plus sédentaire; que forcé de moins demander à la nature elle-même, j'aie pris goût aux livres qui me la reflètent ou me l'expliquent?... *Me l'expliquent!...* Non, mes amis, on ne m'a pas encore expliqué la nature.

Et sur le fond des choses, j'en savais autant à vingt ans qu'aujourd'hui.

LVIII

1er Janvier 1883.

CYCLAMEN

Il y a vraiment des oublis singuliers et inexcusables. Voilà dix ans que je parle fleurs et jardinage et que je me plais surtout à signaler à l'attention de mes lecteurs nos plantes indigènes les plus connues, les plus dociles aux soins du jardinier habile. Qui croirait donc que j'ai pu ne pas parler encore d'une fleur gracieuse entre toutes, élégante, riche, variée, exhalant un délicieux parfum, et, qui plus est, appartenant à la famille des primulacées, comme les pommeroles que j'ai toujours tant aimées. Cette belle oubliée est le cyclamen. Malgré sa forme un peu hétéroclyte en son élégance, c'est une plante européenne et française.

On l'appelait autrefois *pain de pourceaux* parceque sa racine tuberculeuse est très recherchée de messieurs les pourceaux qui ont sur nous l'avantage que les tubercules du cyclamen les délectent et les engraissent, tandis qu'ils sont pour nous un purgatif, un vomitif si violent que les médecins ont dû, par prudence, en rejeter l'usage.

Le cyclamen est une des plantes qui font aujourd'hui le plus grand honneur aux jardiniers qui l'ont multiplié et diversifié à l'infini. Ce n'est pas seulement une fleur enchanteresse, c'est une de celles qui semblent le plus s'approcher de l'*intelligence*. Je ne sais quelle autre expression employer. Il faudrait, pour désigner l'esprit, l'intellect végétal, une expression intermédiaire qui malheureusement n'existe pas. La chère primulacée semble donc s'élever presque à l'intelligence, presque à la prévoyance maternelle. Quand la fleur, une fois fécondée, a bien mûri sa graine, savez-vous ce qui arrive? Le long pédoncule qui supportait la fleur et qui porte aujourd'hui son fruit, se tortille, se roule en spirale, se resserre, se raccourcit jusqu'à ce que la graine ait touché la terre et même alors il se raccourcit encore jusqu'à ce qu'il l'ait attirée dans le sol. Et puis il s'en détache... La plante a donc elle-même confié précautionneusement ses semences au milieu qui doit en déterminer la germination.

Ceci, lecteur, c'est, pour le jardinier, spectacle de tous les jours. Mais ce spectacle n'en est pas moins.. Quelques savants ne veulent plus que rien soit *admirable* : quelle épithète mettraient-ils donc au bout de ma phrase? Ils n'en mettraient aucune, dira-t-on, d'accord; il faut toujours se méfier des épithètes et se bien garder d'y recourir trop souvent dans nos langues modernes. Sans les qualifier par aucun adjectif, contentons-nous de constater les faits.

Le blanc, le rouge, le rose, le violet sont ses couleurs les plus habituelles; aussi, le cyclamen a-t-il été de bonne heure adopté par les jardiniers; mais je ne pense pas qu'à aucune époque on l'ait obtenu plus ample, plus riche, plus varié. Jamais l'horticulture n'avait possédé comme aujourd'hui l'art de *forcer*, de diriger les plantes et de les transformer. Jamais d'ailleurs, pour ses *croisements*, elle n'avait disposé d'un aussi grand nombre de variétés en aucun genre. Les variétés d'une même famille nous viennent aujourd'hui de partout: rien qu'en les mélangeant toutes ensemble, on augmente les chances d'en obtenir de nouveaux spécimens. D'ailleurs, **on** ne pratique que d'hier les fécondations artificielles. L'auto-fécondation, dans le monde végétal, fut pour les anciens horticulteurs une entrave, aujourd'hui supprimée. Le jardinier sera bientôt maître de ses opérations, presque autant que le physicien ou le chimiste, et ce que l'on dit ici du jardinier, on pourra le dire du pépiniériste, du cultivateur et de l'éleveur en tout genre. Laissons faire au temps et à l'étude.

Un pépiniériste, qui vient de mourir, nous a laissé les moyens d'amener à fruit, en deux ans, les semis de poirier. La voie nous est tracée, sachons y marcher, et peut-être arriverons-nous à fabriquer en quelques mois de beaux arbres. Quand nous saurons bien mettre en jeu électricité, lumière et chaleur, nous obtiendrons pour la vie végétale, il n'en faut pas douter, des résultats que nous ne pouvons aujourd'hui prévoir.

En avant! en avant! c'est le mot qu'il faut toujours dire, même à propos de cyclamen, de primevères et de roses.

LIX

20 Mai 1883.

CICINDÈLE

J'en suis toujours à m'émerveiller des oublis et des lacunes de nos causeries. Je vous ai parlé des bestioles champêtres les plus connues et particulièrement des coléoptères. Eh bien! imaginerait-on que parmi ces derniers j'aie oublié l'un des plus fréquemment rencontrés dans nos champs, nos prés et nos bois, et certainement le plus joli de tous, le plus élégant, le plus léger, le plus gracieux? Je viens d'en rougir en voyant tout à l'heure courir devant moi l'éblouissante et fine émeraude. C'est la cicindèle. Tout en elle est fait pour charmer et séduire. Au lieu que tant d'autres brillants insectes, tel que le carabe, par exemple, exalent une odeur puante, la cicindèle sent bon. Réussissez-vous à la saisir dans sa course rapide, vos doigts en resteront agréablement parfumés. Son nom même de *cicindèle* indique l'agilité, l'élégance et l'on ne sait quoi de plaisant et d'aérien. La cicindèle a le vol rapide, aussi bien que la course; si elle s'arrête quelquefois, l'arrêt lui-même sera rapide comme l'éclair, et nulle bestiole n'a le départ plus prompt : c'est une détente si subite qu'on n'en saurait saisir ni le ressort, ni le mécanisme. Vous la regardez attentivement, mais la voilà disparue et vous ne savez comment. Sa fuite a été plus rapide que votre regard. Tout coléoptère est lourd auprès d'elle. La cétoine qui l'égalerait en beauté si elle avait sa grâce, la cétoine est une tortue comparée à la cicindèle. La cétoine s'endort et s'oublie paresseusement dans la corolle des fleurs; la cicindèle toujours va, vient, revient, court, s'envole et tournoie.

L'étude de la féerique *bébète* est d'ailleurs pleine d'intérêt. Sa larve même étonne par son intelligence et sa ruse. Lourdement constituée, avec des pattes énormes et un gros corps impossible à traîner, elle ne sait que creuser un trou dans lequel elle se tiendra blottie. Il lui faut cependant vivre de chasse. Comment donc attrappera-t-elle sa proie qui ne consiste qu'en insectes vivants et agiles? Elle fera de sa tête aplatie une trappe à l'entrée de son trou, et vienne à passer la mouche sur cette tête attentive, vous verrez ou plutôt vous ne verrez pas, tant il est rapide, se produire un mouvement de bascule par lequel la larve, la tête en bas, au fond de son repaire, peut à son aise tuer, dépécer et dévorer sa victime.

Bien repue ainsi et bien engraissée, le temps de la métamorphose viendra. Déjà se fait ressentir le

sommeil léthargique de la transformation; elle sait
qu'alors ses ennemis la trouveraient sans défense
possible et retournée presque à l'état d'œuf; elle
ferme alors très savamment l'entrée de sa retraite,
puis elle s'y place tout au fond, à 30 ou 35 centimètres sous le sol et attend.

C'est de là que, transformée, enrichie d'ailes brillantes, vêtue en princesse, elle s'élancera en son état
parfait de cicindèle.

Elle n'avait connu jusque-là que la vie solitaire,
cachée, obscure et souterraine; la voici traversant
les airs, libre, riche de vie, de beauté, heureuse et
joyeuse.

Mais dans ce nouvel état elle n'a rien perdu de sa
cruauté, de sa voracité : deux gros yeux projetés en
avant comme des télescopes lui permettent d'apercevoir au loin la proie vers laquelle vous la verrez se
précipiter. Tout en ce petit être étincelant semble
appeler la violence; elle rappelle en cela la guêpe;
elle n'a cependant ni le bourdonnement, ni le dard
perfide; mais elle n'a pas non plus l'industrie de la
guêpe; elle vit insouciante, sans domicile, sans
famille; incapable de toute vie sociale, elle semble
ne songer qu'à tout surpasser en beauté, en éclat,
en prestesse : incomparable à la course, au vol, aux
mouvements gracieux et rapides, fière de ne distiller
que sécrétions embaumées, attentive à plaire, sachant

dissimuler, rendre insaisissable et presque supprimer le meurtre par la rapidité de l'exécution, elle passe, repasse, s'arrête, s'élance pour la course ou pour le vol, toujours rayonnante, toujours réjouissante, toujours agréable à voir, à toucher, à sentir.

Et voilà onze ans tout à l'heure que vous parlant des bêtes de mon jardin, j'oublie la cicindèle!

Que d'autres oublis, que d'autres omissions et que d'impardonnables lacunes cela fait supposer!

C'est à quoi l'on s'expose en ne mettant dans ce qu'on écrit ni classement, ni méthode.

Ah! si j'avais à recommencer!

LX

9 Juin 1883.

MÉLOÉ

D'habitude, en histoire naturelle surtout, on n'écrit guère qu'en vue d'instruire les autres. Mais Jean Labêche souvent n'écrit ses causeries qu'en vue d'être instruit lui-même et le procédé lui réussit très bien. Les lecteurs ont cent fois réparé ses omissions et oublis. C'est à ces mêmes lecteurs si bienveillants toujours qu'aujourd'hui encore il fait appel pour lui éclaircir un problème d'entomologie sur lequel les livres qu'il a à sa disposition ne lui ont rien appris.

Connaissez-vous un gros insecte noir, difforme, et rampant, qu'on trouve en été sur les fleurs des champs, particulièrement sur le caille-lait, dont il déguste, en amateur, les petites fleurs jaunes à odeur de pain d'épice. Tous les amis du jardinage sauront ce que je veux dire. Tous ont remarqué cette bestiole et à tous elle a inspiré le dégoût.

Mais c'est un tort en histoire naturelle d'avoir de l'antipathie pour certains êtres, — ce tort, je l'ai eu longtemps, moi aussi, pour la vilaine bête dont il s'agit : laide, désagréable et nuisible ; je n'étais guère occupé, quand je l'apercevais sur mes plantes, que de les en débarrasser.

— C'est la larve du méloé, ainsi nommé à cause de sa couleur noire; si cette larve n'était que noire, elle pourrait avoir sa beauté comme tant d'autres coléoptères de cette couleur, mais celle-ci est lourde, traînante et sale; si on la touche, elle se met à suinter un liquide rouge visqueux. On en peut extraire, paraît-il, un poison dangereux. Cette liqueur rouge et quelquefois jaunâtre, a les propriétés vésicantes de la cantharide. L'ancienne pharmacie en tirait sa fameuse *huile de scarabée.* Difformes et gauches en toutes leurs allures, ces coléoptères privés d'ailes, n'ayant que des moignons d'élytres, ne traînant qu'avec lenteur leur obèse personne sur six jambes trop faibles, n'éveillaient en moi, je l'avoue, aucune curiosité. Il me répugnait même d'y toucher.

Mais voilà qu'un jeune naturaliste, à propos de ces insectes, appelle mon attention sur un point des plus curieux et que je voudrais éclaircir.

Veuillez donc, je vous prie, lire ce qui suit avec attention :

Entre la larve du méloé et le méloé lui-même à l'état parfait, la différence n'est pas très grande, tant l'état parfait de cet insecte semble encore un état incomplet, seulement au lieu de dévorer les fleurs, comme il le fait en son état de larve, il vit alors de ses rentes et se promène bourgeoisement et doucement le long des chemins.

Mais voici le problème qui me préoccupe : au moment où la femelle du méloé va pondre ses œufs, la plante dont se nourrira la jeune larve n'existe pas encore. Il faut pourtant que le ver presque invisible, informe et infirme à sa sortie de l'œuf trouve la fleur qui pourra seule le nourrir. Si près qu'il s'en trouve, ce ver est incapable de s'y transporter. Mais voilà où éclate dans toute sa grandeur le miracle de la prévoyance maternelle qu'on est bien en droit d'appeler prévoyance *divine*.

La femelle toute grosse et lourde qu'elle est, se traînera jusqu'à l'entrée d'un trou de guêpe; puis épiant la sortie de la bête, en son absence, elle déposera ses œufs, à l'entrée de ce trou, ces œufs passeront là l'hiver, puis éclosant à la saison des fleurs, les petits seront au passage de la guêpe accrochés dans les poils de ses pattes et emportés par elle sur la fleur qui doit les nourrir.

Le fait est-il vrai, lecteur, le savez-vous?

Mon jeune naturaliste prétend l'avoir lu quelque part, sans pouvoir se rappeler où, dans quel livre, dans quel traité, dans quelle brochure.

Eh bien! c'est cela que je demande à mes lecteurs. Je les prie de m'indiquer ce livre, s'il existe, je les prie surtout de me dire si quelqu'un d'eux ou de leur connaissance a pu constater l'existence des œufs de méloé à l'entrée des trous de guêpes.

LXI

19 Juillet 1883.

CYNIPS

Vous avez dû voir quelquefois dans la campagne, sur les branches d'églantier, de jolies pelottes toutes rondes d'une fine mousse verte à la base et du plus beau rose à l'extrémité de chacune de ses fibres. Ces pelottes, qui ont ordinairement la grosseur d'un œuf, s'appellent en quelques contrées des éponges d'églantier. L'ancienne pharmacie qui en faisait grand usage, les qualifiait du nom de bédégards.

Mais quelle est l'origine de ces jolies pelottes mousseuses, que l'on voit aux beaux jours de juin se développer sur les églantines? Est-ce un végétal parasite qui vient s'implanter et vivre sur le rosier sauvage, comme le gui sur les pommiers, les peupliers, etc.? Est-ce une maladie de la branche? Oh! mon cher lecteur....

Volontiers comme la bonne femme de St Augustin, je m'en tiendrais, moi aussi, devant les bédégards, à cette exclamation : OH!

Vous n'êtes ni botaniste, ni entomologiste, ni physiologiste, vous savez très bien cependant que l'ignorante, aveugle et sourde humanité a vécu des siècles et des siècles au milieu de la nature sans y rien comprendre, sans y rien voir, sans y rien entendre, livrée tout entière à ses visions, à ses fantasmagories intérieures : il a fallu l'éveil, le divin éveil des études scientifiques, au dix-huitième siècle, pour qu'un esprit puissant et hardi s'avisât de porter ses investigations sur les métamorphoses de la vie végétale. Gœthe, le premier, entrevit que de la feuille à l'étamine, au pistil, à l'ovaire il n'y avait qu'une variante dans le développement de cellules identiques à l'origine. La conséquence de cette loi ne lui échappa pas ; en changeant les conditions de développement de chacune des parties végétales il serait possible d'en modifier artificiellement toute la manière d'être. Gœthe n'avait été jusque-là qu'un grand poëte, il devenait le véritable instigateur de la physiologie moderne. La vie était pour la première fois entrevue dans son plus profond mystère. Il n'y avait plus à y chercher qu'une incessante métamorphose. C'en était fait de l'immuable.

Voilà pour la philosophie ; mais pour la pratique, pour l'art de diriger la vie végétale et même la vie animale dans un sens voulu par l'éleveur, il n'y avait plus qu'à laisser faire aux expérimentateurs. En peu de temps nous arrivions, avec Darwin, à la sélection, à la fécondation artificielle, nous arrivions

à modifier à notre gré la constitution des parties
végétales qu'il nous plairait de métamorphoser, —
la vie court d'elle-même à la métamorphose..

Eh bien! cette découverte, qui seule eut mérité à
Gœthe une longue gloire, de misérables insectes
l'avaient faite longtemps sans doute avant qu'il y eut
des hommes sur la terre.

Ecoutez ceci :

Une toute petite mouche noire avec les pattes et le
ventre couleur rouille, appartenant, comme les
fourmis et les abeilles, à l'ordre des hymenoptères
(les plus intelligents des animaux et bien supérieurs
à l'homme n'en doutez pas, puisqu'avec l'homme
apparut sur la terre l'imbécilité et la folie), une
petite mouche, dis-je, appelée cynips, avait découvert
cette loi de la métamorphose et l'avait merveilleu-
sement appliquée à son usage.

A l'heure où la branche est en pleine sève, elle
introduit au point voulu (qu'elle seule encore connaît) sa fine tarière, opère convenablement sur une
ou plusieurs cellules (c'est aussi son secret) et voilà
qu'une partie de la sève va s'extravaser au dehors en
cette végétation mousseuse, qui est encore de la vie
végétale et de la vie très active, mais de la vie
modifiée, enlevée à son développement ordinaire;
au centre de cette mousse le cynips a déposé un ou
plusieurs œufs, il y éclosent à l'abri de leurs enne-

mis, à l'abri de toute influence mauvaise de l'air ou du soleil, les petites larves y grandissent et se métamorphosent...

On a dit et j'ai répété moi-même plusieurs fois cette absurdité et cette impiété que les insectes n'ont pas le sentiment maternel; qu'est-ce donc que cette poussée de prévoyance et de prescience qui donne à la femelle du cynips un degré d'industrie qui dépasse encore à cette heure, tout le savoir humain.

Ce que je vous dis là ne conserne que le cynips du rosier; mais il y en a bien d'autres. Ne parlons que du cynips du chêne.

Ce n'est pas un paquet de mousse qu'il faut à la progéniture de celui-ci, c'est une vraie maison solide, spacieuse et toute remplie d'une douce moelle destinée à l'alimentation des petits. La mère sait où, comment et quand il lui faudra opérer une certaine fibre de la feuille pour la forcer à lui bâtir ce palais à ses fils et nous aurons ainsi sur la feuille du chêne la noix de galle....

Voilà ce que savent les insectes... Saint-Augustin a raison, un seul mot sert de commentaire à toute la nature :

OII!

LXII

13 Octobre 1883.

ARBOUSIERS

Peut-être ne connaissez-vous pas l'arbousier, arbrisseau toujours vert et de loin assez semblable au laurier. Le feuillage offre toutefois quelque chose de plus aérien, de plus agréable et de plus gai. L'arbuste, d'ailleurs, est de plus gracieuse contenance. Feuilles, fleurs et fruits s'y trouvent en même temps et lui donnent un aspect très ornemental.

Les fleurs, assez nombreuses, sont disposées en petites grappes pendantes, d'un blanc rose. Les fruits cachés dans le feuillage ont tout à fait la forme, la grosseur, la couleur de belles fraises perpétuelles. Quant au goût, c'est une autre affaire, Les petits paysans du midi s'en régalent pourtant, mais les enfants au midi comme au nord, ne sont pas difficiles. Le fruit de l'arbousier est aigre et désagréable. L'arbre qui le produit n'en a pas moins reçu la qualification honorifique d'*arbre à fraises* : mais l'arbousier, en ceci, est un faux monnayenr; ses fraises sont de fausses fraises.

L'arbuste, bien qu'originaire du midi, n'est pas

très sensible au froid; il préfère même à toute autre l'exposition nord; ce qu'il redoute, ce sont les brusques changements de température.

Ainsi, on a réussi au Hâvre à le conserver en pleine terre, ce qui n'est pas possible à Rouen. L'orangerie, chez nous, est indispensable.

Les arbousiers peuvent s'élever jusqu'à cinq mètres de hauteur; l'arbousier à fraises est, dit-on, originaire du Mont-Cenis et de quelques montagnes d'Espagne. Sa floraison a lieu surtout en automne. Ces verts arbustes appartiennent à la famille des éricinées, où trône la bruyère (erica).

En Espagne et en Italie on extrait de leurs fruits, paraît-il, de l'eau-de-vie; en Russie, on l'utilise au tannage; les oiseaux sont très friands des fausses fraises de l'arbousier. Ces fausses fraises ne se montrent en grand nombre que dans les terrains frais, Dans un sol un peu sec l'arbousier ne produit guère: l'arbuste alors a besoin d'être arrosé souvent.

L'arbousier ne se reproduit ordinairement que de graine. On sème en décembre et la germination se fait en avril. Les jeunes arbustes, dès le premier été, peuvent acquérir quinze à vingt centimètres de hauteur; mais ils demandent beaucoup de soins et d'attention.

En général, on ne sait pas ce que la culture de la moindre plante utile ou agréable demande de patience, de travail, de savoir et d'habileté. Beaucoup de gens se figurent à la ville, parcequ'ils ont vu l'herbe pousser toute seule, qu'aux champs et dans les jardins, fleurs, fruits et légumes viennent aussi tout seuls et qu'il n'y a qu'à les regarder pousser. Eh! vraiment, les végétaux, laissés à eux-mêmes, feraient une jolie besogne! tous se mettant les uns contre les autres en une lutte affolée, retourneraient à l'état sauvage, et vous verriez ce qu'en peu de temps deviendraient vos choux, carottes, navets, salsifis, salades; vous verriez ce que seraient vos fruits et vos fleurs retombés à l'état primitif, au bel état de nature tant célébré par Rousseau, pour les végétaux, les animaux et les hommes. Mais Rousseau n'a jamais su ni même soupçonné ce qu'est la nature primitive pour aucun être. Pour tout ce qui vit, l'état de civilisation, de développement, de perfectionnement ne s'obtient que par le travail, je dirais volontiers par la vertu.

En tout beau fruit, en toute belle fleur, ce n'est pas seulement la nature qu'il faut admirer, c'est aussi la force, la volonté et le savoir de l'homme. Le travail, l'emploi volontaire de ses facultés à l'amélioration des plantes, voilà le secret du cultivateur.

Vous goûtez un beau fruit et vous êtes ravi de son velouté, de son parfum, de sa saveur. Ah! si vous l'aviez goûté, ce fruit, à son état primitif dans les antiques forêts, vous comprendriez que dans nos pommes, nos raisins, nos pêches et jusque dans nos fraises, il faut admirer surtout l'œuvre du jardinier.

La fausse fraise de l'arbousier, restée à peu près à son état primitif, n'est encore qu'un petit fruit aigrelet, mais par la culture, qui sait si elle ne deviendrait pas un fruit délicieux? A l'état primitif, prunes, cerises, pêches vraisemblablement ne valaient guère mieux. Ne lui disons pas *raca* à la chère petite, et tâchons, elle aussi, de l'améliorer, c'est possible.

LXIII

6 Février 1884.

CÉCIDOMYE

Peut-être quelques-uns de mes lecteurs se rappelleront-ils ce que je disais, il y a quelques mois du cynips, insecte hyménoptère dont la piqûre sur la branche des églantiers produit ces jolies boules moussues connues sous le nom de bédégards. J'ai dit combien sont merveilleux l'outillage et l'instinct de la mouche pour le choix de l'endroit précis où doit être faite la piqûre.

Vous avez été frappé des sages prévoyances dont est douée la femelle du cynips qui réussit à préparer au petit un vrai temple, ou mieux, un palais immense pourvu de toutes les provisions nécessaires au jeune être; mais vous pourrez voir, en observant une autre mouche, la cécidomye, quelque chose d'encore plus admirable. Comme la femelle du cynips elle pondra ses œufs sur certains arbustes. Une boursouflure va surgir autour de l'œuf délicatement introduit dans le tissu de la plante, en même temps que la goutelette de liquide qui produira la tuméfaction voulue.

La petite larve vous paraît là-dedans comme entourée d'une enceinte providentielle. Mais attendez: une autre mouche, une petite guêpe (misocampus) va venir qui aura, elle aussi, sa providence : armée d'une longue et irrésistible tarière, vous la verrez cruellement perforer l'impénétrable asile. A son tour, elle y déposera son œuf ; mais il faut au petit qui en sortira une proie vivante. Que fait-elle donc?

Pourvue à cet effet d'un admirable outillage, elle enfonce son œuf aux entrailles même de la cécidomye encore à l'état de larve..... Vous vous écriez éperdu..... Mais voilà, mon cher lecteur, comment vie et destruction s'ingénient l'une contre l'autre dans une lutte éternelle.

Les drames de ce genre, vous en trouverez sans fin autour de vous sur la moindre branche.

Oh! Que les poètes en leurs idylles ont mal vu la nature! On dirait, à les entendre, que tout s'y passe en d'ineffables mamours, alors qu'en réalité tout y est luttes, embuscades, meurtres, batailles et combats héroïques. L'idylle dans la vie réelle, lorsqu'elle se rencontre, n'est qu'un instant qui passe dans un universel chamaillis de tous les êtres.

L'oiseau quelquefois, au bord de son nid, fait entendre un chant d'allégresse ; mais voyez de quel œil il observe et fait le guet, attentif aux ennemis qui l'entourent. Quand une madame

Deshoulières célèbre en petits vers mythologiques le bonheur tranquille des moutons dans la prairie, elle me fait rire.

Oh! Que le vieux texte biblique est d'une poésie bien plus vraie, lorsqu'il nous dit : « Ils criaient la paix! la paix! mais il n'y a point de paix. »

Hélas! petits moutons que vous êtes heureux!

L'aimable Deshoulières n'a pas compris le quadruple malheur des *petits moutons :* le chien, le berger, le loup, le parc, sans parler des mauvais pâturages.

Mais à qui sait voir, tout est épopée, drame et tragédie, jusque chez les plus petits êtres. La plupart des insectes sont armés comme jamais ne le furent chevaliers du moyen âge. Pour combattre et détruire leurs ennemis, de misérables mouches avaient inventé la chimie longtemps avant l'homme; d'autres savaient fabriquer les matières explosibles. Des vers cachés sous l'herbe enseignèrent aux premiers hommes à s'éclairer la nuit. La nuit était pour tous l'heure des surprises terribles, l'heure des embuscades; combattre les ténèbres en y mettant çà et là un peu de lumière, ce premier progrès fut l'œuvre des plus humbles.

Si l'on peut s'intéresser à l'histoire de la *Cité des hommes*, comme dit un poète, combien aussi serait instructive et surprenante l'histoire de la *Cité des bêtes!* Quel Thucydide ou quel Homère elle pourrait inspirer! Le seul épisode de la mouche et de l'araignée, le dénombrement des ruses de guerre imaginées par l'une et par l'autre aurait de quoi nous confondre.

Les cynips, les cécidomyes enfermés dans les citadelles que l'on sait, et là, pouvant être assiégés et vaincus par une autre bestiole, quel spectacle! Je n'en sais pas pour moi de plus grandiose et de plus émouvant, quoiqu'il se puisse accomplir sur une simple feuille.

Aussi, je me demande après me l'être demandé déjà, comment il peut arriver qu'en ce monde, si agité, si varié, si profondément dramatique et théâtral, il y ait des gens aveugles, sourds, ineptes et qui ne voyant rien, n'entendant et ne comprenant rien s'ennuient. Mais ces ennuyés sont eux-mêmes une des curiosités de ce monde; leur vie apathique, leur vie à moitié morte et en quelque sorte isolée du branle général des choses, quel prodigieux phénomène pour l'observateur! Venez, messieurs les ennuyés et les désenchantés, venez ici qu'on vous voie et contemple! Vous étudier aura, n'en doutez pas, son utilité et son charme. On ne s'instruit pas seulement à l'observation des petites bêtes et je serais fâché, quant à moi, de m'en tenir toujours aux cynips et aux cécidomyes.

LXIV

20 Févr:er 1884.

SAULE

Je voudrais aujourd'hui vous parler du saule ou
plutôt des saules, car on connaît de ce joli arbre
plus de cent cinquante espèces. Mais de quel ou desquels vous parlerai-je, et comment entreprendre de
décrire ces cent cinquante espèces, toutes ou presque
toutes charmantes, soit par leur feuillage argenté,
soyeux, lustré, mobile, ému, toujours chantant; soit
par la couleur vive ou la flexibilité de leurs rameaux,
soit par l'élégance et le maintien de l'arbre en son
entier? D'autres ont la beauté, la précocité de leurs
chatons ou la variété du feuillage, etc., etc.

Il y eut un grand étonnement à Londres, en 1692,
lorsque pour la première fois on y vit le saule pleureur, nouvellement apporté de Babylone. La biblique
Angleterre se rappela tout de suite le psaume :
Super flumina Babylonis illic flevimus. Nous pleu-
rions au bord des fleuves de Babylone...

Le pleureur babylonien, dès les premières années,
du dix-huitième siècle, fut introduit en France. Avec
lui, singulier hasard, devait commencer chez nous,

en littérature, le genre pleureur, qui, superbe et souvent subime avec Jean-Jacques dans les *Lettres de la Montagne,* dans les *Rêveries du Promeneur solitaire,* devait aboutir bientôt au suprême ridicule avec le normand Chenedolé et quelques autres, car tout le monde ne sait pas en pleurant garder bonne contenance.

Si l'introduction du saule pleureur ne fut pour rien dans l'avènement de cette école littéraire, elle donna lieu certainement à toutes sortes de cultures renversées. On fit pleurer les frênes, on fit pleurer les hêtres. Ce fut dans les jardins et les parcs une vraie pitié.

Le pire c'est qu'à force de recherche, d'essais, de tâtonnements et de sélections habilement dirigées les arboriculteurs finirent par obtenir ce qu'ils cherchaient : des hêtres et des frênes hypocritement désolés, grognant et geignant au lieu de pleurer.

Comparez leurs branches lourdement repliées, écrasées et tordues à la grâce ondulante du bel arbre de Babylone. Celui-là pleure véritablement. Quel voile il sait se faire de son feuillage et dans son deuil comme on sent la vie, la jeunesse avec je ne sais quoi de souriant et de délicieux! Soupirs et sourires, c'est l'éternelle histoire de tous les êtres.

Quelle fable La Fontaine eut pu faire du saule pleureur, lui qui sait si bien, mettre en scène le le chêne et le roseau! Mais La Fontaine, cet ami des jardins, cet inventeur de la déesse *Hortésie,* ne connut pas le pleureur de Babylone.

Revenons à nos saules, je dis à nos saules indigènes, à nos saules français si élégants, si frais, si gais, si complaisants à laisser entrevoir la bergère qui fait mine de se cacher sous leur léger feuillage. Quelle poésie ils donnent aux bords des eaux dans notre vallée d'Heurteauville et dans toutes les vallées!

« Quelle beauté, quelle élégance, dit M. Hœfer,
» dans notre saule blanc, si commun partout!...
» Trop négligé parmi nous, cet arbre n'éprouve
» notre indifférence que parce qu'il est né dans nos
» contrées, et qu'il y croît avec une grande facilité.
» On le relègue dans les bourgs et dans les campagnes, et nous ne lui permettons que très rarement l'entrée dans nos jardins de plaisance...
» Son feuillage répand un éclat argenté et soyeux.. »
Et ailleurs :

« Le saule-osier jaune se reconnaît à la belle
» couleur jaune de ses jeunes rameaux qu'assez
» généralement on coupe chaque année pour en
» former des liens, des paniers et autres ouvrages
» de vanneries.... »
N'oublions pas qu'en effet les saules ont servi de base, depuis les siècles les plus reculés, à ce grand art de la vannerie.

Mais là ne se bornent pas les services qu'ils peuvent rendre. Leur écorce est un excellent fébrifuge.
Quelques médecins l'ont préférée même au quinquina. Ah! voilà qui eut encore rendu le saule plus
cher à La Fontaine. Le bonhomme fit tout un poème
sur le quinquina, arbre étranger à nos climats; si
dans ce poème il n'oublie pas la petite centaurée de
coteaux, que n'eut-il pas dit du saule?

> La centaurée, en qui le ciel à mis
> Quelque âpreté, quelque force astringente
> Non d'un tel prix ni de l'autre approchante
> Mais quelquefois fébrifuge certain.
> C'est une fleur digne aussi qu'on la chante :
> J'ai dit sa force et voici son Destin.
> Fille jadis, maintenant elle est plante.
>
> . . . , ...
>
> On dit, et je le crois, qu'une nymphe savante.
> L'eut du sage Chiron et qu'ils lui firent part
>   Des plus beaux secrets de leur art.
> Si quelque fièvre ardente attaquait ses compagnes,
>   Si courant parmi les campagnes,
> Un levain trop bouillant en voulait à leurs jours,
> La belle à ses secrets avaient alors recours.
> Il ne s'en trouve point qui put guérir son âme
> Du ferment obstiné de l'amoureuse flamme.
> Elle aimait un berger qui causa son trépas:
> Il la vit expirer et ne la plaignit pas.
> Les dieux, pour le punir, en marbre le changèrent.
> L'ingrat devint statue : elle fleur, et son sort
> Fut d'être bienfaisante même après sa mort.

> Son talent et son nom toujours lui demeurèrent
> Heureuse si quelque herbe eut pu calmer ses feux!

Oh! lecteur, la jolie histoire, et bien racontée! Elle me fait oublier à moi-même ce que j'avais à dire encore sur les saules. Mais ne vous plaignez pas, vons y avez gagné cetts délicieuse histoire de la *centaurée,* fille aimable et touchante du centaure Chiron, racontée avec tant de charme par Jean La Fontaine.

LXV

23 Février 1884.

CYNIPS ET CÉCIDOMYES

Au mois de juillet dernier, je vous ai parlé des cynips et des jolies pelottes mousseuses qu'ils savent faire produire aux branches de l'églantine; il y a quelques jours c'était le tour de la cécidomye, autre mouche savante en physiologie qui connaît, elle aussi, le lieu précis et l'heure où doit être piquée la fibre végétale pour la production de l'excroissance nécessaire à sa postérité.

Vous avez admiré que des insectes aient su des siècles avant l'homme modifier à leur profit le développement des végétaux. Nous en étions encore aux fruits sauvages, qu'eux avaient obtenu les fruits artificiels, c'est-à-dire les galles, productions étranges dues à l'étude patiente et au profond savoir de ces mouches. A peine a-t-on commencé de donner à ces monuments de la science des insectes un peu d'attention parmi les hommes dont la plupart en sont encore à savoir qu'il y ait une science physiologique, positive, applicable à toutes sortes de nécessités et d'industries.

Un jeune naturaliste rouennais, il y a deux ou trois ans, s'avisa de recueillir dans notre région tout ce qu'il rencontrerait sur les végétaux d'excroissances dues à l'industrie des insectes. En deux étés, il en recueillit, le croira-t-on, un demi-hectolitre et put ainsi se convaincre que ces habitations merveilleuses sont tout un monde; et ce monde, les insectes se le font bâtir par les plantes. La branche du rosier est l'esclave docile des cynips; la cécidomye gouverne à sa guise un autre végétal.

Bien d'autres mouches sont, comme celles-ci, versées aux sciences physiques pour le forage, aux sciences chimiques pour la composition du liquide à verser dans la veine végétale, aux sciences physiologiques, pour l'ensemble de l'opération.

Oh! si nos jardiniers avaient le savoir des mouches, que n'obtiendraient-ils pas de leurs plantes maraîchères et de leurs arbres! Avec le temps cela viendra. Les hommes ne sont que d'hier dans le monde, les insectes les y avaient devancés de plusieurs milliers de siècles. La fourmi, pour ne citer qu'elle, est plus vieille que le Mont-Blanc. Le savoir, même chez les mouches, ne s'acquiert que par de très patientes, très minutieuses et très longues études. Il ne faut pas que nous nous découragions et restions en chemin. Nous saurons, sans doute, rattraper les insectes.

Mais nous sommes bien risibles avec nos prétentions à l'archéologie quand notre passé est d'hier comparé à celui des fourmis.

Je vous disais qu'un jeune rouennais avait recueilli un demi-hectolitre c'est-à-dire une *rasière* de ces productions artificielles. Un autre jeune naturaliste, à Rouen, M. Henri Gadeau de Kerville, vient de publier sous ce titre : *Mélanges entomologiques,* l'énumération et la description des galles observées en Normandie. Ce premier catalogue ne contient qu'une trentaine de descriptions et devra être complété; mais ces descriptions montrent déjà quelle variété de combinaisons et d'adaptations singulières les mouches ont su tirer de cette faculté qu'ont les plantes de modifier le développement de leurs tissus selon les influences auxquelles on les soumet.

Pendant que les insectes savaient ainsi forcer la plante à ces déviations, de grands philosophes, de profonds métaphysiciens, enfermés dans leur cabinet à raisonner sans rien expérimenter, prétendaient que rien ne saurait forcer le moindre végétal à modifier sa croissance; un plan immuable lui avait été imposé dès l'origine et rien ne pouvait être changé à la volonté de Dieu. Dieu était devenu comme l'universel *immobilisateur*. La belle conception!

Il y eut cependant, il y a bien des siècles, quelques chercheurs audacieux et *impies* qui contrairement à

la volonté de Dieu surent forcer l'arbre sauvage à
reproduire les fruits les plus savoureux d'arbres
de même essence un peu perfectionnés. Ils eurent
recours à la greffe, point de départ hardi de tant
d'autres opérations que devait, par la suite, imaginer
le jardinage. Mais qu'était-ce que la greffe comparée
à cette opération d'une mouche forçant par le poison
la sève d'une branche à produire un château pour
sa future famille, château savamment combiné quelquefois avec une chambre pour chacun **des enfants**
et la nourriture préparée.

On n'en a pas moins essayé quelquefois de m'enseigner le mépris des insectes, le mépris de tout ce
qui est petit. Jamais l'on n'y parviendra. Autant vau-
drait-il m'apprendre à mépriser l'ensemble de l'univers.

La vérité, mes amis, permettez-moi de l'avouer,
c'est qu'en présence d'un semblable spectacle (que je
sais même ne voir qu'incomplètement), je suis saisi
d'un respect qui va jusqu'à l'adoration... c'est peut-
être une faiblesse ; eh bien!...

LXVI

3 Mars 1884.

FAISANS

J'évite autant que possible, dans ces causeries, de parler des animaux de basse-cour, d'étable ou de volière comme de tous les animaux domestiques... Leur histoire se mêle trop à la nôtre et souvent même elle est moins connue que la nôtre et se perd trop *dans la nuit des temps,* comme on dit dans les académies. Je ne vous ai donc jamais parlé du faisan, non plus que des poules, des canards et des oies. Que de choses intéressantes pourtant, il y aurait à dire sur les uns et les autres! La tentation me prend aujourd'hui de vous parler du plus beau de ces oiseaux, c'est à dire du faisan.

« Il suffit, dit Buffon, de nommer cet oiseau pour
» rappeler le lieu de son origine : le faisan, c'est-à-
» dire l'oiseau du Phase, était, dit-on, confiné dans
» la Colchide avant l'expédition des Argonautes. Ce
» sont les grecs qui, en remontant le Phase pour
» arriver à Colchos, virent ces beaux oiseaux répan-
» dus sur le fleuve et qui, en les rapportant dans

» leur patrie, lui firent un présent plus riche que
» celui de la Toison-d'Or. »

Buffon répète ici ce que tous les anciens naturalistes avaient dit avant lui et ce que tous les autres
ont répété depuis.

A la bonne heure! l'histoire est d'ailleurs fort
jolie, et je n'y contredis pas; mais je me contenterai,
quant à moi, d'affirmer que les faisans paraissent
êre originaires d'Asie. On les trouve aujourd'hui
encore dans les mêmes régions, surtout dans le Cau-
case et dans les plaines voisines de la mer Caspienne.
C'est même dans ce pays qu'ils ont toute leur
vigueur et toute leur beauté. Serait-ce de là que les
faisans se sont propagés jusque dans les glaces de la
Sibérie où ils existent à l'état sauvage? On les trouve
en Afrique, également, sur les côtes du Congo. Les
ailes du faisan toutefois sont peu faites pour les
lointaines migrations.

L'or et la pourpre sont l'ornement habituel de ce
magnifique oiseau. Le plus beau de tous, le faisan
doré, est originaire de la Chine. C'est celui-là,
paraît-il, que les anciens ont décrit sous le nom de
Phénix. Le faisan argenté nous est venu aussi de
l'Empire Chinois.

Le mâle, plus éclatant de couleur que la femelle,
parait être un monsieur fort occupé de lui-même et
qui pour rien au monde ne s'exposerait à gâter sa

toilette. Aussi, laisse-t-il à sa femelle tous les tracas du ménage.

« Bâtis ton nid, ma chère, comme tu l'entendras, ponds, couve, soigne, nourris ta famille, et pour cela cache-toi dans un coin obscur, au pied de quelque grand arbre; moi, je reste au soleil, occupé de lisser mon riche manteau et tout mon plumage. Si je descends sur le sol, ce n'est que pour y chasser aux insectes qui me nourrissent et pour me poudrer au sable le plus fin. Que d'autres oiseaux moins brillants, moins nobles, moins fiers, se changent en misérables artistes, qu'ils se fatiguent à chanter, à bâtir, qu'ils se fassent bêtement les maîtres d'école de leurs mioches maladroits, ils le peuvent et peut-être ils le doivent; mais moi je ne fais rien; je ne me fatigue pas à chanter. On trouve mon cri rauque et sauvage; il suffit à me faire entendre : n'étant ni architecte, ni maçon, ni charpentier, ni pédagogue, je n'ai qu'à promener triomphalement au soleil ma toilette toujours irréprochable; je marche beaucoup, vole quelquefois, mais toujours sans me fatiguer. Je prends femme quelques jours au printemps, mais ma tendresse n'ira jamais jusqu'à la passion. En toutes choses j'aime la sagesse, la modération; l'éclat de mon plumage est mon seul souci. »

Mais en parlant ainsi, l'oiseau discret ne nous dit pas tout; il oublie à dessein sa jalousie, son dépit

de voir auprès de sa femelle un autre mâle étaler sa
beauté. Sur ce point seulement, il sortira de sa prudence ordinaire; on le voit alors s'animer, s'exalter,
entrer en fureur et se battre parfois jusqu'à la mort.
Tout cela par pure vanité de gentilhomme. Il mani-
festera ces sentiments de jalousie même alors qu'il
n'éprouve plus qu'indifférence pour la femelle que
peut-être il abandonnera tout à l'heure.

Les hommes n'ont pas fait la chasse aux faisans
seulement pour s'emparer de leurs plumes et s'en
décorer eux-mêmes; la chair succulente de ces
oiseaux a été de tout temps fort recherchée; aussi
s'est-on appliqué partout à les élever en domesticité.
C'est tout un art que leur élevage et leur nourriture.

Le faisan a passé longtemps pour un oiseau stu-
pide; il n'est que sot et vaniteux; il est cependant
des plus faciles à prendre au piège et il arrive plus
d'une fois que maître Renard en fait lippée.

« Un faisan bien gras, dit Buffon, est un morceau
» exquis et en même temps une nourriture très saine;
» aussi ce mets a-t-il été de tout temps réservé pour
» la table des riches; et l'on a regardé comme une
» prodigalité insensée la fantaisie qu'eut Héliogabale
» d'en nourrir les lions de sa ménagerie. »

Ch. Jobey, en son joli livre : *La chasse et la table,*
a dit en vers les mérites de l'oiseau au point de vue
culinaire :

Le faisan porte en lui les parfums d'Orient,
Justement estimés de la gastronomie
Il procède tout seul à son embaumement :
C'est un fort beau travail... prodige de chimie.

Un faisan ne vaut rien, tenez-le-vous pour dit,
S'il n'est pas conservé douze jours dans sa plume.
Quand il fermente un peu, quand son ventre verdit.
C'est alors seulement que sa chair se parfume.

Piquez votre sujet en choisissant le lard.
Etoffez lui le corps d'une farce savante,
Semez les condiments avec l'amour de l'art;
Enfin truffez le tout..., mais d'une main prudente.

Mettez votre faisan devant un feu de bois,
Placez, sous votre pièce, une riche rôtie
Que des jus odorants inondent à la fois :
Jouissance du ciel que l'ame a pressentie!

Les amateurs pourront aussi sur le faisan consulter Brillat-Savarin.

On a écrit des livres et des livres sur l'art assez difficile d'élever les faisans, si vous désirez vous livrer à cet élevage, lisez-les; il n'est que de s'instruire. Mais combien encore vous aurez de déboires! L'expérience même et une longue expérience ne suffit pas toujours à éviter les déceptions.

LXVII

17 Juin 1884.

MUGUET

J'ai beaucoup parlé, dans ces derniers temps, des transformations et métamorphoses que nos jardiniers actuels savent imposer aux plantes par une excellente culture, par la sélection, par les fécondations artificielles convenablement dirigées; mais il en est de naturellement si jolies, si gracieuses, de si bien partagées et pour l'élégance et pour le parfum qu'il n'est venu encore à personne l'idée de les changer. Parmi ces plantes qui semblent toutes seules être arrivées à la perfection, l'une des plus célèbres et des plus répandues dans nos climats est certainement le muguet qu'on appelait autrefois *lys des vallées*.

« La forme gracieuse de ses fleurs, leur blan-
» cheur virginale, leur réunion en une grappe sem-
» blable à de petites perles globuleuses, deux ou
» trois grandes feuilles ovales, d'un beau vert,
» donnent à cette plante, dans sa simplicité, dit
» M. Hoefer, un charme tout particulier. »

Et il ajoute :

« Le muguet croît jusque dans la Suède, même

» dans la Laponie. Il traverse l'Allemagne, les
» Basses-Alpes et s'avance dans les contrées septen-
» trionales de la France. Il recherche les vallées, les
» côteaux, l'ombre des bois, et les terrains un peu
» secs et pierreux... »

Les lieux mêmes que choisirait l'homme pour un repos délicieux et pour la plus touchante idylle, sont ceux aussi que choisit le muguet. La jolie plante qui fleurit si bien et, ce semble, avec tant de bonheur ne fructifie que rarement, et si l'on trouve partout sa blanche corolle, on ne découvre que çà et là ses baies rouges... Le muguet donc ne se reproduit que très peu de semence, mais ses racines traçantes ou plutôt ses tiges souterraines qui s'étendent en tous sens infatigablement, sont pour lui comme une armée souterraine occupée sans cesse à lui gagner du pays. La petite plante a conquis de cette manière tout le nord de l'Europe, et le beau de cette conquête, c'est qu'elle sait la garder, et le très beau, c'est que les régions envahies ne cherchent nullement à chasser la bonne et belle conquérante. On est heureux, on est fier d'être envahi par elle, tant sa présence a de charme et tant elle est bienfaisante. Voir et respirer le muguet dans nos bois suffirait à nous rendre chère la vie à la campagne.

Mais que parlé-je de *conquête?* quand le muguet

ne vient pas, on va le chercher; on veut l'avoir dans
son jardin, dans son bosquet, dans son parc.

« L'odeur délicieuse du muguet l'a fait introduire
« dans les jardins disent MM. Vilmorin & Andrieux;
» il aime le sol argileux et frais et se plaît à l'ombre.
» On peut l'employer à border les massifs d'arbres,
» ou encore à décorer les dessous des bosquets, les
» parties ombragées des talus, rocailles, etc... »
Un horticulteur anglais fort en renom ne se montre pas moins partisan du muguet :

« Au mois de mai, le muguet *(convallaris majal-*
» *lis)* est ma fleur favorite. C'est une de nos plantes
» indigènes; on la multiplie par division et, une
» fois plantée, il ne faut plus s'en occuper pendant
» des années. Tous les deux ou trois ans, quand
» vient l'automne, je recouvre les plantes d'un peu
» d'engrais. Le muguet n'aime ni trop de soleil, ni
» trop d'ombre » (Alfred Smée, *Mon jardin.*)
Qui pourrait dire combien en France, il s'en
vend de petits bouquets? le muguet se partage avec
la violette le sein des jolies femmes, et qu'il y fait
bien sur les robes de couleur un peu foncées, tandis
que la violette, au contraire, n'a tout son charme
que sur les corsages à fond clair!

Le muguet eut longtemps en médecine une grande
réputation. L'ancienne pharmacie en préparait une
eau distillée qu'on appelait *l'eau d'or.*

Cette eau meveilleuse rendait à ceux qui ne l'avaient plus, la force et la jeunesse.

Sa fleur desséchée et mise en poudre composait un sternutatoire qu'on prisait en guise de tabac et qui, disait-on, guérissait les maux de tête et les maux d'oreille. Figaro, dans le *Barbier de Séville* ne fait si bien éternuer *Lajeunesse* qu'en lui mettant dans sa tabatière du muguet en poudre. Ajoutons que la gracieuse fleur blanche, si délicieusement parfumée, appartenait autrefois à la royale famille des *liliacées;* mais on la lui a enlevée pour la classer parmi les *asparaginées.* Heureusement, la plante, à ce classement nouveau, n'a perdu rien de son charme.

LXVIII

2 Juillet 1884.

PHILOSOPHIE

Je reçois dans ma solitude d'Heurteauville d'étranges lettres et d'étranges communications. Je voudrais répondre au moins à l'une d'elles. Un correspondant tout à fait inconnu joint à sa lettre fort aimable d'ailleurs, un long chapitre métaphysique qu'il intitule : *Philosophie pour tout le monde ;* et le voilà qui essaie de résoudre ces deux petits problèmes : *qu'est-ce que l'homme* et *qu'est-ce que Dieu ?* Dans son anxiété de la solution, il interroge les spiritualistes, il interroge les matérialistes, et comme Panurge, ne pouvant entre l'un et l'autre système trouver assiette complètement sûre, c'est à moi, pauvre jardinier, qu'il demande la lumière. Mais sur ces mystères, le grand, le sage, le divin Pantagruel lui-même ne sut autrefois que répondre et convoqua, pour l'aider en cette solution, le médecin Rondibilis, le philosophe Trouillogan, le théologien Hippothadée, le vieux poète Raminagrobis, et tous ensemble, attelés et suants à la solution de ce problème, ils y restent camus.

Que puis-je donc répondre à mon correspondant, si non l'engager à s'en tenir, comme Candide, à la culture de son jardin? La culture des plantes fournit bien des indications inattendue, même en matière philosophique. Je lisais l'autre jour dans une excellente publication le *Dictionnaire des sciences anthropologiques*, l'article *Acclimatement* où se trouve indiqué ce que peut nous apprendrs l'élevage des animaux domestiques pour notre propre élevage. De même l'étude des plantes, la vue de leurs transformations, l'approfondissement des phénomènes qui se succèdent dans tout le parcours de leur existence de la germination à ce qu' on appelle la mort; tout cela, comptez y, peut en apprendre beaucoup à qui sait bien voir et bien comprendre.

J'en aurais long à dire à mon correspondant et j'eusse aimé à lui donner rendez-vous pour un entretien tranquille sur ces grosses questions; mais il oublie de me douner son adresse. Je l'invite donc à venir sous les ombrages d'Heurteauville causer de tout cela. Peut-être pourrons-nous, aidés du spectacle de la vie des plantes, guidés d'ailleurs par un peu de physiologie, aller dans ces problèmes un pas plus loin que ne le purent autrefois Aristote et Platon dans les jardins de leur temps où cependant on causait si bien! Mais eux mêmes combien ils eussent parlé autrement, s'ils avaient eu, pour explorer la nature qui les entourait, les ressources dont nous disposons!

Ils s'essayaient à deviner l'univers; nous, nous mettons tous nos soins à le scruter : armés de nos télescopes et de nos microscopes, armés de nos appareils à tout peser, à tout mesurer, à peser même l'infiniment grand et l'infiniment petit; ayant pour tous les corps des procédés d'analyse que l'antiquité ne put même soupçonner, pouvant apprécier l'intensité de force de tous les phénomènes : chaleur, mouvement, vitesse; mis à même de changer de l'une en l'autre toutes les énergies de la nature, la science, ou plutôt l'observation, l'expérience et l'expérimentation nous ont enrichis au point de nous montrer dans la matière des qualités divines qu'on ne pouvait pas même imaginer pour l'esprit.

Eh! vraiment, l'esprit se sépare-t-il de la Vie et toute matière ne nous a-t-elle pas été montrée vivante, agissante, transmuable à l'infini, mais impérissable, indestructible, éternelle? Quel enfantillage donc, ô cher correspondant inconnu, que de vouloir encore se parquer en matérialistes et spiritualistes!

Venez avec moi regarder vivre la moindre des plantes, la moindre des bestioles, venez observer sous le microscope la plus simple cristalisation et vous comprendrez qu'Esprit, Vie et Matière ne font qu'un,

Nous admirerons ce grand un, sans trop chercher à le définir encore; et puis nous concluerons ensemble que l'existence de l'être le plus humble offre un spectacle dont la grandeur dépasse tout système.

LXIX

24 Juillet 1884.

UNE NOUVELLE HISTOIRE DES PLANTES

Je lisais, il y a quelques années, le livre de Ch. Darwin sur les *Mouvements et les habitudes des plantes grimpantes*; en voyant tous les détails recueillis sur le mode de croissance de ces plantes, en voyant comment l'illustre naturaliste, retenu par la maladie avait fait placer près de lui une plante volubile, dont il observait et notait tous les mouvements, l'idée m'était venue de faire croître un végétal de la même famille devant un appareil photographique disposé pour prendre à intervalles égaux de trois ou quatre heures une figure de la plante. Malheureusement cette idée fut de celles qui, si souvent, vous viennent à l'esprit sans être suivies d'aucune application.

Mais voilà qu'un ornemaniste rouennais, M. Despois de Folleville, bien connu par sa curieuse publication de la *Botanique de l'ornement*, s'est avisé, non pas de photographier, mais de dessiner de deux jours en deux jours une branche de clématite, depuis son état de bourgeon jusqu'à son entier développement.

Ce travail a pris quatre mois au vaillant artiste,

et comme justement ses occupations pendant ces quatre mois le tenaient à douze ou quatorze kilomètres de Rouen, où il a son habitation entourée d'un joli jardin, il a fallu que, pendant ces quatre mois, tous les deux jours, il revint dessiner sa branche précieuse. Et que d'inquiétudes! Un insecte pouvait ronger et couper tout!

Heureusement la clématite est rarement attaquée par les insectes; mais un oiseau, mais une main indiscrète, ou les enfants, en jouant, pouvaient rendre inutile toute la série des dessins commencés. Aussi, que de précautions! L'œuvre pourtant a été menée à bonne fin. Un heureux hasard m'a fourni l'occasion de voir ces dessins où sont retracés toutes les phases du développement. L'œuvre partait pour Paris lorsque je pus y jeter un instant les yeux. L'auteur ne l'a entreprise que dans un but uniquement artistique; mais quel intérêt elle présenterait, même au botaniste, même au philosophe!

Bernard Palissy, artiste, botaniste et philosophe, avait, lui aussi, donné toute son attention aux plantes grimpantes, et quand il les voyait se diriger en tâtonnant et cherchant vers la branche voisine, il ne pouvait, dit-il que tomber sur sa face, saisi de respect et d'adoration.

M. Despois de Folleville était mû par l'idée que la plante ainsi étudiée lui donnerait des motifs d'ornement qu'elle ne peut fournir à celui qui ne l'observe qu'un moment et qui l'immobilise en ce moment; lui, voulait en suivre les multiples contournements, les attitudes diverses qu'elle prend, quitte et reprend en ses volutes si artistement combinées.

Devant cette série de dessins fournis à l'ingénieux ornemaniste par une seule branche de clématite, j'ai pensé à l'instructif album que la moindre plante pourrait fournir au photographe qui saurait la suivre de sa germination à sa floraison, à sa mise à fruit, etc., etc. De texte, il n'y en aurait pas besoin; la plante elle-même raconterait son histoire, ses efforts, ses tâtonnements, ses luttes, ses combinaisons, ses ruses... et nous pourrions avoir ainsi :

LES AVENTURES D'UNE CAPUCINE

racontées par elle-même.

Et ce qu'il y aurait là de gracieux dessins, de modèles d'ornement pour l'artiste, d'observations nouvelles pour le botaniste, de sujets de réflexion pour le philosophe, on ne le soupçonne même pas. Darwin n'aurait plus à écrire un gros livre sur les mouvements des plantes grimpantes, les plantes elles-mêmes nous l'écriraient, ce livre.

Et toute la **botanique** en serait illuminée et transformée.

Les botanistes n'étudient la plante qu'en l'un de ses organes : **la fleur**; ils l'étudieraient de cette façon en tout son être, en toute son histoire. Toute iconographie botanique n'a su faire du végétal jusqu'ici qu'un être immobile; nous pourrions en cette série de représentations suivre ses mouvements si variés, si nombreux, si incessants. Nous ne verrions pas la plante seulement se développer, diriger ici et là ses rameaux, tourner son feuillage vers la lumière, s'incliner, se glisser, se dresser; nous la verrions dormir, s'éveiller, sourire et s'ouvrir aux insectes amis, nous la verrions lutter contre ses ennemis. Ses joies, ses douleurs, c'est la plante elle-même qui les exprimerait. Qu'un photographe intelligent me comprenne et bientôt nous les aurons, ces *Aventures d'une capucine racontées par elle-même.*

Mais, d'autre part, je vous en préviens, botanistes, mes chers amis, une telle histoire des plantes, écrite par les plantes elles-mêmes, serait la fin de tous vos livres, de toutes vos classifications, de toutes vos théories et de tous vos grands mots.... l'homme et la plante se verraient enfin face à face, sans intermédiaire, et, peut-être, en arriverions-nous, confondus et ravis, à dire à la plante comme François d'Assises : *soror, amica mea... Ma chère sœur!*

LXX

15 Septembre 1884.

GEAIS

Il y avait à Angers un vieux oncle appelé Frapin;
il y avait dans la même ville, un barbier du nom de
Bavhart. Le vieux oncle faisait ses délices d'un geai
qu'il avait pris en grande amitié à cause de son babil
par lequel il invitait tous les survenants à boire;
jamais ne chantait que de boire et l'oncle l'avait
surnommé son *Guoitrou*. Le barbier, son voisin,
avait une pie privée et bien galante...

C'est Rabelais qui nous a raconté l'histoire étrange
de cette pie et de ce geai. Ecoutez donc la suite;
c'est toute une épopée grandiose :

Il advint qu'en Bretagne, peu de temps après la
bataille livrée près de Saint-Aubin-du-Cormier, des
contrées du Levant advola un grand nombre de geais
d'un côté, un grand nombre de pies de l'autre tous,
se dirigeant vers le Ponant. Ils se côtoyaient avec un
tel ordre en leur vol que vers le soir les geais faisaient leur retraite à gauche et les pies à droite, assez
près les uns des autres.

Partout où ils passaient, il ne demeurait pie qui

ne se ralliât aux pies, ni geai qui ne se joignit au camp des geais. Tant allèrent, tant volèrent qu'ils passèrent sur Angers en nombre si considérable qu'ils enlevaient la clarté du soleil aux terres sous-jacentes.

Le geai du vieux oncle Frapin et la pie de Bavhart, en furie martiale, rompirent leurs cages et s'en allèrent augmenter, chacun de leur personne, l'armée des pies et celle des geais...

« Voici, dit Rabelais, des choses grandes et paradoxales vraies, toutefois notées, et avérée » — et Rabelais a raison, on a plusieurs fois constaté des cas analogues au temps ou les geais et les pies vivaient en assez grand nombre pour se réunir ainsi par bandes formidables. — « Notez bien le tout, continue l'auteur de *Pantagruel,* qu'en advint-il? quelle en fut la fin? Ce qu'il en advint bonnes gens! Cas merveilleux. Près de la Croix de Malchara, la bataille fut si furieuse que c'est horreur seulement d'y penser; la fin fut que les pies perdirent la bataille et furent félonnement occises jusqu'au nombre de 2,589,362,109, sans les femmes et les petits enfants, c'est à dire sans les femelles et petits piaux, vous entendez cela. Les geais restèrent victorieux, non toutefois sans perte de plusieurs de leurs bons soldats, grande douleur pour tout le pays...

« Or, le guoitrou, trois jours après, revint de ces

guerres tout hallebrené et déplumé, avec un œil poché.

« Toutefo's, peu d'heures après qu'il eut repu à son ordinaire, il se remit en bon sens. Le plaisant peuple et les écoliers d'Angers, par bandes, accouraient voir guoitrou le borgne ainsi accoutré. Guoitrou les invitait à boire comme de coutume, ajoutant à la fin de chaque invitatoire : *Croquez-pie*. Je suppose que tel était le mot du guet au jour de la bataille, tous en faisaient leur devoir. La pie de Bavhart ne revenait point. Elle avait été croquée... »

— Voilà! dites-vous une belle invention de François Rabelais!..

Et bien! non, François Rabelais, ici, n'invente rien que tout au plus ce prétendu mot du guet *Croquezpie;* mais pour tout le reste, son récit n'est qu'une curieuse et très exacte page d'histoire, et c'est en même temps une bonne page d'histoire naturelle. Nous verrons tout à l'heure que Buffon eut connaissance de ces batailles de geais contre les pies et qu'il les crut possibles.

Mais commençons par consulter l'histoire et, je vous prie, ouvrons Mezerai au chapitre de Charles VIII ; nous y trouverons ceci :

« Les troupes des bretons et celles des Français ligués s'étaient joints pour aller au secours de Fougères, malgré les sages conseils du maréchal de

Rieux. En chemin elles savent que la place avait capitulé et Saint-Aubin-du-Cormier pareillement, l'armée du Roi que La Trémouille commandait, craignant qu'elles n'allassent reprendre Saint-Aubin marcha à la rencontre. La bataille se donna près du bourg d'Orange, entre Rennes et Saint Aubin, le 28 juillet 1488. La victoire demeura à La Trémouille, le duc d'Orléans et le prince d'Orange qui s'étaient mis à pied, et combattaient avec les bretons, y furent faits prisonniers, six milles des leurs y perdirent la vie... »

Puis vient cet alinéa :

« Quelques jours avant cette bataille, il y en avait eu une autre en l'air; on avait vu de grandes bandes de geais et de grandes bandes de pies s'acharner tellement de bec et d'ongles les unes contre les autres que la terre fut toute couverte de ces oiseaux morts. »

Voilà pour l'histoire et l'histoire prise dans le grave Mezerai. Quant à l'histoire naturelle, on lit dans Buffon, à l'article *geai* que l'instinct de cet oiseau « rend croyables ces batailles que l'on dit s'être données entre des armées de geais et des armées de pies. »

Si de tels combats ne se voient plus de nos jours, c'est que ni les geais ni les pies ne sont assez nombreux pour se réunir en troupes, comme ils le faisaient autrefois. L'usage partout adopté des armes à feu a trop amoindri le monde des oiseaux pour qu'ils aient à se préoccuper d'autre chose que de leur conservation individuelle.

Buffon dit des geais que « s'ils aperçoivent dans les bois un renard ou quelque autre animal de rapine, ils jettent un certain cri très perçant comme pour s'appeler les uns les autres, et on les voit, continue-t-il, eu peu de temps rassemblés en force et se croyant en état d'en imposer par le nombre ou du moins par le bruit. Cet instinct qu'ont les geais de se réunir à la voix de l'un d'eux, offre plus d'un moyen pour les attirer dans des pièges. »

Un de ces moyens et des plus originaux m'était indiqué, il n'y a pas longtemps par mon vieil ami le *père Noury* d'Elbeuf.

Vous vous procurez un geai vivant et c'est de ce geai lui-même que vous ferez un piège pour les autres : vous commencerez par étendre l'oiseau à terre sur le dos, les pattes en l'air, en fixant ses deux ailes à l'aide de petites fourchettes fortement enfoncées dans le sol. Le geai dans cette position pousse des cris terribles en agitant ses pattes violemment. Cachez-vous près de là; vous verrez aussitôt les autres geais s'approcher, l'un d'eux vole au secours de son camarade enchaîné, mais celui-ci, dans son affolement enlace de ses pattes et de ses ongles son sauveteur sans vouloir plus le lâcher; vous arrivez alors et vous emparant du nouveau venu vous l'étendez à la place du premier que vous mettez en cage, quatre secondes ne se passent pas qu'un troisième geai ne vienne se faire prendre par le deuxième et vous aurez ainsi, jusqu'au dernier, tous les geais du pays.

Après cela, lecteurs, après ce renseignement pris sur le vif, vous décrirai-je le pétulant oiseau, son joli plumage, ses ailes bleues et noires, sa huppe mobile et menaçante, son agitation incessante, ses cris, ses colères, ses fanfaronnades, et quelquefois ses éclats de rire, ses imitations moqueuses du langage des autres animaux, sans en excepter l'homme. Vous dirai-je sa voracité pour toutes les denrées, ses appétits cruels jusqu'à l'assassinat des oiseaux plus faibles ou nouvellement éclos? Elevé en captivité, il se fera voleur comme la pie, dissimulé, menteur, et surtout hâbleur. Il crie, saute, s'agite, pique au pied les uns et les autres, n'est occupé dans tout le logis, quand on l'y laisse libre, qu'à mal penser, mal parler et mal faire, Quelque chose pourtant plaît toujours en lui, c'est sa gaîté, son audace, les bons tours qu'il sait faire aux chats, aux chiens, dont il devient maître en peu de temps.

C'est toujours le Guoitrou du vieux oncle; il a beau être hallebrené, déplumé, écourté de queue,

l'œil poché, il vous amusera encore de son rauque
babil, et gaiement, comme par le passé, si la chose
lui fut apprise, il vous invitera à boire, raillant
même après l'avoir croquée la pie du barbier.

Voilà pour les enfants et même pour beaucoup
d'hommes et de femmes, l'histoire naturelle comme
elle est enseignée par François Rabelais, qui fut en
toutes choses un grand maître et qui eut, comme
personne, l'esprit éducateur. S'il eut connu le procédé Noury, de prendre messieurs les geais, il n'eut
pas failli, soyez-en sûr, à le noter dans son *Pantagruel* et l'eut ajouté à l'histoire du Guoitrou.

LXXI

15 Octobre 1884.

PIE

Un lecteur m'invite, ayant parlé du geai, à parler maintenant de la pie. Je m'en garderai bien.

La pie est un oiseau de tant d'esprit et d'un esprit si *rusé*, si *vif*, si intrigant, si gouailleur, elle est d'ailleurs de sa personne si remuante, si brusque d'allure, de vol, de marche, qu'on ne saurait un instant l'observer en repos. J'ai parlé de marche; mais elle ne marche pas, elle saute. Et comment saute-t-elle? est-ce en avant? est-ce en arrière? en vérité, l'on n'en sait rien, tant elle saute de travers. Tout en ses mouvements est à la fois oblique et comique. Occupée à tout parodier, et ce qu'elle entend et ce qu'elle voit, on dirait parfois qu'elle se parodie elle-même et qu'elle joue à la caricature. Dans ses actions les plus sérieuses (s'il y a du sérieux pour la pie) elle entremêle la feinte, le jeu, la farce. Sa passion, c'est le dérisoire.

Les voici, par exemple, au printemps, mâle et femelle, très régulièrement mariés. Ensemble vous les voyez s'empresser de bâtir un nid superbe : ils vont, ils viennent, transportent de longues branches, cognent, charpentent, menuisent, maçonnent à grand bruit. Le bec ne leur clôt, la femelle ne cesse de parler au mâle, qui toute la journée répond à la femelle, et le nid, au sommet du plus bel arbre, prend des proportions gigantesques. Eh bien? ce nid est un faux nid, c'est une *farce* à l'enfant ou même au chasseur qui les guette. Le véritable nid se fera dès l'aube, avec mystère, en un lieu caché, si haut, sur une branche si faible, que l'enfant le plus léger, le plus adroit ne l'atteindra qu'au péril de sa vie. Combien s'en est-il tué de jeunes dénicheurs de pies! C'était dans nos anciens villages, en la saison des nids, une histoire de tous les jours et que partout vous entendiez raconter. Je lis dans une vieille comédie :

« Ce pauvre dièble était allé dénicher des pies sur l'orme de la commère Massée. Dame, comme il était au coupiau, le v'la, bredi, breda, qui commence à griller tout à vau les branches et cheit une grande escousse, pouf! à la renverse... diable sait de la pie et des piaux! »

Soyez sûr qu'au pouf du malheureux gars qui en tombant « s'escrabouillit la cervelle » vous eussiez entendu dans le nid le père et la mère pies et les piaux crier en riant l'aventure à toutes les autres pies.

— Ah! tu voulais, bambin, nous prendre nos
petits! te voilà mort, c'est bien fait!

Et toute une semaine en retentira la Gazette des
pies. *La Gazette des pies.* Ce sont les pies elles-
mêmes, les entendez-vous redire à milliers d'exem-
plaires l'aventure? Ne pensez pas néanmoins que
dans le peuple pie, personne s'avisera jamais de
prononcer à propos de cet événement les grands
mots de justice, de crime ou de châtiment; non
c'est une simple farce, une gouaillerie énorme.
L'existence de la pie ne vous présentera qu'une série
de ces bons tours malicieusement préparés. La comédie, la comédie grotesque de tout ce qui l'entoure,
voilà le bonheur de la pie, au demeurant bonne
fille, malgré ses bavardages et ses commérages,
ayant pour l'homme grande sympathie; mais gardons-
nous de dire *sympathie et respect.* La pie ne respecte
rien; les ridicules de l'homme sont d'ailleurs trop
visibles pour qu'à son endroit elle ne s'en donne
pas à cœur joie, volontiers elle entrera dans sa familiarité, mais à la condition de lui rire au nez même
en cage.

La laissons nous libre au jardin ou dans la maison,
dès le premier moment elle n'y sera pas seulement
libre, elle y sera maîtresse. Eussiez-vous vingt chiens
et vingt chats, vous les verrez tous endurer ses aga-
ceries, elle leur fera jouer avec elle les comédies les

plus drôles. Vous même serez contraint d'y prendre votre rôle qui sera souvent celui de victime cocasse; mais loin de vous en plaindre vous aurez plaisir à ses *farces*, à ses inventions continuelles, à ses *folies*, car il y a dans sa cervelle trop active un élément fou; heureusement, elle semble elle-même ne pas se prendre au sérieux.

Son plumage blanc et noir, mais d'un noir aux reflets superbes où semblent percer le bleu, le rouge, le vert, cette queue longue, effilée, raide et dressée en l'air, ces attitudes singulières, mal d'aplomb, toujours remuantes, cet éternel besoin de voir, de chercher, d'espionner les personnes, de déplacer, emporter et cacher les objets, évidemment pour faire niche, font de la pie une créature à part. Elle a été dans le monde des oiseaux ce qu'a été le renard parmi les mammifères. Elle a empêché qu'on ne crut au manque total d'intelligence chez les animaux; on a même observé depuis longtemps que la pie sait compter.

Dès leurs premières plumes les petits piaux reçoivent de père et mère des leçons d'arithmétique: on leur apprend à compter jusqu'à cinq.

C'est ici (comme chez le renard), c'est dans l'éducation des petits que la pie a vraiment son beau côté. Pour abriter, nourrir, soigner, éduquer la nichée, nul oiseau ne la surpasse. Sa vie en famille est admirable : concorde, amitié, gaieté, bombance, entretiens joyeux et instructifs, c'est plaisir que d'observer tout cela, même de loin, même en entendant que l'on apprend aux piaux à se moquer du monsieur qui de là bas regarde.

Eh bien! nai-je pas raison de me refuser à parler d'un oiseau si difficile à peindre, si mobile, si divers, si madré, si comédien, dont la vie semble n'être que déguisement, imitation d'autrui et moquerie perpétuelle? En parle qui voudra et qui saura ; moi, pour rien au monde, je n'en voudrais dire un mot et vous apprécierez et louerez, j'en suis certain, la prudence du vieux jardinier ignorant.

LXXII

19 Novembre 1884.

MERLE

Un oiseau tout noir avec pieds noirs et bec noir, ne peut être qu'un oiseau sinistre; nous l'avons, et c'est le corbeau. Mais un oiseau noir, avec bec jaune et pieds jaunes, voilà qui est bien différent. Ce bec et ces pieds donneront au volatile **un tout autre** caractère. A la joyeuse couleur du bec et des pieds, ajoutez une queue noire à la vérité, mais longue, mobile, toujours remuante..., et puis donnez à tout l'ensemble de l'être la légèreté, la vivacité, une agitation incessante et gaie. Eclairez ce long bec de deux yeux ardents, spirituels, moqueurs; supposez avec les allures brusques, un caractère franc, des habitudes causeuses, chanteuses, ajoutez beaucoup de tendresse, et vous avez le merle.

Le noir du corbeau est un noir à reflets métalliques où le bleu, le rouge même, comme dans les parties noires de la pie, semblent miroiter au soleil. Le noir du merle est un noir franc, profond, vrai, sans hypocrisie, sans reflets brillants et trompeurs.

Il porte l'habit noir; mais il n'est pas en deuil. Sa coiffure et sa chaussure nous le montrent. D'ailleurs il rit, saute, danse, lance à toute minute des notes enjouées. Ecoutez, il prend place au pupitre et le voilà qui module d'une voix puissante et gracieuse sa chanson du matin, et puis allez vous-même lui faire entendre quelque douce mélodie et voyez s'il écoute en véritable artiste, voyez si du regard il ne vous prie pas de recommencer. Vous la recommencez, en effet, deux, trois et quatre fois; alors vous l'entendrez s'essayer lui-même à la redire; mais elle n'est pas dans sa voix... revenez demain; il l'aura transposée, modifiée en deux ou trois points, et, dit Guesneau de Montbelliard, il l'aura *embellie*. Est-ce un musicien, cet oiseau, et lui refuserez-vous la faculté d'étudier et d'apprendre?

Voyons-le dans d'autres circonstances; voyons-le aux premiers jours de mars, il est alors nouvellement marié. La jeune épouse en son plumage gris, un peu moucheté, bec gris, pattes grises, robe, coiffure et chaussure de ménagère rustique, ne visant ni à l'art, ni à la science, parce que de naissance elle a reçu toute une éducation divine : le nid, c'est elle qui va le bâtir; architecte, maçonne, charpentière, tapissière et matelassière admirable.

Tout le temps qu'elle travaillera au nid, tout le temps qu'elle couve, le mâle heureux reste auprès d'elle et chante. Vous l'avez entendu plus d'une fois à la campagne ou même dans les jardins, aux environs des villes, vous avez été dès l'aube éveillé par cette voix pleine d'allégresse; à la tombée du soir un chant encore vous attire et c'est celui du merle mâle. La femelle cependant va, vient, charrie la terre et maçonne, apporte du bois et charpente, amasse toutes sortes de fibres légères, crins, soie, duvets. Le mâle partout l'accompagne en chantant. La voilà sur ses œufs et lui près d'elle sur une branche se contente de chanter.

L'humble et modeste ménagère n'en est pas moins une musicienne d'un goût exquis, heureuse de ce chant qu'elle écoute avec passion. Mais, attendez, voici que sous elle un petit cri se fait entendre; c'est la couvée qui éclot un, deux, trois, quatre et cinq petits, le bec ouvert et demandant la pâtée. La mère part, revient, repart, s'agite; le mâle, éperdu de bonheur, n'a plus de voix pour chanter, saisi d'attendrissement et de respect pour cette mère infatigable, il part avec elle, apporte avec elle la pâtée; ce n'est plus un artiste, c'est le plus attentif des pères nourrissiers. On sent et l'on partage, rien qu'à l'entrevoir, le bonheur de ces oiseaux.

Continuons de les observer : on ne nourrit pas seulement les petits, on les soigne, on les nettoie, on les morigène, on les instruit, on leur fait à mi-voix mille petits discours; enfin les voilà qui s'envolent, les voilà qui mangent seuls.

C'est alors que le père, mieux que jamais, reprend ses concerts; il a maintenant pour l'entendre tout un auditoire, il instruit sa nichée en ce bel art musical, aussi, a-t-il, de temps en temps, de vrais cris d'allégresse.

Laissez-moi maintenant, lecteur, vous conter un trait qui s'est passé sous mes yeux. Un jeune merle éclos depuis un jour ou deux et tout à fait sans plumes fut confié aux soins d'une petite fille, celle-ci sut parfaitement élever le pauvre petit, et voici ce qui arriva : le jeune merle mangeait seul depuis deux ou trois jours lorsqu'un mauvis, lui aussi nouvellement éclos fut placé dans sa cage; la fillette le nourrissait très bien, mais une absence de deux heures, un certain jour, mit en grande disette le pauvre oisillon qui ouvrait en vain son large bec; le croirez-vous? le jeune merle qui lui-même ne mangeait seul que depuis quelques jours, comprit la misère du pauvre petit, vint à son aide, lui donna la pâtée... et continua jusqu'à la fin de lui servir de mère.

Je dois ajouter que le jeune merle était une femelle.

Déjà Guesneau de Montbeillard avait relaté un fait analogue.

« L'auteur du *Traité du Rossignol*, dit-il, assure
avoir vu un jeune merle de l'année, mais déjà fort,
se charger volontiers de nourrir des petits de son
espèce nouvellement dénichés; mais cet auteur ne
dit pas de quel sexe était ce jeune merle. »

Vous parlerai-je maintenant de la bravoure de
l'oiseau? Je crois vous l'avoir déjà signalée à propos
du renard. Si le merle surprend le brigand dans
une embuscade contre quelque oiseau, il osera l'attaquer, c'est à dire voler autour de lui en poussant
des cris terribles qui le feront renoncer à son crime.
D'autres merles venant en aide au premier, maître
renard sera poursuivi et pourchassé jusqu'en son
gîte, où il devra rentrer « honteux et confus »

Que pensez-vous de ces détails auxquels s'en pourraient ajouter tant d'autres?

Pour moi, je trouve qu'ils suffisent à rendre cher
à tous le bel oiseau chanteur, en qui nous avons
trouvé l'intelligence, la tendresse, les goûts artisti-
ques, la bravoure et l'esprit secourable.

LXXIII

19 Décembre 1884.

CERF

En parlant de *Maître Renard* autrefois et plus récemment de *Margot la Pie,* j'ai essayé de montrer que par leur intelligence si manifeste, ces deux animaux ont été cause que les philosophes, en dépit de tant de systèmes anti-nature, n'ont pu refuser absolument toute intelligence à la bête; je voudrais aujourd'hui montrer que, grâce au cerf, nous n'avons pu nier la sensibilité aux chers animaux. Le cerf a le don des larmes.

Le rire seul, dit-on, a été refusé aux bêtes, mais la chose est-elle certaine? N'avez-vous jamais crû entendre le rire joyeux de certains oiseaux, et le geai, la pie, ne vous ont-ils jamais poursuivi de leurs éclats moqueurs et sarcastiques.

Votre chien, votre cheval, ne vous ont-ils jamais accueilli de leur bon rire, un peu grimaçant, mais sincère et plein d'amitié.?

Donc les animaux doivent aux cerfs de n'avoir pas été réputés tout à fait brutes du côté des sentiments et de la tendresse. Toute la terre les a vus pleurer. Aussi partout où l'on a parlé du noble animal n'en a-t-on parlé que pour en faire l'éloge. Sa grâce, sa douceur, son incomparable agilité ont causé partout l'admiration. Sa femelle, la biche, tendre et prudente mère, a touché tous les cœurs. La biche et son faon ont donné lieu chez tous les peuples, aux plus touchantes histoires. J'ai dit la biche et son faon, il serait plus juste de dire la biche et ses faons, car elle a ordinairement deux petits qu'elle entoure de soins et de caresses.

Les cerfs ne sont pas seulement les plus élégants et les plus agiles des ruminants; ils n'ont pas seulement la grâce et la légèreté de leur corps, la délicatesse de leurs jambes, ils ont le miracle de leur bois, qui chaque année tombe et se renouvelle, toujours plus élevé, plus fort, plus nombreux en ramifications. Le nom de *bois* donné à ce riche appendice montre bien que longtemps sa végétation fut assimilée à celle des arbres. Buffon lui-même, au siècle dernier, ne sut pas encore se dégager de cette vieille erreur. Les bois du cerf commencent d'ailleurs d'entrer en végétation, comme les arbres, aux approches du printemps, en mars et avril. Un mois suffit à leur complet développement. Quelques naturalistes affirment que des bois pesant vingt-huit livres ont pu se former en six semaines.

Les cerfs donnent à sept ans leur sixième bois, dont les dix ramifications les font nommer cerfs *dix-cors*. Ce nombre de dix ou douze ramifications est rarement dépassé, quel que soit, dit-on, l'âge de la bête; mais cela ne tiendrait-il pas à ce que les cerfs, si cruellement détruits par les chasseurs, n'atteignent que très rarement l'âge où ce nombre pourrait être surpassé? On raconte, en effet, qu'un roi de Prusse, en 1696, tua un *soixante-six* cors.

Les cerfs mâles, qui seuls possèdent cette coiffure guerrière, s'en servent pour se livrer entre eux des combats terribles, auxquels mesdames et mesdemoiselles les biches assistent avec la plus apparente tranquillité.

La chasse aux cerfs a été dans tous les siècles un des plus grands plaisirs aristocratiques. C'est ainsi que l'innocent animal est devenu la bête symbolique de *ces plaisirs barbares de l'homme,* comme dit si bien La Fontaine. Buffon cependant, un siècle après le fabuliste, à fait à propos du cerf un éloquent éloge de la chasse qu'il place au rang des plus nobles plaisirs. Mais n'empruntons au grand naturaliste que sa description du bel animal :

« Le cerf paraît avoir l'œil bon, l'odorat exquis et l'oreille excellente. Lorsqu'il veut écouter, il lève la tête, dresse les oreilles, et alors il entend de fort loin : lorsqu'il sort dans un petit taillis ou dans quelque endroit à demi découvert, Il s'arrête pour regarder de tous côtés, et cherche ensuite le dessous du vent pour sentir s'il n'y pas quelqu'un qui puisse l'inquiéter. Il est d'un natnrel assez simple, et cependant il est curieux et rusé : lorsqu'on le siffle et qu'on l'appelle de loin, il s'arrête tout court et regarde fixement et avec une espèce d'admiration les voitures, le bétail, les hommes; et s'ils n'ont ni armes, ni chiens, il continue à marcher d'assurance et passe fièrement et sans fuir. Il paraît aussi écouter avec autant de tranquillité que de plaisir le chalumeau ou le flageolet des bergers... »

Quel agréable compagnon le cerf aurait été pour l'homme si les chasseurs, les chiens et les armes à feu ne l'avait dès longtemps réduit à une incessante terreur! En domesticité nul animal plus charmant. Partout on le retrouve et partout les hommes ont été saisis de sa beauté, de sa douceur de sa fierté de son courage. Avec cela doué manifestement d'intelligence et de tendresse, il a été aux yeux de tous les peuples, une des gloires les plus pures de l'animalité. Grâce à lui, grâce à quelques autres, les hommes ont été forcés au respect de la bête. Un philosophe, enfermé dans son cabinet, loin de la nature vivante, a pu écrire que les animaux ne sont que des machines; mais un tel blasphème jamais n'eut été possible à celui qui les a vus vivre; les chasseurs eux-mêmes, tout en leur faisant la guerre; protestaient en faveur de leur intelligence. Il faut toujours sur ce point renvoyer au discours de La Fontaine à Mme de la Sablière :

> ... Cependant quand aux bois
> Le bruit du cor, celui des voix
> Ne donnent nul relâche à la fuyante proie
> Qu'en vain elle a mis ses efforts
> A confondre et brouiller la voie,
> L'animal chargé d'ans, vieux cerf et de dix cors,
> En suppose un plus jeune et l'oblige par force
> A présenter aux chiens une nouvelle amorce!
> Que de raisonnments pour conserver ses jours!
> Le retour sur ses pas, les malices, les tours,
> Et le change et cent stratagèmes.
>
> . . . .

On sent dans ces vers que le naturaliste-poète avait étudié les animaux ailleurs que dans les livres; il les avait regardés vivre. Et nul docteur là-dessus, s'appela-t-il Descartes, ne pouvait le tromper.

Mais revenons aux cerfs, et disons que leur vie serait de quinze à vingt ans s'il était possible même à quelques uns d'atteindre un pareil âge. On ne meurt guère de vieillesse dans la *Cité des bêtes*, et notamment dans cette innocente tribu des ruminants.

Dans les anciens âges du globe, les cerfs paraissent avoir existé en quantités et en variétés considérables. Cette abondance et cette prospérité de la douce et belle créature doivent être attribuées sans doute à ce que l'homme, le seigneur homme n'avait encore en ce monde qu'une petite action. Les armes manquaient.

Mais l'arc, les flèches et le fusil sont venus. Les bêtes ont été vaincues... Le seigneur Homme s'est fait Roi et s'est déclaré sage : *Homo Sapiens*. Que faut-il donc, ô ciel! entendre par *Sagesse?* si vous le savez lecteur, veuillez nous l'apprendre. Le vieux jardinier vous en serait. pour son compte, **très** reconnaissant.

LXXIV

5 Janvier 1885.

RÉPONSE A DES CHASSEURS

> Cet animal est très méchant,
> Quand on l'attaque, il se défend.

Le lecteur peut-être se rappellera que dans notre dernière causerie (il y a bientôt trois semaines) je l'entretenais du cerf. Je disais, après tant d'autres, la douceur, la beauté, l'élégance, la rapidité l'intelligence et les ruses du noble animal, quand il est poursuivi. J'insistais particulièrement sur la timidité charmante du cerf et surtout de la biche.

Mais des chasseurs, paraît-il, ont ri de ces éloges, suivant eux naïfs.

« — Il faut, se sont-ils exclamés, que le père Labêche, pour parler ainsi, n'ait jamais vu le cerf au milieu des chasseurs ; s'il avait reçu de la bête aux abois ou s'il avait vu seulement ses chiens ou son cheval recevoir du cerf abattu et blessé un coup terrible *d'andouiller*, sans doute il ne parlerait pas comme il fait de ses douceurs et de son innocence. »

— Mais, messieurs, depuis quand la douceur et l'innoceuce excluent-elles le courage ? s'il est vrai

que parmi les hommes les caractères vraiment
héroïques sont aussi ceux où se remarque la douceur, il en est souvent de même chez les animaux.
Savoir se défendre fut dans tous les siècles une
vertu.

Et quel animal s'est-il jamais vu plus odieuse-
ment, plus lâchement attaqué que le cerf? et quel
animal, sur ce misérable globe, a montré dans cette
lutte inégale et impie une plus admirable intrépi-
dité? Les hommes ne se mettent pas seulement cent
contre un dans la chasse au cerf, ils ajoutent à leur
insuffisance propre la rapidité du cheval, la férocité
des chiens, et puis les voilà lancés en un *tourbillon*
de folie contre la bête, je le répète, innocente et
inoffensive. Je n'ai en toute ma vie assisté qu'une
fois à un *courre au cerf*, il y a trente ans de cela,
et l'horreur encore me saisit au souvenir de l'ignoble
curée. Et jamais depuis (qu'on m'excuse si c'est
mal) je n'ai pu pardonner à Buffon son éloge de la
chasse c'était chez lui, je le sais, préjugé de gentilhomme, mais il eut été digne du grand naturaliste
de s'élever au-dessus de ces réminiscences de nos
origines bestiales. Le centaure, en grattant un peu,
se retrouve vite chez le gentilhomme. Il se retouve-
rait encore chez les veneurs de haute volée. Hercule
terrassant l'hydre, c'est noble et c'est beau. Mais
une centaine de messieurs à la poursuite effrénée et

impitoyable d'un être inoffensif, c'est un spectacle qui ne mérite autre épithète que celle d'*abominable*.

Maintenant, explique qui pourra cette contradiction. J'ai connu, je connais des hommes honnêtes et bons qui n'en ont pas moins cette passion de la chasse, et qui, ces jours-ci vont me reprocher amèrement mes sévérités contre un si recommandable divertissement. Ils me reliront au besoin la tirade du seigneur de Montbard... :

« Pour rendre le plaisir de la chasse plus vif et plus piquant, pour ennoblir encore cet exercice, le *plus noble de tous,* on en a fait un art. La chasse du cerf demande des connaissances qu'on ne peut acquérir que par l'expérience; elle suppose un appareil royal, des hommes, des chevaux, des chiens, tous exercés, stylés, dressés.... »

Et bien! aux yeux du plus vrai, du plus humainement profond de tous les naturalistes, aux yeux de Jean La Fontaine, cette participation du cheval et du chien a fait le déshonneur de l'un et de l'autre : Voyez la fable du cheval voulant se venger du cerf et rappelez-vous cette sentence sur le chien,

Ce maudit instrument
Des plaisirs barbares de l'homme.

Erasme, un des grands esprits du seizième siècle a dit des chasseurs, savez-vous quoi? qu'ils ne tirent de cet exercice « que de devenir eux-mêmes sauvages, en s'imaginant qu'ils vivent en Rois. »

Barbe-Bleue ou Gile de Retz entretenait, développait par les plaisirs de la chasse cette cruauté qui lui faisait si royalement assassiner ses sept femmes. Le monde a frissonné mille ans au cri de la victime, attendant, invoquant un secours.

« Anne, ma sœur Anne, ne vois-tu rien venir? »

Ce que la sœur Anne eut pu voir venir, si la chose n'eut été encore trop éloignée, Michelet l'a dit quelque part, c'était l'élan de justice et d'humanité du dix-huitième siècle, c'était la Révolution, c'était la fin dn moude féodal.

Buffon a laissé cette tâche à sa gloire, parmi les réformateurs du dix-huitième siècle, de s'être fait le défenseur attardé des plaisirs de Barbe-Bleue.

Quant au cerf, je l'applaudis de savoir se défendre contre le chasseur. C'est son droit, il en use courageusement et fièrement. Il sait en présence de la force invincible et impitoyable se montrer héroïque et superbe.

Honneur, trois fois honneur au cerf!..

> Cet animal est très méchant,
> Quand on l'attaque, il se défend.

LXXV

29 Janvier 1885.

ALOUETTE

> La gentille alouette avec son tire-lire
> Tire-lire à l'iré...

Pour sûr, je vous ai parlé de « la gentille alouette », mais il y a si longtemps que ni vous ni moi ne nous rappelons ce que j'en ai pu dire. La saison, je le sais, n'est pas d'aller aux champs entendre les alouettes, elle est de les manger, et malheureusement on les mange en trop grand nombre, les jolies chanteuses ; nulle pitié pour elles, on chasse, on tue et l'on dévore même les oiseaux qui leur ressemblent et que l'on vend comme alouettes sur nos cruels marchés. On fera si bien qu'à la fin, ce spectacle deviendra très rare de voir l'intrépide oiseau s'élever du sol, en ligne verticale et monter, monter, monter jusqu'à disparition à l'œil de sa petite personne ; mais sa voix sonore et sympathique ne cesse pas de se faire entendre ; elle chante, la gentille alouette, elle chante infatigablement. Chant et vol sont pour elle un triomphe. Cette vigueur de larynx, ce don de l'aviation verticale sont un des traits caractéristiques de l'oiseau si français, si gai, si courageux, si actif, si sociable.

Mais prenez garde, la chanteuse qui tout à l'heure s'élevait gracieuse et radieuse au plus haut des airs, la voici qui soudainement en retombe, muette et rapide comme une pierre. Vous courrez à l'endroit de sa chute; légère de jambes et coureuse rapide, elle est déjà loin. Et tout à l'heure vous la reverrez en l'air, au dessus de votre tête, riant et faisant éclater de nouveau son joyeux tire-lire. Les alouettes sont partout aimées; d'abord elles sont, quant à leurs mœurs, l'innocence même. Elles se nourrissent de graines, mais de graines sauvages, qu'elles entre-mêlent de vers et d'insectes. Elles peuvent donc être classées parmi les oiseaux utiles.

En hiver, elles vivent par troupes nombreuses, et l'on sait si les chasseurs profitent de leurs attrou-pements.

C'est par charretées qu'elles arrivent mortes sur les marchés publics.

D'oiseaux utiles, d'oiseaux charmants, d'oiseaux sociables, doux, bien doués, d'oiseaux artistes, d'oi-seaux modèles, elles deviennent oiseaux martyrs. Quoi de plus naturel, et de mieux en rapport avec le train ordinaire de ce monde!

Eh bien! tendez vos filets, armez vos fusils, tirez et tuez, les survivantes n'en chanteront pas une chanson de moins; elles ne s'en élèveront pas d'un centimètre moins haut dans leurs ascensions vers le ciel, elles n'en auront pas moins de tendresse à couver leurs œufs, à soigner leurs petits...

Dame alouette sera quelquefois dérangée et troublée dans son petit ménage, souvent on l'y verra en retard pour ceci ou cela, comme son aïeule qui, dans La Fontaine,

> Bâtit un nid, pond, couve, fait éclore
> A la hâte. Le tout alla du mieux qu'il **put.**

Quel observateur que ce La Fontaine! et quel peintre, quel historien de la *Cité des bêtes!*

Malheureusement nombre de gens, même instruits, même très instruits et pleins d'érudition, en sont encore à soupçonner que le fabuliste dit et peint toujours vrai. On le croit *fantaisiste*, et personne plus que lui ne suit pas à pas la réalité : il l'a vue l'alouette, il l'a vue sur son nid, « dans les blés quand ils sont en herbe », il l'a vue au milieu de ses petits, qu'elle guide, instruit, morigène. Il l'a suivie des yeux dans le ciel, s'est aveuglé, ébloui, cent et cent fois, à l'observer là-haut, tout là-haut, jusque dans la nuée. Que dit-elle? à qui parle-t-elle et de quoi? Eh! messieurs, elle dit à la nature entière, aux alouettes ses sœurs, aux autres oiseaux, à tout ce qui vit ou fleurit dans le monde, elle dit, redit son bonheur d'être aimée, son bonheur d'être mère, sa joie de vivre, de voir, d'entendre et de se faire entendre. Elle va, elle monte et monte encore; n'y a-t-il pas au ciel des étoiles pour l'entendre?

Quels poètes, ces oiseaux, et quels philosophes! telle est l'alouette en la belle saison.

Mais l'hiver vient, plus de chants, alors on se réunira par troupes amicales et toutes ensemble on continuera de vivre en gaieté jusque sous les filets du chasseur. Les anciens Gaulois avaient en grande estime l'alouette se retrouvant en elle tout entiers. Michelet n'a-t-il pas dit que la France est encore comme l'alouette, entre les nations? D'affamés chasseurs s'apprêtent peut-être à la dévorer. Pauvre petite! Et la voilà qui chante, qui prend son vol au zénith, et sa voix nous redescend des cieux comme une rosée musicale. Les peuples rangés au dessous d'elle l'écoutent et l'applaudissent. On la croyait finie et la voilà qui reparaît toujours prête à charmer le monde, car le monde est toujours sensible à la vraie poésie.

Des messieurs, cependant, nous disent que la poésie se meurt, que la poésie est morte; oui, dans vos livres peut-être la poésie est morte. Mais, ô mes chers oiseaux, dans la nature ne la retrouvez-vous pas, ne la saluez-vous pas à toutes les heures du jour et n'êtes-vous pas vous mêmes la poésie? Le rossignol est la poésie du soir et l'alouette la poésie du matin.

— Pars, l'alouette a chanté, s'écrie Juliette, et Roméo de répondre :

> Non, c'est le rossignol et non pas l'alouette,
> Dont le chant a troublé ton oreille inquiète.

Quand on a comme l'alouette, épanché sa vie harmonieusement entre le ciel et la terre; quand on a aimé, chanté, élevé sa couvée, de quel ennemi ne peut-on pas se rire? Viens, chasseur, la mort ne peut altérer la gaieté de l'oiseau. Il est la vie même et pressent, ce grand philosophe, que la mort n'est qu'un mot, qu'une illusion. Il vit et vivra.

Et ce qu'il chante si bien, au plus haut des airs, c'est que la vie ne fut et ne retournera jamais au néant.

« De toute éternité, pour toute éternité, j'y suis, j'y suis dans le courant vital; j'y suis et j'y reste. »

C'est l'nterprétation qui me fut faite du chant de l'alouette par un berger d'Heurteauville.

Les bergers d'Heurteauville, sous le capuchon de leur limousine, ont toujours caché beaucoup d'esprit.

LXXVI

18 Février 1885.

MÉSANGE

Quelqu'un me demande pourquoi je n'ai jamais parlé de la mésange; mais il existe des milliers d'oiseaux, des milliers d'animaux et des milliers de plantes dont je n'ai pas parlé davantage et dont je ne parlerai jamais. Quel portraitiste pourrait faire le portrait de tout le monde, quel paysagiste reproduira tous les jolis coins, je ne dis pas de l'univers, mais d'un simple canton?

Disons cependant un mot, un simple mot de la mésange, puisqu'un de mes lecteurs ordinaires se plaint amèrement des mésanges qui, dit-il, ont l'audace, à l'automne, de piquer ses poires à la queue.

La mésange cependant, monsieur l'amateur de poires, n'est pas un oiseau malfaisant; mais, je vous en prie, mettez-vous à sa place pour un instant. Ce petit oiseau, qui se marie et fait la noce au printemps, devra, aidé uniquement de son conjoint très fidèle, élever avant l'automne près de quarante petits; le nid (le nid de la mésange est quelquefois un chef-d'œuvre) sera bâti, si l'on peut et si l'on en trouve assez vite les matériaux, sinon on se logera dans un trou d'arbre creux, dans un trou de roche ou de vieux mur. A la hâte seront pondus douze, quinze et jusqu'à dix-huit œufs. Tout à l'heure on aura dix-huit grands becs ouverts et qu'il faudra remplir. Que de voyages, que de captures, quelle chasse prodigieusement active cela suppose! Les voyez-vous, le père et la mère, aller, venir, toujours émus, essoufflés, palpitants? Chenilles, larves, œufs d'insectes sont détruits par milliers et millions; mais si la mésange est seulement deux secondes sans rencontrer et sans saisir quelque insecte, c'est trop de temps perdu, elle entend de loin, de très loin, l'appel des dix-huit affamés. Tout alors lui est bon : graine légère, fruit dur ou fruit tendre, noisette ou poire, même la chair fraîche ou pourrie; tout se succédera précipitamment dans les dix-huit engloutissoirs.

Ah! les pauvres oiseaux ont bien le temps de respecter vos poires! Vous-même, volontiers, ils vous dépéceraient.

Un petit mammifère, un oiseau, même de leur espèce, se meurt-il quelque part, vite ils l'achèvent et le mettent en menus morceaux; c'est une furie d'action, une furie de recherche et de quête presque sans exemple. Dix-huit enfants à nourrir, savez-vous, ce que c'est? et ces dix-huit enfants élevés, mis en état de se suffire, le vaillant ménage ne tremblera pas de recommencer l'aventure. Nouvelles noces, nouvelle ponte, et nouvel élevage.

Aussi les observateurs ont-ils été de tout temps stupéfaits de l'activité prodigieuse de ces oiseaux. Buffon écrit : « On serait porté à croire qu'il entre dans leur organisation une plus grande quantité de matière vivante. »

Avez-vous vu ces oiseaux défendre leurs petits contre quelque autre animal ciuquante fois plus gros qu'eux et même contre l'homme? Enfant, je voulus un jour dénicher des mésanges; j'y renoncai saisi presque d'effroi, mais saisi surtout d'admiration et de respect. La mère, gonflée de trois fois sa grosseur, s'était précipitée sur ma main qu'elle piquait et mordait, trépignant, sifflant, soufflant, les yeux en feu, les plumes hérissées et pleines à ce qu'il semblait, de décharges électriques. Je renonçai à ma mauvaise action. Je laissai les petits à cette mère héroïque. Buffon sans doute dut être témoin, lui aussi, de cette bravoure maternelle, car il dit des mésanges « qu'à force de courage elles font respecter la faiblesse. »

Quel éloge de cet oiseau auquel vous osez reprocher de piquer quelques poires dans votre jardin! Mais votre jardin, vous ne voyez donc pas que la mésange le nettoie des insectes qui, sans elle, eussent dévoré même vos arbres, dont pas un seul n'eut vécu sans le secours de cette intrépide travailleuse.

Le plus grand mal que puissent faire deux ou trois nichées de mésanges affamées, lorsque l'insecte ne se trouve pas en assez grande abondance, c'est d'attaquer les mouches à miel. Quand les petits ont faim, on ne sait pas ce que peut oser une telle mère.

Si les lions et les tigres avaient, chaque année, à nourrir un pareil nombre d'enfants, la terre ravagée par eux ne serait plus habitable.

Mais les mésanges ont droit à cette reproduction nombreuse vu leur utilité pour la destruction des insectes qui sont le fond de leur nourriture. En dépit de quelques fruits grugés ou piqués dans les vergers, on les a rangés parmi les oiseaux utiles, et l'on a eu raison. N'oubliez donc jamais, braves gens, qui vous plaignez de quelques poires endommagées, que les insectes, si nous n'avions pas l'oiseau, nous emporteraient l'arbre. Cessez donc de vous plaindre de la mésange, et qu'au moins son courage vous fasse, comme à Buffon, respecter sa faiblesse.

LXXVII

26 Mars 1885.

BOUVREUIL

Nous nous sommes entretenus, dans ces derniers temps, du geai, de la pie, du merle, de l'alouette, des mésanges qui tous appartiennent à la catégorie des passereaux, catégorie assez mal déterminée. Parlons aujourd'hui du bouvreuil, autre passereau, qu'on s'étonne de trouver ainsi dans la parenté du moineau, tant ils sont différents et même opposés de mœurs et de caractère.

On connait l'effronterie du moineau, ses habitudes criardes, piaillardes, tapageuses, sa vie turbulente parmi la foule aux quartiers les plus bruyants des villes.

Le bouvreuil, au contraire, aime la solitude, les bois, les landes désertes, les montagnes et tous les lieux sauvages, non par misanthropie, mais par timidité. Il fuit l'homme, mais aussitôt que l'occasion s'en présente, il est heureux de lui plaire, s'apprivoise aisément et s'attache à son maître jusquà mourir de tristesse, comme le chien, s'il vient à en être séparé.

Le moineau, même en plein Louvre, reste vêtu de la blaude rustique, blaude grise dénuée de tout ornement; le bouvreuil dans sa solitude est toujours en toilette; gilet d'un rouge aimable et tranquille, habit noir avec des reflets bleus coupé d'un joli galon blanc. Discret, silencieux, craintif, n'ayant pour toute musique que trois petits cris pleins de douceur et de mélancolie. Tel est le bouvreuil à l'état sauvage. N'oublions pas qu'il est plein de tendresse, d'attention et de dévouement pour sa femelle, et que sa plus grande douleur c'est d'en être séparé. Si l'un des deux est pris au piège, l'autre vient aussitôt l'y rejoindre. Mettez-les en cage tous les deux réunis, leur gaieté ne sera pas un instant altérée. Vous les verrez témoigner leur reconnaissance au maître qui ne les a pas séparés, ils se prêteront à tout en vue de son plaisir, ils se montreront habiles à toutes sortes de métiers et de jeux, si on l'exige, ils se feront savants; ils apprendront à chanter, à parler, à si bien parler, et de façon si touchante qu'on pourrait presque soupçonner en eux *une âme sensible*. C'est Buffon qui fait cet aveu, et qui constate chez le bouvreuil, avec surprise, *l'instinct de la bienfaisance*.

Le joli oiseau, calme et silencieux dans la solitude où rarement il se fait entendre autrement qu'à demi-voix, ne vole aussi qu'à fleur de terre; modeste et simple en tout, il se contente, pour y cacher son nid, des buissons et des haies, il pourrait planer dans les airs; mais il n'a pas cette ambition dangereuse, il se plaît à rester au dessous de ses talents en tout genre. C'est un oiseau économe de lui-même. Avec tout ce qu'il faut pour devenir un musicien habile, il s'en tient à deux ou trois notes exquises. Sa toilette aisément irait à l'éclat; il tempère le rouge de sa gorge, il adoucit de reflets bleuâtres le noir de son habit, un peu de blanc l'égaie... Mais sans faste, sans rien de ce qui étonne, surprend, attire et captive le regard.

Son bec est d'un oiseau vigoureux et puissant; mais on y sent, avec la force, une grande bonté. L'œil est sérieux et réfléchi, aucune vaine agitation, aucune turbulence! Tenue sage, décente, honnête, retirée, méditative..., quel contraste avec son cousin le moineau!..

Qui ne se plairait au spectacle de cette variété infinie que nous offrent les bêtes, encore si peu connues et si mal appréciées, malgré tout ce qu'on a dit, redit, écrit et publié sur elles!..

LXXVIII

20 Avril 1885.

PINSON

Pourquoi dit-on ; *gai comme un pinson?* Buffon, le solennel Buffon s'arrête à ce problème... il en trouve la solution dans la vivacité de l'oiseau, dans l'allégresse de sa voix et aussi dans ce que, le premier de tous, au printemps, il recommence à chanter. Une singularité de son réveil musical, c'est qu'il semble avoir tout à fait oublié sa chanson, qu'il s'y prend pour la retrouver à sept ou huit reprises comme George Brown dans *la Dame Blanche.*

« Chantez, Chantez... »

Boïeldieu s'est-il inspiré des vagues réminiscences du pinson cherchant et retrouvant le refrain de famille? Pourquoi pas? Il y a dans ce rôle de George Brown un reflet de la gaieté du pinson. *Ah! quel plaisir!..*

Sans être au rang des plus grands musiciens, ni des compositeurs de premier ordre, le pinson nous charme par sa mélodie alerte et pénétrante.

« Son chant, dit Buffon, a paru assez intéressant pour qu'on l'analysât; on y a distingué un prélude,

un roulement, une finale; on a donné des noms à
chaque reprise, on les a presque notées : et les plus
grands connaisseurs en ces petites choses s'accordent
à dire que la dernière reprise est la plus agréable. »

Et il ajoute :

« La nature a fait les pinsons pour être les chanteurs des bois; allons donc dans les bois pour juger
de leur chant et pour en jouir. »

Mais pour observer l'oiseau en ses autres allures,
en ses mœurs, en ses habitudes, il n'est même pas
besoin de sortir de chez soi. J'ai pris l'habitude,
depuis longues années, d'empêcher les oiseaux,
nombreux à Heurteauville, de trop ravager mon jardin, en leur offrant tous les matins et tous les soirs,
devant notre porte et sur nos fenêtres une abondante
nourriture : pain, criblure de blé, chenevis, etc.,
voilà l'ordinaire, et ils savent parfaitement se présenter d'eux-mêmes aux heures du repas. S'il m'arrive, étant au jardin, d'être de quelques minutes en
retard, je les vois voltiger à grands cris autour de
moi et me rappeler de toutes les manières possibles
que l'heure a sonné du déjeuner ou du souper.
Quelques-uns même s'approchent si près de moi dans
leur vol, que parfois je sens au visage le frôlement
de leurs ailes; ils se poseraient volontiers sur mes
épaules ou sur ma tête, mais toujours ce sont les
pinsons qui se permettent ces familiarités. Les autres

sont plus sauvages et plus craintifs. Les pinsons ne
demandent qu'à se lier avec l'homme. Ils sont, au
contraire, entre eux, assez insociables; c'est un perpétuel échange de coups de bec, bien que toujours
à la recherche les uns des autres, mais, ce semble,
pour l'unique plaisir de la querelle : il y a du jeu
dans ces batailles. Ils sont dans tous les cas, comme
maris et pères, des modèles. L'épouse est comblée
de caresses, de douceurs, de friandises, de cadeaux,
de surprises, de chansons galantes. Mais que la dame
ne se dérange pas, qu'elle n'oublie pas une minute
le moindre de ses devoirs, qu'elle ne se laisse pas
attendrir aux concerts d'un autre chanteur, ou bien
elle sera battue à n'en jamais perdre le souvenir.

Le mari est d'autant plus soupçonneux que,
paraît-il, la tribu des pinsons est à peu près la
seule, parmi les oiseaux, où se trouve le célibataire,
l'horrible célibataire, les femelles y étant, à ce qu'on
assure, moins nombreuses que les mâles.

Aux gens qui s'ennuient à la campagne, je conseille toujours, au lieu de faire sottement et cruellement la chasse aux oiseaux, de les attirer et retenir
par festins et bon accueil; vous les voyez alors au
verger, au jardin devenir tout à fait bons enfants
dans leur commerce avec l'homme. N'étant plus
affamés ils ne dévaliseront personne, même entre
eux les luttes ne sont plus décidément que jeux

gymnastiques, n'ayant plus à craindre que la pitance enlevée par le vo'sin ne leur fasse défaut. Il n'y a plus, pour les mettre en désaccord que les rivalités amoureuses, cela suffit.

Amour, tu perdis Troie

Le pinson, posé à terre ne saute, ni ne vole, il glisse et *coule* on ne sait comment... c'est un charme que de le voir où qu'il soit et quoi qu'il fasse. Son nid en boule, régulier, propre, finement tissé est presque toujours recouvert de lichen emprunté à l'arbre qui lui sert d'appui, ce qui fait que, même à une très petite distance, il ne s'en distingue **que** difficilement.

Ouvrez un livre sur les oiseaux, n'importe lequel, lisez y l'article pinson, vous y trouverez un détail odieux, quelque chose dont on ne revient pas, **qui** navre, écœure et déconcerte.

Vous y verrez que certains amateurs d'oiseaux (ah! l'*amateur* est presque toujours une calamité) vous verrez, dis-je, que certains amateurs d'oiseaux se fondant sur ce que les pinsons chantent mieux dans l'obscurité, ont trouvé tout un art (fort savant et fort compliqué) de **les** rendre aveugles. Ces horribles amis de l'oiseau, à l'aide d'un fer rouge, brulent non pas les yeux, mais leurs jolies paupières qui se tuméfient par suite de **la** brûlure **et se sou**dent ensemble pour jamais.

Là ne s'arrête pas la cruauté.

Le pinson aveugle et même le pinson clairvoyant se laisse entraîner aisément à des concours, à des luttes de chant avec d'autres pinsons. On les stimule, on les excite à qui chantera le mieux, le plus fort et le plus longtemps, on les apprend à ne jamais céder. Alors les paris s'ouvrent pour l'un ou l'autre oiseau qu'on fait aussi chanter jusqu'à la mort.

Que dites-vous du rôle des *amateurs* en ce chapitre de l'histoire du pinson?

Pour moi, je deviens, en me le rappelant, de l'humeur de Jean-Jacques et, comme lui :

« Je me roule par terre et je gémis d'être homme. »

LXXIX

27 Mai 1885.

SANSONNET

« On ne voit presque rien de juste ou d'injuste qui ne change de qualité en changeant de climat. Trois degrés d'élévation du pôle renversent toute la jurisprudence. Un méridien décide de la vérité... Plaisante justice, qu'une rivière ou une montagne borne! vérité en deçà des Pyrénées, erreur au-delà. »

Vous avez reconnu Pascal, Pascal à la recherche désespérée de l'*immuable* qu'il ne peut réussir à trouver même dans la morale, même dans la justice. Eh bien! ne vous semble-t-il pas, *morale* et *juste* qu'il en soit ainsi?

Je lisais hier une petite brochure toute locale de M. P. F. Noury, d'Elbeuf, sur les *Ennemis et auxiliaires de l'horticulture en Normandie*. Dès la première page, dès les premières lignes, j'y trouvais cette réflexion à laquelle très volontiers je renverrais Blaise Pascal :

« ... Tel animal qui rend de grands services dans de certaines conditions, peut devenir un véritable fléau dans d'autres. Ainsi le *Sansonnet* (étourneau ordinaire) est un oiseau précieux *en Normandie;* il s'y nourrit de petits vers et de mollusques nus; le nombre des limaces qu'il avale pendant la belle saison s'élève à environ 140 par jour; de plus, — et ce n'est pas là son moindre mérite, — il délivre nos moutons des mélophages et de la vermine dont leurs toisons sont infestées. *En Provence*, au contraire, il mange les olives; ses dégâts sont considérables. »

Donc il est juste qu'en Normandie on range le sansonnet parmi les oiseaux utiles, et qu'en Provence il soit déclaré nuisible.

Vous connaissez le sansonnet, ne fût-ce que pour l'avoir vu en cage, comme le merle, le mauviard et la pie chez les tailleurs, savetiers, chiffonniers, barbiers, menuisiers dans les petites villes. Autrefois, à Paris, il égayait de ses chants et de son babil la loge du portier. C'est un oiseau casanier, curieux, bavard, disputeur, léger de cervelle, prêt à tomber dans tous les pièges... Avec la plus grande facilité on en fait un oiseau savant. Il faut alors le voir se rengorger et pérorer dans sa cage. On en a vu réciter très bien le *Pater*.

Le bec ne lui clora pas de toute la journée, si vous lui avez appris à bien dire et bien réciter sa leçon. Ainsi dressé, vous le verrez, tenant école à son tour, préparer au *bachot* de jeunes sansonnets.

La domesticité, la cage semblent naturelles à ces oiseaux; en liberté, malgré leur apparente sociabilité, ils n'ont qu'une vie folle et désordonnée. Réunis par bandes, où tout le monde veut occuper le centre, c'est à dire la place d'honneur, ils volent dans tous les sens, s'entrecroisent, tournoient, pirouettent, s'agitent à grand bruit pour ne pas changer de place. Leur nid, ils savent à peine le construire : c'est un amas informe de foin, de mousse, de feuilles sèches, déposés dans un trou de muraille ou dans un arbre creux. D'autre fois, ils s'installent sans scrupule et sans honte dans un ancien nid de pie abandonné ou en ruines.

Heureusement ce sont des oiseaux gourmands et leur meilleur régal, en Normandie, se compose d'insectes, de vers, de larves; les mans sont leur ragoût de choix. Le sansonnet cherche et pioche dans le sol avec ardeur, ne craignant pas d'enfoncer son bec jusqu'à la base; s'il ne pique pas du premier coup la proie qu'il a flairée, il l'attend les mandibules écartées jusqu'à ce quelle passe entre ces deux pointes du compas perfide et vous le voyez, dès qu'il la tient, prendre sa volée prestement pour éviter d'être dévalisé par ses honorables confrères.

S'il s'en tient chez nous aux insectes, ailleurs, outre les olives, il dévorera le raisin et sera classé justement parmi les oiseaux nuisibles. Il ne cherche

pas seulement sa proie dans le sol, il la cherche
dans les plus honteuses déjections, enfonçant partout le bec.

Son plumage sombre, agréablement étoilé de
gris, sa pétulance, son bavardage, sa familiarité, sa
vulgarité même et surtout sa facilité à retenir tout
ce qu'il entend et à le répéter, en ont fait l'oiseau
bien aimé du boutiquier; un joli arbrisseau à pommes rouges, de la famille des solanées, l'amomon a
été surnommé *l'oranger du savetier;* pourquoi
l'étourneau ou sansonnet ne serait-il pas le *Perro-
quet du savetier?* J'ai souvent vu l'oiseau accroché
dans sa cage au-dessus de l'arbuste.

LXXX

16 Juin 1885.

ROITELET

N'est-il pas singulier que le plus petit des oiseaux d'Europe en ait été proclamé le *petit roi* ou *roitelet?* il est vrai que le gracieux et pétulant volatile porte sur la tête les insignes de la royauté, c'est à dire une couronne. Mais cette couronne, l'oiseau ne s'en pare qu'aux moments de lutte, de joie ou d'amour; aux heures vulgaires il la dissimule sous une très simple coiffure grise..

D'ailleurs rien de plus modeste en toute sa personne que ce petit roi, toujours en action, toujours volant, sautillant, grimpant et furetant, la tête en haut, la tête en bas, cherchant, dénichant et dévorant avec prestesse les insectes, leurs œufs, leurs larves. Quelle activité! quelle ardeur! mais quelle dignité, quelle fierté lorsque l'oiseau tout à coup illumine sa petite tête d'un diadème de feu délicatement encadré de noir!

Familiers, hardis, sociables, on voit les roitelets en hiver se rapprocher de nos habitations, y pénétrer quelquefois et s'en éloigner, rapides comme l'éclair. Qu'on essaie d'y enfermer l'un d'entre eux, il en disparaîtra l'on ne sait par où, tant leur petitesse est extrême. Beaucoup d'insectes les surpassent en grosseur et l'on pourrait vraiment les appeler les oiseaux mouches de l'Europe, aussi bien que le petit prince *troglodyte*, qu'il ne faut pas cependant confondre avec le roitelet. Le troglodyte n'a point de couronne, et c'est à son diadème de diamant que le roitelet doit son nom. Buffon n'hésite pas à dire que le troglodyte s'est *par usurpation* approprié, lui aussi, le titre de roitelet. Mais Buffon rétablit dans ses droits le roi légitime : « Son titre est évident, dit-il, il est roi, puisque la nature lui a donné une couronne. »

Mais ne voilà-t-il pas qu'un simple chansonnier, Béranger, le restaurateur du *Roi d'Yvetot*, vient à la traverse, dans sa *correspondance*, pour enlever la royauté au cher petit oiseau et n'en plus faire qu'un simple cantonnier. Béranger était à moitié picard : il avait passé à Péronne une partie de son enfance et de sa jeunesse. Il écrivait donc, le 16 novembre 1843, au poète de Latouche ces quelques lignes qui eussent confondu Buffon, et qui pouvaient ameuter contre lui toute la tribu des roitelets et des troglodytes, leurs cousins.

De Latouche lui avait envoyé un volume de vers dans lequel se trouvait une pièce intitulée *Le Roi-*

telet, et le chansonnier lui adressait avec ses remer-
ciments une réflexion :

« ... J'ai regretté que le *Roitelet* ne fut pas écrit
» en vers de huit syllabes. Le sujet l'exigeait, il me
» semble. Mais les paresseux adorent l'alexandrin,
» dont on devrait pourtant se méfier un peu plus.

» A propos du roitelet, les Picards, qui parlent
» le vieux français, disent *routelet;* ce qui veut dire,
» sans doute, oiseau qu'on trouve sur les routes et
» chemins, près des maisons. Je crois que c'est le
» vrai nom qu'on a corrompu. »

N'avais-je pas raison de dire que le chansonnier,
ennemi de la royauté, n'a plus voulu voir dans le
petit oiseau qu'un simple cantonnier?

Roi ou cantonnier, la vive et jolie créature n'en
est pas moins un des charmes de la campagne qu'il
égaie, agite de sa petite personne remuante et
bruyante, car il chante, il crie, appelle, répri-
mande, menace en s'agitant sur la branche, sur le
sol, sur les toits et partout, le minuscule et presque invisible oiseau. Sa couronne et ses yeux semblent par intervalles lancer des étincelles. Tout en
lui brille, pétille et sémille. Il a ce qui caractérise
les héros, vaillance et gaieté. Mais les langueurs,
l'abattement, la tristesse ne les cherchez pas en ces
intrépides petits êtres.

Qui le croirait? cela se bâtit un nid de mousse et

de soie, modèle d'architecture d'élégance et de
confort. Cela se marie, cela devient père et mère
de famille, et l'on élèvera sept ou huit enfants
sortis de sept ou huit œufs, gros comme des petits
pois, et l'on vivra tous ensemble en bonne amitié, bonnes mœurs.

Et vous n'entendez personne chez eux se plaindre d'aucune décadence. La nature leur apparaît
fraîche et pure comme... j'allais dire comme en
son premier jour; mais la nature eut-elle un premier jour?

LXXXI

25 Juin 1885.

LOTIER

Voici venir l'heure où les prairies et côteaux d'Heurteauville, où toutes les vallées de France et d'Europe vont resplendir et se parfumer des plus jolies fleurs : polygala, marguerites, lotier, thym, origan, campanules, orchis, valériane, lychnis, rhinanthes, véroniques, myosotis, stellaires... c'est l'heure de la grande fédération florale, l'heure du solstice d'été...

Epoque heureuse où tout est lumière, où la nuit est vaincue, où la vie végétale éclate en toute sa puissance.

De tant de fleurs dont la campagne brille à ce moment je ne veux aujourd'hui vous parler que du lotier. Les autres, ou sont venues déjà dans nos causeries, ou bien y viendront en quelque autre circonstance.

Le lotier est une charmante luzerne, légumineuse papillonnacée, à fleurs d'un beau jaune réunies en bouquet à l'extrémité d'un mince pédoncule... On les voit partout ces jolies fleurs jaunes, quelquefois bordées d'un peu de rouge oranger. Cueillez-les : un doux parfum s'en exhale. Les abeilles et autres mouches friandes les visitent dès l'aube.

Les gousses qui succèdent à la fleur sont quelquefois disposées de manière à représenter les doigts d'un oiseau. La variété qui porte ces gousses en a reçu le nom de *pied d'oiseau (lotus ornithopodioides.)*

Malgré sa ressemblance avec le trèfle et la luzerne et bien qu'elle soit tout à fait de la parenté de ces deux plantes, les bestiaux ne la broutent guère; cela tient à ce que jamais encore on ne l'a perfectionnée comme on a fait des autres fourrages. Le seigneur *Homme*, en revanche, à plusieurs reprises, essaya de l'introduire sur ses tables. Quelques-uns ont imaginé de la substituer au café, mais le café n'en est pas là d'être détrôné par cette féverolle.

A Dieppe, on s'est avisé de cultiver le lotier comme plante potagère; mais les haricots et petits pois ont conservé leur rang.

L'espèce la plus commune sur les côteaux, dans les prés, dans les bois et partout le long des chemins d'Heurteauville est le lotier corniculé *(lotus corniculatus.)* La médecine l'employait autrefois comme vulnéraire et apéritive : sa réputation toutefois ne fut jamais grande.

Plusieurs autres espèces ont été cultivées dans les

jardins comme plantes d'agrément; mais il ne semble pas que la jolie fleur ait encore montré de ce côté tout ce qu'elle saurait faire; nos habiles producteurs n'ayant pas jusqu'ici donné à l'élégante légumineuse l'attention que certainement elle mérite. Sœur du lupin qu'on a tant embelli, elle ne tarderait pas, je crois, à le surpasser en élégance et en variété.

Malheureusement, les horticulteurs de profession ne peuvent tout faire en ce genre de recherche. Il conviendrait aux jardiniers amateurs, aux propriétaires de petits jardins, aux rentiers de nos faubourgs et campagnes de se livrer à ces essais, plutôt que de passer le temps à ne rien faire et à périr d'ennui, comme il arrive à la plupart.

Je connais cinq ou six bonshommes qui ont enchanté leur vie par leurs essais de fécondation artificielle, par leurs procédés de culture, par la passion qu'ils mettent à voir leurs plantes, d'année en année, s'embellir.

Leurs essais, leurs succès constatés, récompensés souvent par les sociétés d'horticulture, contribuent aux progrès du grand art de culture et ces progrès, n'en doutez pas, s'étendront peu à peu de la culture florale à la culture des champs.

Déjà, les maraîchers se sont appropriés quelques-uns de leurs procédés et voilà l'une des causes qui ont contribué au développement si rapide, depuis quelques années, de l'industrie potagère. Si nos cultivateurs avaient su dans cette voie marcher aussi résolument que les maraîchers et les fleuristes, ils auraient moins à se plaindre, tenez-le pour certain, de la concurrence étrangère.

Nous voilà bien loin du lotier; revenons-y pour dire qu'en quelques provinces, la jolie fleur sauvage avait autrefois reçu le nom de *trèfle musqué*. *Musqué* n'est peut-être pas le mot juste, son parfum ne rappelant aucunement celui du musc; pour moi j'eusse préféré *luzerne odorante*. Mais le nom de *lotier* n'a rien de désagréable, à quoi bon en chercher un autre? ce qu'il faut chercher et ce que l'on trouvera certainement, c'est le moyen d'obtenir de cette légumineuse indigène des variétés nouvelles qui pourront en faire, d'une part, un utile fourrage pour l'agriculture, et d'autre part une plante de jardin de plus en plus ornementale.

Qu'en pense le lecteur?

J'espère qu'il verra, en ceci, autre chose qu'un rêve de vieux jardinier.

LXXXII

12 Septembre 1885.

CAILLES

Voici le temps où les cailles vont disparaître de nos champs et prendre leur vol vers des régions plus méridionales... J'écris en souriant ces mots : *Prendre leur vol,* est-il, en effet, un oiseau plus lourd que la caille, plus impropre à traverser les airs? Pourchassée par les chiens ou par les chasseurs, elle ne demande son salut qu'à ses petites jambes, elle fuit, court, glisse, se faufile avec une prestesse extraordinaire. Si quelquefois elle s'envole, c'est pour retomber aussitôt, et quel vol, pesant, bas, maladroit! Le mâle qui, d'une demi-lieue sent la femelle, ne vole pas vers elle, il y court. Les cailles, cependant, s'en vont, en hiver. Tout le monde l'affirme, on les a vues dans leurs traversées s'abattre sur des îles, sur des navires. Expliquera qui pourra une migration si extraordinaire... Le fait bien sûr, c'est que partout, en été, la caille se fait voir et entendre chez nous : elle trotte, elle saute, elle chante, et ce sont de l'une à l'autre des batailles furieuses. Elles vivent, chose très rare, en pleine anarchie, en plein communisme et semblent s'y plaire. Le mariage, si cher aux autres oiseaux, leur est inconnu. Toutes les femelles appartiennent à tous les mâles; c'est une promiscuité honteuse, aucun lien de famille. Les mâles, dès qu'ils n'en ont plus affaire, délaissent les femelles, les battent, et celles-ci élèvent comme elles peuvent leurs petits, qui, du reste, aussitôt qu'ils sont en état de se pourvoir, l'abandonnent également et se fuient les uns les autres pour se disperser au loin; *chacun pour soi,* voilà leur devise.

Pour une telle couvée, à peine la mère fera-t-elle un nid; elle creuse avec ses pattes une sorte de trou qu'elle garnit de brins d'herbe. Aucun art chez ces oiseaux, ni musique, ni architecture. Pas l'ombre d'un sentiment moral, tout pour le ventre, suppression de la famille. Aucun autre souci que de s'engraisser et de se tenir chaud; les cailles vivent les trois quarts de l'année dans un immonde célibat, célibat qui n'est rompu quelques jours au printemps que pour un furieux méli-mélo sans pudeur, sans tendresse, où tous passent de la folie au dégoût.

En septembre pourtant, au moment de disparaître, on voit ce peuple égoïste s'attrouper pour le mistérieux voyage. Mais tous ne partent pas, et l'on a tué chez nous des cailles en hiver.

Buffon avoue qu'il ne sait expliquer comment un

oiseau si mal fait pour le vol, avec un corps si **lourd,** de si petites ailes et presque pas de queue peut entreprendre de traverser les mers.

Aussi que de folies inventées sur les migrations des cailles et pendant que l'on y était, que n'a-t-on pas débité sur ces oiseaux bizarres, aux mœurs si différentes des mœurs des autres oiseaux!

On a dit qu'elles emportaient avec elles un morceau de bois destiné à leur servir de bateau et que l'aile étendue en guise de voile elles se laissaient aller au vent. On a dit que les cailles femelles étaient fécondées par l'air. On a dit qu'elles naissaient de la pourriture de certains poissons au bord de la mer où d'abord elles apparaissent sous forme de ver, puis de mouche, puis de sauterelle, pour se métamorphoser finalement en oiseaux. Pensez-vous que ce soit tout? je ne vous dis pas le quart des inventions de MM. les naturalistes anciens.

Voici, selon moi, la plus belle : d'après eux, pendant que les cailles femelles étaient fécondées par une douce brise, les mâles s'accouplaient avec les crapauds.

En avez-vous assez de cette histoire naturelle chez les anciens?

Il a fallu cependant que Buffon mît une partie de son temps et de son génie a réfuter ces niaiseries.

LXXXIII

7 Février 1886.

JONC

. . . .
Il nageait quelque peu, mais il fallait de l'aide,
La grenouille à cela trouve un très bon remède :
Le rat fut à son pied par la patte attaché ;
    Un brin de jonc en fit l'affaire.

Et voilà comment le jonc eut son emploi aussitôt qu'il y eut sur le globe créatures intelligentes. Le jonc donna aux premiers habitants de la terre l'idée du lien, l'idée du nœud. Quelques botanistes affirment que son nom vient du mot latin *jungo*, j'unis. *Conjungo, conjugal* et *jonc* (en latin *juncus*) auraient donc la même étymologie, le lien fourni par le jonc est dans tous les cas bien fragile, peut-être ne donne-t-il que mieux l'idée des *liens d'hyménées,* comme on disait poétiquement sous le Premier Empire.

Il y a cependant, — me permettra-t-on cette réflexion? — il y a dans le ménage entre les deux conjoints un nœud à mon avis plus solide et plus durable que le brin de jonc, c'est celui qu'y font les enfants, c'est aussi la vieille habitude de vivre ensemble;

ça finit quelquefois, je vous assure, par ne plus pouvoir se rompre. Mais revenons au jonc, au véritable jonc des marais, des prairies et de tous les terrains humides.

« C'est dans les marais, dit M. Hoefer, sur le bord des ruisseaux, dans les terrains frais et humides que naissent la plupart des joncs; ils croissent souvent en touffes épaisses, serrées, fortement adhérentes au sol par leurs racines entremêlées. Aussi sont-ils très propres à exhausser les terres marécageuses et à fixer les terrains d'alluvions. Les joncs sont cosmopolites : on les trouve dans tous les climats. »

Cette facilité d'adaptation à tous les climats a donné, en effet, à ces végétaux très primitifs une action considérable dans l'aménagement géographique des continents. Les joncs en moins dans la flore terrestre, cela eut changé les destinées du globe.

Aucune plante, aucune herbe plus résistante et plus vivace. Ses touffes se renouvellent et persistent jusqu'à faire croire qu'elles sont immortelles. On peut les tuer; mais d'elles-mêmes il semble qu'elles ne mourraient jamais. Brin-de-jonc vit et vivra jusqu'à ce qu'on l'extermine. Suivant les latitudes, il descend aux vallées les plus profondes ou grimpe sur les plus hautes montagnes. Dans les régions équinoxiales, il grimpe; dans les zones plus tempé rées, il descend. On le trouve dans les Alpes aux abords des glaciers, on le trouve aux pôles, on le trouve presque partout aux bords de la mer.

Le jonc, par sa feuille cylindrique terminée en pointe, semble rappeler la flore d'un autre âge. Les végétaux ont pris avec le temps, avec beaucoup de temps, une autre manière d'être. Des milliers de végétaux contemporains du jonc ont disparu du globe, mais lui, plante tenace, il survit, il continue de monter la garde au bord des eaux avec ses feuilles en pique. O brave et patiente sentinelle! Que de choses il a vues, cet humble Brin de jonc, et que de choses il pourra voir encore!

> Brin de jonc, Brin de jonc, dans les choses passées
> Combien loin tu pourrais reporter tes pensées!

Richepin, dans son poème de *La Mer* nous fait entendre le beau chant des Algues :

> . . . .
> Algues à qui je dois mon être,
> Les hommes sauront reconnaître
> Ce que vous avez fait pour eux.
> O! nos aïeules authentiques,
> Je dirai vos gloires antiques
> Entonnant pour vous les cantiques
> De mes vers les plus vigoureux.
>
> **Je dirai vos splendeurs flétries,**
> **L'époque où parmi vos rameaux**

En effroyables théories
Passaient d'étranges animaux,
Plesiausaure, ichtyausaure
Ptérodactyle d'où s'essore
L'essaim des dragons leurs jumeaux,
Monstres dont la fable est l'empire,
Mélant serpent, lézard, vampire,
Spectres devant lesquels expire
Le pouvoir magique des mots,

Je dirai qu'en montant aux causes
Et vers l'originel instant,
A travers les métempsychoses
Du globe encore inconsistant,
C'est vous qu'on trouve les premières
Buvant les chaleurs, les lumières,
Pour faire un corps vibrant, sentant,
Et qu'ainsi sous votre figure
Vénérable, animée, obscure,
D'abord se fixe et s'inaugure
L'être jusques alors latent.

Je dirai comment l'infusoire
S'exhala de vous . . . .

Oh! que ce chant des Algues eut gagné en effets dramatiques et touchants si, pendant qu'on les entend et qu'on les voit si bien au milieu des flots, ces chères Algues, préparer la substance même de l'homme, Brin-de-jonc, lui aussi, des bords du rivage se mettait à chanter :

« Algues, chères sœurs aimées, j'avais de bonne
» heure deviné celui dont vous prépariez la moelle
» et les os, et moi, doucement domptant les fleuves
» et les eaux au loin extravasées, je préparais le
» domaine, je préparais le champ où devaient ger-
» mer sa vigne et son blé. »

Si les Algues sont de savantes et très poétiques
historiennes des antiquités de la mer, *Brin-de-jonc*
ne serait pas un chroniqueur moins exact et moins
au courant des antiquités de la *terre*. Si quelque
jour nous avions ses *Mémoires*, ils nous intéresse-
raient certainement.

LXXXIV

10 Mars 1886.

AUNE

Je saisis, pour écrire ces lignes, une heure de beau soleil, une heure toute de poésie où les chatons épanouis d'un vieil aune penché sur la rivière au fond de mon jardin, attirent l'attention et me demandent si j'ai jamais dit le charme, l'utilité, la vitalité puissante de l'arbre qui les porte. L'aune, en effet, qui semble si bien fait pour nos contrées, qui pare si agréablement nos grands et nos petits cours d'eau, qui donne au plus boueux de nos marécages un gracieux aspect, vous le retrouveriez toujours le même, toujours gai, toujours vif, soit aux vallées brûlantes de Barbarie, soit au milieu des neiges et des glaces de Laponie; partout il croît, partout il se plaît, partout il étale et agite avec émotion son feuillage brillant, léger, harmonieux! ses chatons partout donnent le premier signal du printemps. Il y a des siècles que les hommes ont commencé de l'aimer et de l'utiliser, de lui donner les emplois les plus variés. Les architectes en faisaient d'excellents pilotis pour les terrains humides et submergés, pilotis qui, selon

Pline et Vitruve, peuvent durer éternellement. *Eternellement!* c'est un bien grand mot et dont les anciens ne paraissent pas avoir toujours mesuré la portée. Le bois de l'aune est employé aussi à faire des tuyaux de conduite pour les eaux, lesquels tuyaux avaient, eux aussi, surtout dans les terrains humides, une durée *éternelle.*

L'emploi de l'aune pour pilotis dans l'eau pourrait bien remonter jusqu'aux cités lacustres, et peut-être en trouverait-on des fragments conservés jusqu'à l'heure présente. Ce serait un très long temps sans doute, mais un temps, si long soit-il, ne donne même pas un soupçon de l'éternité, du *toujours, toujours, toujours...* L'aune était utilisé aussi par les tourneurs et les ébénistes. On en faisait même en teinture un très bon usage. Linné raconte l'étrange façon dont les teinturiers lapons en teignent leurs cuirs; ils en mâchent l'écorce et leur salive recueillie avec soin constitue une teinture excellente.

Nous avons vu que les architectes utilisaient l'aune pour pilotis dans les eaux; les boulangers le trouvent excellent dans le feu et l'employaient beaucoup autrefois pour le chauffage de leurs fours; les sabotiers en faisaient des sabots de femme mignons et légers; les médecins, — il n'y a pas longtemps encore — proposaient de l'employer comme succé-

dané du quinquina; Lémery le recommandait pour
les maux de gorge; les jardiniers l'employaient avec
succès dans la décoration des jardins; on en a fabriqué des meubles noirs qui, plus d'une fois, ont été
vendus pour des meubles d'ébène; les vignerons en
font des échalas; les menuisiers des échelles à cause
de sa légéreté; les chapeliers en faisaient pour leurs
castors une solide teinture noire. Tous les arts ont
utilisé le bel arbre. Il ne lui restait que d'être
chanté par les poètes. Virgile n'y a pas manqué.
Mais je ne me rappelle pas qu'aucun des nôtres en
ait jamais parlé. Nos poètes, jusqu'en ces derniers
temps, ont si peu vu la nature!... Heureusement,
voici que quelques-uns savent la regarder et la peindre. Les dernières années du dix-neuvième siècle, en
cela, nous relient très bien au seizième. *La Mer* de
Richepin peut rappeler en plusieurs passages *La
Création* de Dubartas. Bouilhet, dans ses dernières
années, à la Bibliothèque de Rouen, lisait et relisait
ce vieux poète et se proposait de nous en donner un
commentaire. Que de beaux vers on eut pu en
détacher!

Pour moi, tout à l'heure encore, je me rappelais
celui-ci, en voyant

Tomber à grands flocons une céleste laine.

S'il parle bien de la neige, est-il moins heureux lorsqu'il chante le feu :

> Le feu donne-clarté, porte-chaud, jette-flamme,
> Source de mouvement, chasse-ordure, donne-âme,
> Alchimiste, soldat, forgeron, cuisinier,
> Chirurgien, fondeur, orfèvre, canonnier,
> Qui peut tout, qui fait tout. . . . .

Quel poète osa plus hardiment que Dubartas nous expliquer cet immense univers

> Où vit toujours la vie?

Mais que nous voilà loin du bel arbre des marécages! eh! peut-être pas tant! la poésie est partout à sa place.

LXXXV

19 Avril 1886.

AGROSTIS COUP DE VENT

> Margot, ma tante
> S'endormit dans un pré
> . . . .

Cette chanson très drôle me revient en mémoire à propos des délicates *herbettes* dont je voudrais vous parler. Passées sur le menton des bergères endormies à l'ombre, ces fines graminées leur font toujours un amusant réveil; elles croient au chatouillement de quelque mouche et, sans ouvrir les yeux, elles font une jolie petite moue, portent la main à l'endroit doucement frolé... Eclats de rire du berger, émoi de la bergère...

C'est l'épisode inévitable de toute idylle champêtre. Que de fois je l'ai vu se renouveler dans les champs et les prairies d'Heurteauville, ce *réveil de la bergère!*.

Une des graminées les plus en usage pour cette amusette, c'est l'*agrostis spica venti*, agrostis *épi du vent* ou *jouet du vent*. Les moissonneurs ne la trouvent que trop dans les blés pour éveiller

> Margot, ma tante.

Elle est la plus grande et la plus belle de nos agrostis indigènes. Son épi que le moindre souffle agite, est d'une légéreté, d'une grâce que ni le pinceau, ni les mots ne sauraient rendre. C'est un frisson perpétuel, mais frisson plein de vie et de gaieté. La plante semble éprouver on ne sait quoi de délicieux à cette agitation...

L'agrotis spica venti est une des graminées les plus précieuses en fourrage.

Le jeu de berger à bergère rappelé ci-dessus montre combien les hommes ont su mêler les végétaux à leurs divertissements; mais s'ils ont su les mêler à leurs joies, il les mêlent même à leurs tristesses. De très bonne heure, en effet, il ont senti que ce monde végétal était pour eux un monde ami, secourable et fraternel. Ils se voyaient, par les plantes, nourris, désaltérés, enivrés, abrités, vêtus soulagés en leurs maladies, ils se sentaient vivre de leur vie; quoi de plus naturel qu'ils les associassent à leurs gaietés, à leurs fêtes et même à leurs malices et à leurs mauvais tours. Ils avaient, pour ce dernier point, le gratteron, l'ortie, la bardane et combien d'autres!

L'agrostis spica venti était toute innocence et ne servait à Daphnis que pour éveiller Chloé. Aussi, de quelle tendresse bergers et bergères aimaient cette chère terre qui leur donnait tous ces fruits, tous ces trésors, tous ces plaisirs !

Jamais à la ville on ne saura ce que c'est que la vie du paysan au milieu de cette effervescence végétale qui l'entoure, l'égaie, le vivifie... Il y est comme dans un *bain d'âme*, c'est le mot d'un vieil habitant d'Heurteauville.

Aussi les fleurs se sont-elle mêlées à tout, aux cérémonies religieuses et civiles, aux fêtes publiques et privées. Un enfant naît, vite un bouquet à la marraine; on se marie, des fleurs, et ce sont des fleurs même à la mort, et de plus en plus. La grande fête des fleurs, c'était autrefois la Saint-Jean : des couronnes de verdure et de roses, de bluets et de marguerites étaient partout suspendues et l'on dansait aux chansons; et qui pourrait dire combien de fois, dans ces chansons, revenait le souvenir des fleurs :

> Allait cueillir dans la prairie
> Joli bouquet pour ses amours

Ou bien encore :

> Que ne suis-je la fougère
> Où sur le soir d'un beau jour
> . . . .

La poésie de tous les temps, de tous les peuples

est pleine de ces témoignages d'attention et de reconnaissance pour les plantes ; on les a partout observées et aimées, on les a même crues autrefois un peu sorcières, mais on voyait autrefois de la sorcellerie partout.

Si l'on entendait par sorcellerie phénomènes inexpliqués et cependant admirables, oh! vraiment j'en suis, l'univers ne me paraissant guère être autre chose qu'une immense sorcellerie.

C'est pour cela que l'étude, l'observation et la science ont pour moi tant de charmes, quelques-uns des secrets de Nature, la grande sorcière, chaque jour s'y dévoilent.

Mais revenons à l'*agrostis jouet du vent* et, pour terminer disons que si quelqu'un de nos jeunes peintres cherche un agréable sujet de paysage et des scènes champêtres, ce sujet est tout trouvé dans le *Réveil de Margot :* qu'il nous montre la bergère à demi-éveillée à demi-courroucée, mais au fond très heureuse, et je lui promets le succès s'il sait aussi nous montrer au vif ce monstre de berger chantant :

Margot, ma tante,
Pourquoi t'endormais-tu?

LXXXVI

24 Juillet 1886.

APHODIE DU FUMIER

Mon lecteur n'a peut-être pas une seule fois en toute sa vie remué du fumier; mais moi, je ne l'ai pas seulement remué et répandu à la fourche, à la pelle, à la bêche, je l'ai des milliers de fois et à pleines mains divisé, délayé au pied de mes fleurs. Cela m'a valu la connaissance et la familiarité d'un joli coléoptère qui fait ses délices des fumiers les plus pourris, les plus pâteux. Il y naît, y vit, s'y métamorphose; il y aime, il y est aimé, il y trouve la joie, le bonheur, la vie élégante. Vous chercheriez en vain au milieu de la verdure et des fleurs un insecte plus propre, de toilette plus irréprochable, plus élégante en sa simplicité : corsage satin noir, robe velours marron; la taille dépasse celle des plus grosses coccinelles, elle est d'ailleurs plus allongée et plus gracieuse. Au milieu de la pâte onctueuse où se complaît l'insecte, sa démarche est lente et grave, mais voyez-le prendre son vol, quelle légèreté! Il fend l'air, s'y élève, y nage, y tournoie, s'y délecte et puis le voilà qui revient au cher fumier.

Le nom de cette bestiole indique très bien cela : on l'appelle *aphodie du fumier*. L'aphodie, dans un tel milieu, ne trouve pas seulement le vivre et le couvert, elle y trouve la douce chaleur, la paix, le silence favorable à ses méditations. Ce tranquille scarabée est certainement une bestiole rêveuse et portée à la philosophie.

> Que faire en un fumier à moins que l'on y songe?

Elle paraît d'ailleurs attentive à tout ce qui l'entoure. Toutes ses attitudes indiquent la sagesse, la réflexion, la prudence.

Dès l'enfance, j'avais été frappé de cette existence privilégiée des aphodies ; paix, douceur, élégance; et puis ce don du vol, ce privilège d'entremêler à la vie souterraine et cachée la vie aérienne... Ah! bestiole fortunée!... j'enviais ton destin.

C'est là un des charmes de notre vie, à nous autres jardiniers. Partout nous sont offerts les sujets d'observation et d'étude, et même sans avoir le temps de nous y arrêter et de les approfondir, nous entrevoyons parfaitement et mieux que personne, combien la vie universelle sait se multiplier, se diversifier, sans cesser d'être, au fond, toujours la même.

Le plus hardi philosophe a pu retrouver quelque

chose de lui-même dans des êtres infimes. C'est ainsi que Linné parle de certaines familles végétales absolument comme s'il s'agissait des plus illustres familles princières. Il n'y a pas longtemps qu'au bord de la mer je regardais nager des méduses... On ne sait pas bien encore à quel règne appartiennent ces êtres incertains et confus, autant plantes que bêtes ; mais comme on voit bien qu'ils appartiennent à la Vie ! Quels heureux épanouissements, quels frissons de bonheur et quels serrements soudains ! Comme tout cela sent et palpite !

Il n'y a pas longtemps qu'un garçon jardinier me disait, parlant de la difficulté de détruire les insectes :

— Oh ! monsieur, on ne sait pas la malice des bêtes !

Oserais-je le dire ? J'ai trouvé plus de vraie philosophie dans mon jardin que dans beaucoup des livres que j'ai pu lire. Cela dit, sans amoindrissement aucun de ce qu'on doit aux philosophes de cabinet ; je sais trop quels services ont été rendus par quelques-uns d'entre eux. Mais enfin, jamais Descartes, « ce mortel dont on eut fait un dieu (chez les païens) » jamais Descartes, s'il eut été jardinier, n'eut commis l'incroyable erreur de mettre les animaux au rang des machines.

Aussi avec quelle éloquence et quelle justesse

l'erreur fut relevée par l'illustre garde-forestier, Jean La Fontaine, qui, lui aussi, comme le garçon jardinier, connaissait la malice, l'intelligence et même la bonté des bêtes! Mais il avait appris cela moins dans les livres que dans ses prairies, ses champs et ses bois de Château-Thierry.

LXXXVII

14 Août 1886.

BRYONE

Tous mes lecteurs connaissent la bryone; ils l'ont vue se faufiler et grimper dans les haies qu'elle envahit de ses longues tiges. Sa feuille rappelle un peu celle de la vigne, quoique moins ample. Son petit fruit rouge, ses élégantes vrilles attirent sur elle l'attention. Cucurbitacée indigène, elle fut très longtemps en vogue dans l'ancienne médecine; sa racine, énorme navet, était surtout employée sous le nom de *Navet du diable*, aussi les médecins finirent-ils par n'ordonner qu'en tremblant la terrible empoisonneuse. Sa plus grande diablerie se borne aujourd'hui à l'étouffement des haies. Mais si quelquefois l'ancienne médecine a guéri les malades avec la bryone, elle les a bien plus souvent tués : « *Purgatif violent*, dit M. Hœfer, on cite des exemples effrayants et nombreux d'empoisonnements, résultat de ce dangereux remède, que l'on adoucit, dit-on, par l'addition de quelques autres substances. Les uns la comparent au jalap pour ses vertus purgatives, d'autres à l'ipécacuana comme émétique auquel ils prétendent le substituer ; mais dans tous les cas, ce n'en est pas moins un médicament dangereux... »

Quel dommage pour les habitants des campagnes qui se préparaient avec la bryone, de si excellentes médecines sans recours au pharmacien ! La méthode était des plus simples ; en Allemagne, en Suède, on prenait une racine de bryone, on la creusait en forme de tasse, on y versait de la bière qu'on y laissait pendant vingt-quatre heures s'imprégner des sucs de la plante. Il n'y avait plus qu'à boire. Le procédé du paysan français était encore plus simple. Au lieu de bière, on versait de l'eau dans la racine creusée et l'on donnait à ses entrailles une purgation dont elles se souvenaient, ce qui, sans doute, les rendait sages.

La bryone est loin d'avoir perdu tout son crédit en médecine, mais on ne l'emploie plus qu'après manipulations savantes. Place à la science et place à la fraude ! On n'avait à redouter autrefois que l'ignorance ou l'erreur du médecin: il y faut ajouter aujourd'hui la maladresse possible et les falsifications du pharmacien.

En regardant fleurir et fructifier la bryone aussi bien que toutes les autres cucurbitacées, je me suis demandé comment il se pouvait faire que pendant des siècles et des siècles, les hommes eussent pu assister à ces mariages végétaux, sans découvrir la sexualité des plantes depuis si longtemps soupçonnée par les poètes. Ce grand spectacle si visible dans les plantes à sexes séparés comme les cucurbitacés, leur était mis en vain sous les yeux. On cherchait alors l'explication des phénomènes de nature, non pas dans la nature elle-même, mais dans les livres, dans les plus vieux livres, parmi lesquels le premier rang était accordé précisément à ceux qui dédaignaient le plus la nature, c'est à dire aux livres de théologie.

Ah! les livres de théologie, quel rémora ils ont été pour le monde, quel arrêt dans l'absurde!..

Mais voici que depuis l'explosion de ce grand dix huitième siècle le monde heureusement les délaisse. Dans les bibliothèques publiques ce sont ceux qui se recouvrent de la plus épaisse poussière... Ce qui n'empêche pas que sur les catalogues ils gardent le premier rang et que la lettre A leur soit conservée. Le vieil usage, le vieil empereur Usage et son épouse Routine veulent la chose ainsi.

Vive l'empereur et vive l'impératrice! Leur règne cependant (ceci très entre nous) paraît toucher à sa fin.

Le souffle révolutionnaire a pénétré partout. Puisque nous parlons révolution, je voudrais, à propos de la bryone, en proposer une à nos horticulteurs.

Nulle plante jusqu'ici n'a été, par eux, plus méprisée que le navet-du-Diable. S'ils l'aperçoivent quelque part, c'est pour le détruire; je voudrais qu'ils l'introduisissent au jardin, comme plante décorative. La légèreté de ses pousses, ses longues et gracieuses vrilles, ses petits fruits rouges, sa rapidité de végétation, son feuillage si vert, si finement découpé, tout cela, chers amis, ne vous rendra-t-il pas pour la bryone hospitaliers et indulgents? Et puis si vous vous mettiez à soigner, à sélectionner et améliorer cette sauvage, qui sait les métamorphoses et les surprises?.. On peut tout espérer d'une plante si prompte, si active, si vivante...

L'art des décorations florales, croyez-le, est loin, est bien loin d'avoir produit toutes ses richesses, poussez-le, vous le pouvez, à de nouveaux miracles, et dans cette marche en avant comptez sur la bryone.

LXXXVIII

6 Septembre 1886.

PUCE

Du repos des humains implacable ennemie.

Je n'ai pas la pensée de vous apprendre que cet alexandrin solennel est de maître Nicolas Boileau Despréaux, et qu'il s'agit de la puce. Depuis long-temps vous connaissez le vers et vous connaissez l'insecte.

Vous *connaissez l'insecte*, je le dis sans en être bien sûr, attendu que le connaître de vue seulement, et même pour avoir eu quelquefois à s'en plaindre, ça n'est pas le connaître. Pour une pauvre piqûre, on le met tout de suite au rang des animaux crimi-nels et méprisables. On n'a pour lui que des mena-ces de mort, qu'indignation, vilains propos et calomnie.

Mais aux yeux de ceux qui l'ont observée avec curiosité et bienveillance, la puce n'a pas tardé à se relever au point de vue moral, au point de vue intel-lectuel. Bestiole intelligente, honnête, active, dévouée à sa famille et mère excellente, elle a des soins exquis pour ses œufs, pour les larves microscopiques

qui en sortent et qu'elle nourrît d'un peu de sang
habilement desséché et conservé en impalpables
granules. La larve, lorsqu'elle a pris tout son développement, se file à la fin de l'été une coque comme
le vers à soie, et de cette coque, au printemps, sortira la bête redoutée.

Du repos des humains implacable ennemie.

Elle nous suce un peu de sang, mais de ce sang elle
prépare la becquée à ses petits.

Et vous figurez-vous ce qu'il faut d'intelligence et
d'attention, après une visite aux lits d'une maison,
pour retrouver sa nichée?

La nichée, les œufs, les larves d'une puce, où
cela peut-il bien vivre? Trois grains de poussière
dans le plus invisible interstice suffisent à les cacher,
mais il faut que la mère sache le retrouver cet
interstice, et si quelque hôte du lit l'emporte par
malheur un peu loin, que deviendra la famille?
C'est la mort pour tous les nourrissons et le désespoir pour la mère. La puce qui ne vole pas a été
classée parmi les insectes *aptéres*, c'est à dire sans
ailes, mais ses jambes sont de vrais instruments de
vol. La puce saute à plus de deux cents fois la longueur de son corps. S'il nous était donné, lecteur,
à vous et à moi de sauter proportionnellement aussi
haut que la puce, nous pourrions sans efforts, à
Rouen, sauter du pavé de la rue sur la flèche de la

cathédrale. Il n'y a pas un sauteur comparable à cela. Et savez-vous ceci encore que la puce peut être apprivoisée, éduquée, dressée à toutes sortes d'exercices, dont elle s'acquitte avec adresse, avec complaisance? Vous en avez vu traîner des voitures et des canons dans les foires. Vous en avez vu tourner la manivelle et monter l'eau d'un puits. Mais le comble de ces exercices fut, au siècle dernier, en Allemagne, un bal de puces composé de vingt-quatre danseurs très bien costumés allant en cadence aux sons d'une boîte à musique.

Il y a des puces savantes maintenant par toute la terre, et peu de foires en Europe et même en Amérique se passent sans ce spectacle. Il a donc fallu quelque part créer une nouvelle industrie, celle de la *carosserie pour puces*. Et bien! je vous le dis avec tristesse, la Prusse qui, depuis un demi-siècle, s'est emparée de tant de choses, s'est emparée aussi de cette industrie fort lucrative, paraît-il, puisqu'elle comporte, avec la construction des carosses, celle des canons, caissons, boulets et harnais. Les canons à puces ne sont pas des canons pour rire, ce sont de vrais canons qu'on charge et qu'on tire sans que le canonnier bronche ou seulement tressaille. On fabrique également des sabres et des habits pour ce monde des puces et des meubles tels que canapés, fauteuils, chaises, tables, etc., et tout cet outillage militaire et civil, c'est de Berlin qu'il se distribue à toute la terre.

Voyez que de choses intéressantes vous ne saviez pas sur les puces...

J'ajoute que les puces, pour devenir si savantes, n'ont, tout au plus, que huit mois d'existence, et même celles qui, par exception, atteignent cette longévité extrême, nous pourrions les appeler des *puces Chevreuls*. Ce sont, en leur genre, des *centenaires* comme le célèbre chimiste.

> Leurs rides sur leur front ont gravé leurs exploits.

Finissons par ce vers de Racine, puisque nous avons commencé par un vers de Boileau. La poésie est partout à sa place, je le redis toujours, parce que pour mon compte, après l'avoir aimée jeune, je l'aime encore étant vieux. Est-ce une force, est-ce une faiblesse?. C'est, dans tous les cas, un grand charme, et j'ai toujours plaint, s'il en est, ceux qui n'y seraient pas sensibles. Et vraiment il me plaît d'y revenir, même à propos de puces.

LXXXIX

20 Octobre 1886.

ORIGAN

Entrez chez un parfumeur, ou plutôt non, lecteur, n'y entrez pas; mais voyez à ses vitrines et sur ses prospectus vous y trouverez les pommades au jasmin, à la rose, au myrte, à la vanille, au muguet, à la violette, au basilic, à l'oranger, à la mélisse, à la menthe, à l'œillet, au piment, au romarin, au quinquina, au réséda, au safran, à la sauge, à la valériane, etc., etc., etc.

Mais la plus parfumée de nos plantes, la plus délicieuse, la plus fortifiante, on l'oublie. Celle dont un botaniste a pu dire : « La vue de cette plante, son odeur aromatique, son calice et ses grandes bractées teintes d'un pourpre violet, ses touffes de fleurs presque en tête, ses hautes tiges purpurines et rameuses, ses feuilles ovales et régulières, tout en cet ensemble produit en nous le sentiment d'un bien-être particulier qui ne peut être éprouvé que dans les sites agréables, tels que les bois solitaires et montagneux... »

Le sentiment d'un bien-être particulier, c'est bien

l'impression causée par l'herbe dont nous allons parler, l'herbe au puissant parfum. Son nom, tiré du grec, signifie *joie de la montagne*. L'origan appartient, comme la sauge, comme le romarin, comme la lavande, la menthe, la bétoine, le thym, l'hyssope, la mélisse et le basilic à la famille des *labiées*. Cette heureuse famille aux fleurs en bouche est le triomphe des parfums. Ces lèvres mignonnes, ces petits yeux qu'on croit voir, ce riant visage aux airs moqueurs, ces fines et belles couleurs, tout ce vivant aspect s'accompagne des senteurs les plus attractives. Pour les respirer, on court, on va, l'on grimpe, mais parmi elles il n'en est pas de plus « plaisantes » que la lavande et l'origan.

Les auteurs grecs surtout n'ont pas tari d'éloges sur l'origan, c'était le *dictame* qu'ils recueillaient sur le mont Ida. Homère et tous les poètes, et tous les botanistes, et tous les naturalistes, et tous les médecins ont célébré ses charmes et ses vertus. Plutarque, Pline, Théophraste, Dioscaride l'ont vantée; Hippocrate, dans les mauvais accouchements, en faisait usage et l'employait en toutes sortes de cas, même la vieille Egypte l'avait en vénération.

Partout, en France, s'épanouit cette reine des labiées; au milieu de tant de parfums aimés, c'est le sien qui domine. Elle est un des principaux charmes, un des principaux enivrements de la campagne;

la vue, l'odorat sont par elle enchantés. On ne résiste pas à cette ivresse. Ceci, lecteur, est un des phéno_mènes mystérieux qui nous retiennent aux champs.

Air pur, oxygène, ozone, soleil, ravissements de la vue, ne sont pas seuls à nous faire aimer la campagne, il s'y joint les parfums, les bruits harmonieux, la brise, l'eau, le feuillage, les oiseaux, les insectes qui partout chantent. Est-ce que dans les villes quelque chose peut remplacer cela? Ce ne sont plus pour la vue, pour l'ouïe et pour l'odorat que mu railles mornes et bêtes, rues sales, bruits discordants et puanteur, quelque amélioration que, sur ce dernier point, on y ait appo t es.

Dans nos jardins publics et privés on essaie de nous rendre quelques petits coins nature; on y réussirait mieux si l'on y attirait un peu plus les oiseaux, si l'on y introduisait et protégeait les cigales, les grillons et surtout, chose bien plus facile, si l'on y cultivait davantage les plantes parfumées et pourquoi pas l'origan? En est-il de plus élégante, de plus riche? et quels perfectionnements nos jardiniers n'en pourraient-ils pas obtenir! la négligence, l'abandon à l'endroit d'une telle plante, cela se peut il concevoir?.. Nos poëtes, restés presque tous des poëtes en chambre, des entremêleurs de mots, semblent en être encore à voir et comprendre les souri-res des labiées, à respirer, à soupçonner même la douceur énivrante de leur haleine; ils chantent quelquefois la rose, parce que Anacréon a chanté la rose. Mais les fleurs, les fleurs adorables qui partout les entourent, les sollicitent, les appellent de leurs signes, de leurs parfums, du frisson de leurs tiges et de leur feuillage, où sont-ils parmi tant de grandissimes poètes, ceux qui les ont aperçues et célébrées?..

Des esprits chagrins quelquefois vous diront : la poésie se meurt. Eh bien! moi, j'ose dire que la poésie n'est pas encore née. Tout au plus se fit-elle pressentir le jour où Jean-Jacques s'écria : *Voilà des pervenches!..* Sainte-Beuve, avec son grand flair, a très bien entrevu qu'il y avait en ce cri toute une révolution.

Mais peut-être demanderez-vous une *conclusion* à cette causerie?

La voici :

Nous aurons réalisé un grand progrès en poésie et même en jardinage, le jour ou, poètes et jardiniers nous diront : *Voilà des labiées, voilà de l'origan!* Ne trouver en la plante que le charme des yeux, c'est amoindrir son rôle. Un vrai jardin doit s'emparer de l'homme tout entier. Les plantes sauvages, toutes sauvages qu'elles sont, savent nous émouvoir en tous nos sens, en toutes nos fibres. Eh quoi! la flore cultivée restera-t-elle pour le parfum au-dessous de la flore inculte? Ne le pensez pas. Cette infériorité ne peut avoir qu'un temps, et, voyez d'ailleurs sur combien d'autres points la flore cultivée a su dépasser la flore sauvage. Nous la vaincrons même aux parfums et nous n'avons pour cela qu'à bien vouloir. Vous pouvez vous en fier à nos bons jardiniers.

XC

27 Janvier 1887.

PRÊLE

Il n'était pas bien difficile d'inventer le tuyau de poêle. Les chaudronniers de Dodome et de Saint-Flour, s'il nous vient d'eux, n'ont pas, en l'imaginant, produit une des sept merveilles du monde, en admettant que le monde aujourd'hui, comme au temps de l'ancienne Grèce, ne compte encore que sept merveilles. Cette invention, dans tous les cas, doit remonter haut dans l'histoire et même dans la pré-histoire.

Parmi les plus anciens végétaux se trouvaient, en effet, des prêles immenses dont la longue tige n'était qu'une série de tuyaux très légèrement et très artistement emboités les uns dans les autres. Les prêles très amoindries qui croissent encore très abondamment dans les prés, dans les champs et sur le bord des fleuves nous en conservent le souvenir très exact. Dans mon enfance, je m'émerveillais de la disposition singulière des tiges de la prêle. Ne sachant pas son nom, je l'avais appelée *tuyau de poêle*. Mais son nom populaire est tout différent : *queue de cheval,* en latin *equisetum.* Les quatre ou cinq variétés qui nous en restent forment la famille des *équisétacées.*

« ... Elles ont fait partie, dit mon compatriote F. A. Pouchet, de la première végétation du globe ; déjà dans le terrain houiller et dans le grès bigarré on trouve quelques unes de ces plantes, mais comme elles s'éloignent des formes de celles qui vivent aujourd'hui on les nommait improprement calamites... »

Rien de plus étrange, de plus insolite dans la flore actuelle que la disposition anatomique de ces végétaux. — Ils sont un indice des différences profondes qui existent entre les flores primitives et celle qui nous entoure. L'évolution n'a pas été petite. Ces restes hétéroclytes d'un monde végétal disparu offrent au botaniste philosophe l'intérêt qu'offrent aux archéologues certaines ruines encore debout des monuments de la pré-histoire.

Oh! que l'univers est vieux dans son inaltérable jeunesse! et quel charme on éprouve à retrouver, à réunir les bribes de son histoire infinie en arrière, infinie en avant!

Les prêles ont je ne sais quel attrait mystérieux. Gracieuses d'une grâce que l'on sent n'être plus de ce monde, elles étonnent et plaisent cependant comme une vague et lointaine réminiscence de temps oubliés. Leur fructification en un épi serré qui termine la tige, la disposition pyramidale de la plante en font comme une étrangère au milieu de nos herbes plus épanouies et plus fraternelles. On dirait un végétal tombé d'une autre planète. La prèle ne peut être cependant qu'une plante terrestre, mais plante des premiers âges de la terre; elle nous montre combien les choses, en ce temps là, différaient des choses d'aujourd'hui.

Plusieurs variétés de la prèle, convenablement desséchées servent aux menuisiers, aux orfèvres à polir le bois et les métaux, c'est à peu près le seul usage qu'on en tire. Les bestiaux cependant ne dédaignent pas les prèles fluviales. Il paraît même que l'ancienne Rome les mangeait quelquefois en guise d'asperges. Il fallait que la population romaine eut terriblement faim. L'antiquité a mangé du reste bien d'autres choses encore plus singulières. Il en est des goûts comme de tout et même de la morale; la loi d'évolution s'y retrouve. Mais l'évolution dans les goûts n'a pas encore, que je sache, son docteur Letourneau, pour nous en exposer l'histoire. Sans doute cette histoire ne nous sera jamais faite; mais ne trouvez-vous pas qu'il y a plaisir à la pressentir et à la deviner? Une grande ignorance enveloppe le peu, le très peu qu'on en peut entrevoir et la chose reste ainsi dans un mystère qui vraiment a son charme, voir et savoir à fond n'étant pas de notre nature. Qu'il est beau le mot de Claude Bernard à M. Cousin :

M. COUSIN

Vous ne savez donc rien à fond?

CLAUDE BERNARD

Si je savais quelque chose à fond, je saurais tout.

Or savoir tout, chers amis, dépasse la portée de nos facultés cérébrales, comme tout voir dépasse la portée de notre vue. Cependant que de choses il nous est donné de voir et de comprendre! Et *comprendre,* disait *Virgile,* est la volupté dont on ne se lasse jamais. C'est la consolation suprême alors même qu'il ne s'agit que d'une simple plante comme la prèle.

XCI

7 Mars 1887.

PLEUPLEU

Il n'est pas de jeune paysan qui ne connaisse, et ne recherche et n'admire le pleupleu; c'est d'ailleurs par son plumage un de nos plus jolis oiseaux : le rouge, le jaune, le blanc, le vert de son habit lui donnent la toilette un peu prétentieuse, voyante et démodée de certains perroquets; il grimpe comme eux, ou plutôt beaucoup mieux qu'eux, avec une prestesse, une rapidité inconnue aux perroquets. Ceux-ci toujours prêts à discourir, à jaser, à crier, tempêter, ne grimpent que par amusement et pour se donner de l'exercice; mais le pleupleu, c'est son gagne-pain de grimper, c'est son travail, travail incessant et terrible : travail de forçat. Buffon le dit très bien, il est à la tâche pour nettoyer les arbres, sonder, fouiller, soulever les écorces, y pourchasser l'insecte qu'un outil des plus singuliers va chercher au fond de sa cachette. Cet outil du pleupleu, c'est sa langue. L'avez-vous vue, cette langue extraordinaire? Peut-être n'en auriez-vous pas cru vos yeux! Tout à fait analogue à celle du fourmillier, elle, s'élance hors du bec avec une prestesse et à des distances dont on n'a pas l'idée.

Sur cela, je demande à tous les empailleurs, (appelons-les de leur nom scientifique et disons à tous les *taxidermistes*) pourquoi, dans leurs préparations, de l'oiseau ils ne mettent pas hors du bec cette langue-outil, outil terrible qui constitue la vraie originalité de l'oiseau : cylindrique, cornée, pointue, barbelée, gluante, elle a tout ce qu'il faut pour arriver à l'insecte et le saisir sans qu'il puisse échapper. Langue vraiment merveilleuse, c'est la partie de lui-même que l'oiseau a dû le plus soigner et développer ou, pour être plus exact, c'est l'organe sur lequel a dû porter principalement la sélection depuis des siècles et des siècles. Les milliers d'années étaient nécessaires pour en arriver à une telle langue, une langue serpent, une langue qui semble à elle seule constituer tout un être, une langue en laquelle on croirait qu'il existe un esprit, langue rusée, active, armée, vigoureuse, secourable et dévouée au bel oiseau qu'elle a pour mission de nourrir.

Si l'on en excepte les avocats, aucune créature ne doit tant à sa langue, et encore la langue des avocats n'est-elle pas, comme celle-ci, une merveille. Chez l'avocat, d'ailleurs, la langue s'accompagne du larynx, tandis qu'ici la langue est tout.

L'analogie, cependant, frappait tout récemment un villageois d'Heurteauville qui disait d'un avocat plaidant : « Il crie comme un pleupleu ».

Le pleupleu, en effet, a le cri rauque, saccadé, perçant, et l'on dit qu'il annonce la pluie; de là son nom. Quant aux syllabes articulées bruyamment et toujours sur le même ton criard, Buffon les traduit par *tiacacan, tiacacan.*

Avez-vous vu dans les bois le pleupleu grimper par saccades rapides le long des troncs et des branches : tête en haut, tête en bas, il court, va, circule, les griffes dans l'écorce, avec une adresse de mouvements qui étonne. Et quels coups de bec! *toc, toc, toc.* C'est à ce bec en pioche que l'oiseau doit son nom de *pic.* Le plus répandu chez nous est le pic vert, ainsi surnommé pour sa couleur dominante.

Aucun oiseau ne rend aux arbres de plus grands services. Ce qu'il dévore d'insectes est incalculable. Quelquefois il arrive que la chasse sur les arbres ne fournit pas assez; le pic alors se rabat vers la fourmillière, et du bec, et des pieds, et de la langue, tout est ravagé. Pas de repos pour cet oiseau d'humeur solitaire et farouche, condamné à toujours piocher, à toujours fouiller. Sa vie est à ce prix. Sa devise, s'il en avait une, serait : *tout pour le ventre.* Aussi vit-il seul, sans amis, sans amours — une rencontre rapide avec la femelle, et puis c'est tout, — aucun art; pas de musique, pas d'architecture, jamais de chant, les œufs déposés au fond de quelque creux d'arbre sur la poussière qui s'y trouve. Grimper, fureter, piocher du bec l'écorce, la sonder de la langue, sans répit, sans halte, n'avoir que le cri de colère et de détresse, voilà le pleupleu.

Et pourtant vous le diriez heureux de vivre, heureux d'être, heureux de ruser avec l'insecte, de le combattre, de le vaincre et de le manger. Il y a dans l'action une telle volupté que celui-ci évidemment s'y complait. Il est repu quelquefois, n'a plus besoin de rien, pourrait respirer, batifoler un instant. Non, pas de repos. Le travail est sa joie : observez-le bien, vous verrez à son humeur sauvage se mêler l'orgueil; l'habit éclatant, la huppe luxueuse, le beau vert, le jaune et la pourpre unis en sa toilette princière vous le montreront ce qu'il est : un oiseau gentilhomme, gentilhomme affamé, tracassant et peinant pour son ventre, comme la taupe, et comme la misérable taupe, aimant à se bourrer, mangeant même sans faim, mangeant pour manger, par incapacité peut-être de faire autre chose, n'ayant pu ou su ou voulu rien apprendre. Châtiment de l'ignorance et du mépris des arts!

XCII

17 Mars 1887.

PLEUPLEU (*suite*)

Un jeune artiste rouennais, qui connait la campagne et qui l'aime et qui s'y plaît et qui, pour cette raison, réussit à la peindre, Ch. Frechon, me disait hier dans les bois d'Heurteauville :

— Vous avez, ces jours derniers, parfaitement décrit le pleupleu, et son bec, et sa langue, sa merveilleuse langue, son outil principal. Mais en ce diable d'oiseau tout est outil. Misérable forçat, il est de toute sa personne organisé pour le travail à perpétuité. Comment n'avez-vous rien dit, Monsieur Labêche, de sa queue si singulière? vous savez cependant de quelle façon il s'en sert pour s'accrocher au tronc des arbres. Les plumes de cette queue sont disposées de manière à serrer la tige pendant que, libre du bec et des ongles, l'oiseau peut piocher à l'aise. Il ne tient à l'arbre rien qu'avec cette queue et souvent des chasseurs le tirant dans cette posture, l'oiseau presque tué, ne tombe pas... On dirait que même étant mort, il ne peut complètement abandonner la tâche.

Le jeune paysagiste avait raison, c'était un tort d'oublier cette queue; mais je suis habitué et mes lecteurs sont habitués aussi à ce genre d'omissions. Que sont en effet mes tableaux sinon des *photographies instantanées* des paysages ou des êtres qu'une rencontre heureuse présente à mon objectif? C'est un moment, c'est un mouvement de l'être qui passe. S'il est saisi au vif et au vrai, dans son coup d'aile, dans sa démarche, dans son attitude, pour moi, je m'en contente, ne fut-il reproduit qu'en une partie de sa personne, l'autre se trouvant ou cachée ou dans l'ombre. Le peintre aussi dans ses tableaux ne peut saisir qu'un moment de ses personnages; mais dans ce moment peut se réfléter toute leur vie. Ceci, c'est le secret des grands peintres et non celui d'un simple jardinier, naturaliste à ses heures.

XCIII

18 Mars 1887.

LEPISME — MANTE RELIGIEUSE

Un enfant m'écrit d'un village voisin pour me demander le nom d'un insecte d'argent très joli, très brillant, très *vésillant* qu'il voit quelquefois courir dans l'armoire à linge de sa mère. Un camarade lui a dit que cette bébête s'appelle *petit poisson d'argent*. Mon jeune correspondant ne peut admettre néanmoins que ce soit un poisson « puisque ça ne vit pas dans l'eau ». C'est, en effet, un insecte de la famille des névroptères qui restent à l'état de larves, n'ont point d'ailes et ne subissent aucune métamorphose. Voilà déjà, chez un insecte, quelque chose de très singulier. On l'appelle en français *lépisme*. Il se plaît dans les anciennes boiseries et surtout dans les armoires à linge. Le linge, mais seulement le linge propre semble l'attirer. Il le lui faut bien plié, bien en ordre. C'est comme un petit inspecteur de la lingerie. Aussi en beaucoup de contrées l'a-t-on surnommé la *lingère*. Ses mœurs, ses habitudes ne sont pas bien connues, non pas assurément que la bête ne soit commune et facile à

observer, mais l'observateur attentif **et patient**
n'est pas encore venu pour le lépisme. La petite
bête argentée n'a eu encore ni son Réaumur, ni son
Huber, ni son Lyonnet, ni son John Lubbock. Cet
observateur, n'en doutez pas, se produira quelque
jour. Mais présentement, l'on ne sait pas même très
bien d'où nous sont venus les lépismes; on les croit
originaires d'Amérique.

Voilà, mon jeune ami, tout ce que je puis vous
apprendre sur le *petit poisson d'argent* de votre
armoire. Mais pourquoi ne vous mettriez-vous pas
vous-même à observer cette gracieuse bestiole? il
n'est pas possible qu'avec de l'attention, du soin **et**
de la patience vous ne réussissiez à saisir quelque
chose de ses mœurs. Alors, ce serait à vous d'instruire le vieux jardinier. J'attends le compte rendu
de vos observations.

Un autre correspondant ne se contente pas de
m'interroger sur le nom et les mœurs d'une bestiole rapportée par lui d'Italie, il m'annonce l'arri-
vée de la bête par la poste. Le léger colis, en effet,
m'arriva. C'était une petite boîte en carton... j'ouvris
en toute hâte et que vis-je? une longue et maigre **et**
pieuse bête à genoux, la tête inclinée, les mains **au**
ciel et priant Dieu. C'était une *mante religieuse.*

Jamais je n'avais vu cet insecte autrement qu'en peinture; mais à l'état vivant, l'effet, je l'avoue, est saisissant. C'est absolument l'attitude de la prière, de la méditation, de l'absorption en Dieu.

Je voudrais pouvoir vous dessiner ici les deux pattes de devant dévotement repliées sur elles-mêmes et sur lesquelles se courbe l'animal dans une attitude mystique. Du reste, pas un mouvement. Mais qu'un autre plus petit insecte vienne à passer entre ses pattes maintenant repliées ou dans leur voisinage, vous verrez alors ce qu'elles vont devenir pour la mante religieuse : rien autre chose qu'une guillotine terrible. L'imprudent qui ne s'en est pas méfié est en un clin d'œil coupé en deux et haché. La mante religieuse incline la tête pour adorer, ce semble, mais en réalité pour dévorer. La pieuse bête repue se remet en prière. Je la possède depuis deux jours et ne me lasse pas de la regarder.

Carl Vogt, dans ses *Leçons sur les animaux utiles et nuisibles,* a écrit sur la mante religieuse une bien jolie page :

...Naturellement, cette bête devait servir d'exemple pour bien des sermons : « Le Créateur, disent les naturalistes pieux, l'a donnée à l'homme comme un avertissement pour lui rappeler formellement la prière. Le maigre animal ne se nourrit que de la rosée envoyée directement du ciel, en récompense

de sa pieuse vie, mais en quantité seulement suffisante pour lui fournir la nourriture indispensable.
L'humanité pécheresse est avertie par son corps
maigre et desséché d'ajouter à la prière le jeûne et
les macérations, et elle est guidée par cet exemple
dans le chemin de la vertu. »

Et Carl Vogt aussitôt ajoute :

« Dans la réalité, la mante-prie-Dieu n'est qu'un
féroce animal carnassier qui guette les autres insectes, les saisit, les coupe avec ses pattes et se nourrit
de préférence de mouches et de sauterelles sans
même respecter ses semblables. »

Ne voilà-t-il pas, lecteur, **une intéressante bestiole. Qu'en pensez-vous?**

XCIV

20 Octobre 1887.

SEMELLE DU PAPE

Garde-toi, tant que tu vivras
De juger les gens sur la mine.

Voici une plante difforme, grotesque, repoussante, maussade, mauvaise au regard et plus encore au toucher; plante lourde, sans mouvement, sans grâce, sans feuilles ou plutôt n'ayant pour tout feuillage que des épines aigues, malsaines, implantées par paquets sur ses odieuses tiges, tiges traînantes, plates, formant comme un chapelet de semelles d'un cuir vert et sale qui, tout de suite, éveillent la défiance; tiges vivaces, coriaces, tenaces, s'enchevêtrant les unes dans les autres, formant comme une masse rocheuse; au premier aspect, on se demande si cela vit, si cela croît, pousse, se développe. Eh! vraiment oui, ces rochers végétaux sont très vivants; cela pousse et cela fleurit; et quelles fleurs! La nature n'en a pas de plus belles, de plus éclatantes, de plus luxueuses. C'est un épanouissement que l'œil supporte à peine et qui vous retient pourtant, qui vous enchante et vous stupéfie! Il n'y a pas seulement en sa large et resplendissante corolle l'éclat incomparable; elle réunit tous les tons, toutes les nuances. Sur les bords, c'est le rouge en toute son incandescence, et puis du rouge brun au rouge vif, au rouge calme, au rouge faible, au rose, à la couleur de chair, on arrive doucement au cœur presque blanc, et toutes ces nuances dans une pureté unique.

J'oublie qu'en nombre de variétés, le parfum est exquis. Laissez se flétrir cette fleur; en quelques heures ce sera fait. Un tel éclat n'est pas fait pour durer; et voilà qu'à la fleur succède un fruit délicieux; c'est la figue de Barbarie, cela croît en Espagne, en Italie, en Grèce; mais surtout cela croît en Afrique et en Amérique, au Brésil et au Chili; c'est sur cette plante que vit et que se récolte la cochenille. C'est l'opuntia, plante type de la famille des Cactus, c'en est aussi la plus vulgaire, la plus facile à cultiver. Il n'y en a pas de plus répandue; ça pousse en pot comme des champignons en cave et presque sans soins. Pour la reproduire, il suffit d'un fragment de ses larges tiges ou semelles : vous enfoncez en terre ce fragment jusqu'au milieu et vous le voyez en peu de jours s'entourer de bourgeons qui sont autant de semelles au bout de quelques semaines : l'étrange végétal a reçu les noms de nopal, cardasse, raquette, semelle du pape.

Au temps de mon apprentissage chez le père Colboc, je fréquentais dans son voisinage sur la côte des sapins deux bonshommes bien extraordinaires chacun en son genre, l'habile dessinateur Hyacinthe Langlois et le tisserand Antheaume, l'inventeur du métier à bretelles. Leurs noms ont été donnés depuis leur mort à deux rues de la ville. Antheaume était grand amateur de jardinage et de curiosités horticoles. C'est chez lui que je vis pour la première fois la semelle du pape. Témoin de mon admiration, il détacha un lopin de sa plante, me l'offrit ; je plantai cette semelle dans un pot et la conservai des années. Elle était devenue superbe.

Quand on a jardiné toute sa vie, on trouve aux plantes, outre leur propre charme, tout un monde de souvenirs qui les rend de plus en plus chères. Combien j'en pourrais citer qui, pour moi, sont dans ce cas de la plus-value des bons souvenirs ! Que d'amitiés, que d'épisodes rappellent à tout vieux jardinier les plantes de son jardin ! Ce ne sont plus seulement des plantes, ce sont quelquefois des personnes qu'on croit revoir en elles.

Je ne doute pas que nombre d'horticulteurs ne pussent, en écrivant leurs mémoires, intituler chaque chapitre du nom de quelque plante. Ainsi, l'on pourrait avoir : chapitre I, *Pois-fleurs ;* chapitre II, *Réséda ;* chapitre III, *Tubéreuse ;* etc., etc.

Vous trouveriez pourtant des hommes d'esprit pour vous dire qu'il n'y a plus à créer aucun genre nouveau en littérature... Eh bien, moi, j'aurai cette hardiesse d'affirmer qu'il y aurait à nous donner toute une littérature jardinière, que personne encore ne soupçonne, littérature pleine d'ampleur, de magnificence, de mystère, où trouveraient place, en même temps, la science et la poésie; littérature consolante, fortifiante comme le sont par leurs sucs quelques plantes elles-mêmes qui peuvent activer les mouvements du cœur.

Ah! qui nous le donnera ce chant de la vie végétale?... Je sens à n'en pouvoir douter que nous l'aurons un jour: mais me sera-t-il donné de l'entendre?...

Prière de ne pas enlever cet espoir au vieux jardinier.

XCV

30 Janvier 1888.

SCARABŒUS SACER

Un bon bourgeois dans sa maison
. . . .

C'est la chanson qui me revient, au moment de montrer une fois encore quels enchantements et quels triomphes sont réservés à ceux qui sauront employer leurs loisirs à l'observation attentive de la plante la plus humble ou du plus vulgaire animal. Un insecte, le bousier, va nous servir d'exemple. Hélas! c'est un dieu que nous allons précipiter des hauteurs de l'Olympe... Adoré de l'ancienne Egypte, admiré de toute l'antiquité et même des temps modernes pour son savoir et ses vertus, le scarabée sacré (*scarabœus sacer*) ne va plus être qu'un goinfre, égoïste et solitaire.

Vous avez lu partout la belle histoire du bousier sacré, pétrissant, promenant sa pilule, ce qui, par parenthèse, avait rendu l'insecte respectable aux vieux apothicaires. Cette pilule de bouse grossie et promenée avec tant de soin, tant de péripéties et que si souvent vient lui enlever un autre bousier, elle

12*

était destinée, pensait-on à la nourriture de la petite larve produite par l'œuf que l'insecte y déchose-
rait. Cette boule admirable était l'œuvre de la prévoyance maternelle.

Toute l'antiquité s'est tenue en respect devant
cette tendresse.

On ne parlait qu'avec génuflexions du scarabée
sacré....

Mais ne voilà-t-il pas que de nos jours, un entomologiste *endiablé* (c'est bien le mot) a voulu vérifier
les choses *de visu*, n'empruntant pour cela d'autres
yeux que les siens.

Tout ce qu'avaient vu les anciens observateurs
jusqu'au moment où le scarabée cache sa boule dans
un trou, M. Fabre, le nouvel observateur, l'a revu
et confirmé; ce sont d'ailleurs des agissements faciles
à vérifier et qui, dans les régions méridionales, s'accomplissent chaque jour en plein soleil. Mais à partir
de l'enfouissement de la boule commence le mystère. Or, c'est ce mystère, c'est ce dernier acte secret
que voulait et qu'a su pénétrer le fervent et patient
entomologiste. Il était d'ailleurs bien loin de s'attendre au spectacle qui lui était réservé. Ce spectacle, il l'a observé et décrit dans ses moindres détails.

Le trou, le sanctuaire destiné à la boule précieuse,
a été creusé d'avance. C'est un long couloir au fond
duquel une chambre est destinée à recevoir la pilule

sacro-sainte qui, quelquefois, atteint les dimensions
d'une grosse noix. Le propriétaire de la boule aime-
rait à pénétrer seul dans l'enceinte mystérieuse,
mais s'il n'a pu l'y amener sans secours, si quelque
compagnon lui est venu en aide, le compagnon sans
cérémonie, le suivra et l'aidera jusqu'au bout.
cependant que va-t-il se passer dans l'impénétrable
retraite? Voila ce que tenait à voir M. Fabre et ce
qu'il a très bien vu.

La boule, pour le pieux anachorète et pour son
compagnon, s'il n'a pu l'éviter, la boule est un pâté
exquis, savamment préparé, fermenté, mijoté.

Mais ici laissons la parole à l'observateur :

« A elle seule la pilule presqu'en entier remplit la
salle; la somptueuse victuaille s'élève du plancher
au plafond, une étroite galerie la sépare des parois.
Là se tiennent les convives, deux au plus, un seul
bien souvent, le ventre à table, le dos à la muraille.
Une fois la place choisie, on ne bouge plus; toutes
les puissances vitales sont absorbées par les facultés
digestives. Pas de menus ébats qui feraient perdre
une bouchée.... Aussi le scarabée est-il doué d'une
puissance digestive peut-être sans exemple ailleurs...
Une fois en loge avec des vivres, jour et nuit, il ne
cesse de manger et de digérer jusqu'à ce que les
provisions soient épuisées. La preuve en est palpa-

ble. Ouvrons la cellule où le bousier s'est retiré du monde.

« A toute heure du jour nous trouverons l'insecte attablé, et derrière lui, appendu encore à l'animal, un cordon continu grossièrement enroulé à la façon d'un tas de câbles. Sans explication délicate à donner aisément, l'on devine ce que ledit cordon représente. La volumineuse boule passe, bouchée par bouchée, dans les voies digestives de l'insecte, cède ses principes nutritifs et reparaît du côté opposé filée en cordon. Eh bien! le cordon sans rupture, souvent d'une pièce, toujours appendu à l'orifice de la filière, prouve surabondamment, sans autre observation, la continuité de l'acte digestif. Quand les provisions touchent à leur fin, le câble déroulé est d'une longueur étonnante... Toute la pelotte passée à la filière, l'insecte reparaît au jour, cherche fortune ailleurs, trouve, se façonne une nouvelle boule et recommence... »

Voilà l'histoire exacte, avérée, irrécusable du *scarabœus sacer*. C'est une bête goulue insatiable, qui n'a de culte, d'attention, de prévoyance, de soins, de travail et d'adoration que pour son ventre.

Egyptiens, pauvres Egyptiens, voilà devant quel dieu vous vous êtes prosternés durant des siècles. Hélas! Hélas!..

XCVI

25 Février 1888.

CERCERIS ET BUPRESTE

« Celui-ci tuera celui-là »

Celui-ci, c'est un hyménoptère, insecte léger, aérien, transparent, le *cerceris*. (Voyez ce qu'en dit M. Fabre, tome 1er des *Souvenirs entomologiques*.) *Celui-là,* c'est un puissant et brillant coléoptère enveloppé d'une cuirasse splendide, épaisse, solide, impénétrable. Il brille au soleil comme une pierre précieuse, — c'est le *bupreste*. Si, vous les montrant l'un et l'autre, cerceris et bupreste, quelqu'un vous disait : « Celui-ci tuera celui-là », vous souririez à cette impossibilité. Heureusement, ce n'est pas une histoire nouvelle que de voir David vaincre Goliath.

— Mais pourquoi et comment la mouche fragile et légère s'en prendrait-elle à ce rhinocéros cuirassé, qu'en fera-t-elle? elle ne vit que du suc des fleurs, comme l'abeille sa parente.

— Sans doute, elle ne vit que du suc des fleurs, mais de l'œuf que tout à l'heure elle va pondre au fond de son trou, doit naître une larve vorace qui ne pourra se nourrir que de viande fraîche.

Le cerceris ne verra jamais cette larve, il sera mort avant son éclosion, mais il n'en aura pas moins pourvu à tous ses besoins et garni le dressoir de la bestiole impuissante à trouver elle-même sa nourriture.

Voilà le *pourquoi* de ce meurtre du bupreste par le cerceris. Mais le *comment*, lisez-le dans les *Souvenirs entomologiques*. Le moucheron, véritablement, foudroie le coléoptère avec une rapidité que l'œil ne peut saisir. Le bupreste roule sur le sol... Le cerceris l'emporte dans son antre. Les naturalistes chercheurs y trouvent, dans cet antre, de superbes provisions de ces insectes destinés à nourrir la postérité du cerceris. Mais pour l'éclosion de la larve et pour son développement, il faudra du temps, un grand mois tout au moins.

O merveille! le bupreste apporté au nid par le cerceris se conservera frais tout ce temps-là. La flèche empoisonnée de la mouche a pénétré jusqu'aux ganglions nerveux du coléoptère par l'unique et imperceptible défaut de sa cuirasse, entre la première et la seconde paire de pattes à la jointure du prothorax. Les naturalistes avaient pensé qu'avec le venin foudroyant, *celui-ci* lançait dans les viscères de *celui-là* un liquide antiseptique, c'est-à-dire conservateur.

C'est tout au plus ce qu'aurait pu inventer a science humaine. Mais ici, s'écrie M. Fabre, est mise en son jour *l'écrasante supériorité de l'animal*.

Le bupreste n'est pas tué, il est endormi par le cerceris, endormi d'un sommeil qui doit durer plus d'un mois et que suivrait la mort définitive s'il n'était auparavant dévoré par la larve de l'hyménoptère. Le bupreste se conserve vivant, immobile et sans conscience, à la discrétion du misérable ver.

Le chapitre des *Souvenirs entomologiques* ou sont exposés ces faits merveilleux, M. Fabre l'intitule : *un savant tueur*.

La conclusion qui tout naturellement se présente en lisant de telles choses, c'est qu'il n'y a pas chez nous encore de chimie comparable à la chimie des insectes.

Les insectes sont, par excellence, les êtres savants, industrieux et artistes.

Des romanciers se sont fatigués à l'invention de mondes extaordinaires, mais pour trouver mieux, il ne faut que regarder à nos pieds les insectes, — voilà vraiment un *autre monde* et tout à fait fantastique. — Dites, je vous prie, ce qu'est le *scarabée d'or* d'Edgard Poë, au pris du *scarabœus*

sacer, observé par M. Fabre, et dont je vous par-
lais l'autre jour.

Oh! la pauvre et maladive et fatigante invention
que le *scarabée d'or*! je voulus, un jour, la lire et
n'y pris qu'une forte migraine. Il n'y a pas de
romans à faire avec les insectes; leur histoire toute
vraie, bien observée et simplement dite, offre, je
vous l'assure, un spectacle plus saisissant que toutes les inventions du romantisme. C'est ici surtout
qu'est le triomphe de la réalité.

XCVII

12 Mars 1888.

AUTRE MONDE

Heurteauville, notre pauvre village d'Heurteauville, est perdu sous la neige. C'est une affaire en ce
moment que d'aller même à Pont-Bruneau, le village
voisin.

Jugez de la fatigue et de la souffrance des malheureux facteurs qui, pour nous apporter nos lettres
et faire la levée de notre petite boîte, doivent parcourir par des chemins impraticables une distance de
20 kilomètres. Peut-être un meilleur temps sera-t-il
déjà venu quand vous lirez ces lignes, mais, à
l'heure où je les écris, la neige nous menace encore.

> Il neigeait, l'âpre hiver fondait en avalanche,
> Après la plaine blanche une autre plaine blanche.

C'est présentement notre histoire.

Tout travail au jardin, toute promenade au dehors
étant impossibles au vieux jardinier, laissez-le vous
conter des

HISTOIRES DE L'AUTRE MONDE

L'*autre monde*, je vous l'indiquais il y a peu de
jours, c'est le monde des insectes tel que nous l'ont

décrit Réaumur, les Huber, John Lubbock, Darwin, Lepelletier, Audouin, Blanchard, J. H. Fabre et tant d'autres.

J. H. Fabre, en ce moment, me confond, et je n'en suis encore qu'à la moitié de ses *Souvenirs entomologiques,* n'en ayant lu qu'un volume et demi sur trois.

Plus on observe les insectes en leurs métamorphoses, en leurs mœurs, en leurs sens si différents des nôtres, et qui leur donnent du monde extérieur évidemment une perception dont nous ne pouvons nous faire aucune idée, plus on étudie leurs ruses, leurs instincts, leur devination, leurs sensations à distance, plus on se persuade qu'avec eux s'offre à nous une autre vie, un autre monde. Ils ont des sens que nous ignorons et dont pourtant nous constatons les effets.

On a essayé de dépayser des mouches: éloignées de leur nid, enfermées dans des boîtes obscures qu'un mécanisme faisait tourner dans un sens, puis dans l'autre, ces mêmes boîtes d'ailleurs placées sur une fronde étaient mises en rotation rapide par l'expérimentateur qui pirouettait sur lui-même et faisait ainsi mouvoir la fronde *suivant tous les azimuts.*

Ces mouches, apportées d'un lieu agreste et sauvage, puis lâchées dans les rues étroites d'une ville

(Avignon), s'élevaient d'un élan vertical au-dessus des maisons, et puis d'un trait rapide, sans hésitation, partaient dans la direction de leur nid où quelqu'un, placé en observation, les voyait rentrer en un temps très court.

Il n'y a ici d'explication possible que par un sens à nous inconnu.

Si nous avons, nous seigneurs mammifères, nos organes intellectuels dans le cerveau, est-il bien sûr que les insectes n'aient pas aux antennes ou dans de certains poils une partie de leur intelligence?

Est-ce que même en nous, des actes intellectuels ne se produisent pas ailleurs que dans le cerveau? L'estomac ne semble-t-il pas avoir dans l'acte de la digestion son intelligence propre? Et ne sait-on pas avec quelle intelligence supérieure se comportent les organes féminins durant l'accouchement? nombre de ces actes s'accomplissent sans que le cerveau en soit informé, et sans sa participation, voilà tout.

Chacun de nos organes a son instinct spécial. Les insectes, si différents de nous, avec des sens si différents des nôtres, ont nécessairement une manière toute différente aussi de voir, de juger, de sentir, d'apprécier et d'agir.

Ils ont des yeux quelquefois par centaines. Les sons, les odeurs sont perçus à des distances impossibles, mais ne vous figurez pas qu'ils les perçoivent à notre façon. Leur respiration, que beaucoup d'entre eux peuvent suspendre à volonté, leur circulation diffèrent essentiellement de notre respiration et de notre circulation.

Et que dira-t-on de leur manière d'être à l'état de chrysalide, « manière d'être sans nom, qui n'est ni le sommeil, ni la veille, ni la mort, ni la vie ». (Fabre, t. I, page 107.)

Quelques-uns semblent n'avoir presque point de cerveau ; mais ne pourrait-on pas dire que tout leur organisme est cerveau ? En même temps que tout en eux est outil de précision, tout y semble intelligence. Voilà pourquoi nous trouvons parmi les insectes des géomètres, des ingénieurs et surtout des chimistes et des physiologistes d'un savoir incomparable. Les arts, ils nous y ont précédés. La musique, la danse, la mimique, l'architecture, le tissage, la broderie ; ils avaient tout cela que nous en étions encore à vivre dans des trous. Les araignées descendaient au fond des eaux dans une cloche à plongeur, s'élevaient en ballon dans les airs des milliers de siècles avant nous et tout aussi longtemps avant nous un coléoptère, le bombardier, mettait en fuite ses ennemis terrifiés par son artillerie.

Des scarabées, des mouches, des vermisseaux ont été en tout nos devanciers.

Mais n'oublions pas que rien dans la nature ne

leur apparait comme à nous; que la matière a pour
eux des manifestations qui nous sont inconnues. Ils
voient autrement, entendent autrement, comprennent autrement; bref, les insectes sont les vivants
d'*un autre monde*, mais pour sûr dans cet autre
monde on voit, on entend, on sent on comprend et
même on semble *deviner*.

La *Psychologie des insectes* est pour nous lettre
close, mais il y a une *Psychologie des insectes,* psychologie puissante, infaillible sur beaucoup de
points, aveugle et fautive sur quelques autres. On
leur a refusé parfois le raisonnement — à tort, je
pense, — mais on leur accorde l'intuition. Or, notez
que cette faculté dite *intuition* ne nous étant pas
expliquée, la chose se réduit pour nous à un mot et
rien de plus.

Dans tous les cas, et quelque mot qu'on choisisse
pour désigner chez l'insecte ce qu'on appelle en nous
intelligence, cette faculté de comprendre existe chez
lui et s'y exerce avec une force extraordinaire.

Aussi, quels enchantements dans l'étude de ces
êtres qu'on a si longtemps méprisés!

Ces enchantements, M. Fabre n'a pu résister au
plaisir de les exprimer page 119 de son premier
volume :

« Beaux sphex éclos sous mes yeux... envolez-
vous, faites race afin de procurer un jour à d'autres

ce que vous m'avez valu à moi-même : les rares
instants de bonheur de ma vie... »

M. Fabre n'a pas goûté seulement du plaisir à ces
études il en a senti et sait en faire sentir l'utilité
pratique, surtout pour les agriculteurs et les horticulteurs. Nous avons vu dans notre région s'établir,
et non sans succès, un laboratoire d'entomologie
agricole. Des esprits superficiels s'en sont étonnés;
mais écoutez M. Fabre, page 12 de son deuxième
volume :

« On fonde à grands frais, sur nos côtes océani-
ques et méditerranéennes, des laboratoires où l'on
dissèque la petite bête marine... A quand donc un
laboratoire d'entomologie, où s'étudierait, non
l'insecte mort, macéré dans du trois-six, mais l'insecte vivant; un laboratoire ayant pour objet l'instinct, les mœurs, la manière de vivre, les travaux,
les luttes, la propagation de ce petit monde avec
lequel l'agriculture et la philosophie doivent très
sérieusement compter. Savoir à fond l'histoire des
ravageurs de nos vignes serait peut-être plus important que de savoir comment se termine tel filet nerveux d'un cirrhipède... »

Non, non, qu'on ne cesse pas de scruter les filets
nerveux chez le cirrhipède... Toute étude a son
importance et son utilité. Je dis même *utilité pratique;* mais qu'on y ajoute l'observation attentive

et suivie des insectes, l'entomologie agricole aura donc, elle aussi, n'en doutez pas, ses laboratoires! L'initiative vient d'en être prise à Rouen, elle aura ses effets qui, bientôt, pourront être appréciés.

Voilà quelles sont, pendant ces jours de froid et de neige, les réflexions du vieux jardinier qui, plus il y songe, plus il lui semble que les insectes constituent vraiment un *Autre monde,* dans lequel se trouvent pour lui pas mal de démons parmi quelques anges. Il est donc important de savoir les distinguer.

XCVIII

9 Mai 1888.

SCARABÉE-HERCULE

Tenons-nous en, pour cette fois encore, aux insectes, que d'ailleurs on ne devrait jamais perdre de vue, soit pour les détruire, soit pour les observer en leurs mœurs, en leurs industries si variées, si étranges!..

Nous n'avons, nous autres, messieurs les humains, inventé que depuis peu d'années, la scie circulaire; mais l'un des plus gros coléoptères connus, le scarabée-hercule, aux Antilles, coupe les branches d'arbres à l'aide d'une scie tournante. **Le procédé** qui est à peine croyable, mérite d'être décrit.

L'insecte, si l'on y comprend la mécanique à scier, ne mesure pas en longueur moins de quinze centimètres, — c'est du mâle qu'il s'agit; la femelle est plus petite et, d'ailleurs, n'a pas comme lui en avant du corcelet **au dessus de la tête**, la formidable machine.

Cette machine se compose de deux longues lames de scie recourbées l'une vers l'autre et pouvant, à la volonté de l'insecte, s'écarter, se rapprocher et ser-

rer fortement la branche choisie pour l'opération.
L'énorme scarabée la saisit au vol. L'appareil à scier
se trouve, je l'ai dit, en avant et même très en avant
de la tête. L'insecte se met donc, dans une vitesse
vertigineuse, à voler circulairement autour de la
branche serrée entre les deux fortes lames. La force
centrifuge aidant, en quelques instants l'opération
s'achève, et la branche tombe... Alors apparaît la
femelle, qui était là auprès, en observation. Elle
vient déposer dans la moelle mise à nu l'œuf d'où
sortira la larve... Le misérable ver ayant vécu quelques jours de cette moelle, descendra peu à peu,
jusqu'au cœur de l'arbre, dont il fera sa proie.

Que dites-vous de cette façon de scier les
branches?

Je donnerais, pour ma part, une belle douzaine
de mes plus belles plantes pour voir le scarabée-
scieur ainsi tournant autour de sa branche avec un
bourdonnement formidable. Que pensèrent les premiers voyageurs qui découvrirent cette mécanique
vivante?

Le scarabée-hercule est d'un beau noir luisant, à
l'exception des élytres qui sont sur ses épaules
comme un riche manteau vert-glauque, moucheté de
petites taches noires.

A cause de son appareil à scier porté en avant
comme une longue trompe, ou plutôt comme deux

trompes, l'animal a reçu dans son pays le nom de scarabée-éléphant. Il est rare que les entomologistes n'en parent pas leurs collections, et beaucoup de mes lecteurs se rappelleront l'avoir vu.

Mais qu'est-ce que de voir une telle bête à l'état mort, à l'état desséché? C'est en pleine vie, c'est dans ses luttes, dans ses jeux, dans ses amours, dans son ménage, dans son travail de scieur, qu'il y aurait plaisir à l'observer.

Du reste, si quelques voyageurs naturalistes l'ont entrevu un instant à l'œuvre, ils n'ont guère eu l'occasion de l'observer longuement. Comment vit sa larve, combien de temps met-elle à se transformer? Je n'ai trouvé cela dans aucun des livres où j'ai pu jeter les yeux. En revanche on ne saurait lire sans intérêt et sans plaisir les descriptions du procédé de scierie mis en usage par le scarabée-hercule. Une chose étonne pourtant, c'est le poli, la douceur, et presque le velouté de cette scie. La réussite de l'opération s'explique à peine par la présence de quelques dents aigues sur l'une et l'autre lame; mais comment ces dents fontionnent-elles pendant l'opération, c'est à dire pendant la rotation vertigineuse de l'insecte autour de la branche? Personne ne l'a bien vu, je pense. Sera-t-il jamais possible d'élever l'insecte en cage pour le bien étudier? Pourquoi pas? La patience des entomologistes a déjà fait ses preuves. J'ai parlé du velouté d'une des deux lames (la lame supérieure), Palisot de Beauvoir, dans son grand et bel ouvrage sur *les insectes recueillis en Afrique et en Amérique,* dit très bien que la lame inférieure est garnie en dessous *d'nn duvet lanugi-neux* : EN DESSOUS, c'est à dire du côté destiné à scier la branche, mais il y a sur ce *duvet lanugineux* les deux petites dents qui, par leur jeu rapide, avec les dents de l'autre lame, doivent opérer prestement l'ablation.

Je me figure que peut-être il y aurait là pour la coutellerie chirurgicale et jardinière, un bon pro-cédé d'amputation nette et rapide.

XCIX

1er Juin 1888.

POMMES, CIDRE, LÉGUMES.

Le printemps nons est venu tard, mais il nous est venu splendide. Jamais les fleurs ne furent plus en nombre, plus magnifiques, surtout aux pommiers. A moins de gelées tout à fait tardives ou de grelées, les pommes ne manqueront pas et le cidre pourra continuer de se répandre au loin et d'étendre sa renommée déjà très en train de grandir depuis quelque temps. Et c'est, en effet, on le reconnaîtra de plus en plus, une boisson excellente, du moins chez ceux qui savent la faire et la conserver; malheureusement, c'est une des opérations rurales le le plus souvent faites sans soin, mais allez boire chez ceux qui savent lui donner leur attention un verre de ce bon vin normand auquel on a fait subir quelques mois de bouteille, et vous direz si pour la belle couleur d'or, si pour le goût, le fumet, et même pour la pétulence mousseuse et bruyante, il n'est pas l'égal de beaucoup de vins; il n'est pas à la mode même en beaucoup de maisons normandes, mais il faut qu'il y redevienne et reprenne ses droits.

Du reste, notez que la pomme et son jus sont bien près de perdre leur nationalité; ils se *dénormandisent* pour se franciser. Déjà nombre de provinces lointaines se mettent à la cultiver et non sans succès. En ceci l'histoire du pommier est celle de beaucoup d'autres végétaux. La flore d'ornement, la flore maraîchère, comme la flore fruitière, ont singulièrement étendu leur domaine. Le pommier, le chou, la rose ont élargi leur empire. Combien d'hectares étaient occupés en France, il y a soixante ans, par la culture du pommier et combien aujourd'hui la même culture en occupe-t-elle? Il serait intéressant et instructif de le savoir. Il ne le serait pas moins de connaître la superficie occupée au commencement du siècle et à l'heure présente par la culture maraîchère.

Aux environs de Rouen et du Havre, surtout, l'augmentation s'est produite dans des proportions considérables. C'est, en quelque sorte, un nouvel emploi du sol et le plus productif qu'on puisse lui donner. Les entours d'Heurteauville et de Pont-Bruneau nous offrent le même spectacle. Il y a trente ans, chacun avait son petit jardin à légumes mal tenu et de rapport bien médiocre; aujourd'hui, non seulement chacun a son potager plus étendu, mieux cultivé et plus fructueux, mais les maraîchers de profession abondent; les chemins de fer emportent aux quatre vents le produit de ces cultures.

Je ne sais si en faisant l'éloge des jardiniers, je ne fâcherai pas les cultivateurs, mais je trouve, en général, les premiers plus intelligents, plus instruits, moins esclaves de la routine. Certes, l'agriculture compte des praticiens de grands mérite, mais l'agriculture, vieille industrie, est encore, en beaucoup de ses représentants, trop enchaînée aux antiques traditions. L'horticulture, au contraire, industrie plus moderne, au moins comme grande industrie populaire, a su mieux secouer le préjugé.

Prenez au hasard un agriculteur, vous trouverez probablement un très honnête homme, mais aussi un homme arriéré. Prenez ensuite, au hasard également, un horticulteur, fleuriste ou maraîcher, la chance est grande pour que vous vous trouviez en face d'un homme, aussi très honnête, mais de plus éclairé et tenu même au courant de quelques-uns des plus hauts problèmes de la physiologie végétale.

Il n'y a pas de plus grande moralisation pour l'homme que de cultiver la terre. Cette vérité n'est pas neuve, et M. Prudhomme vous l'eut enseignée avec amphase. Mais il y faut ajouter que rien ne guide et n'éclaire mieux l'esprit que la culture entendue scientifiquement comme le sont aujourd'hui la culture florale et la culture maraîchère.

Aussi, dernièrement à Gand, quel congrès d'hommes distingués venus de toute l'Europe à cette Exposition internationale d'horticulture, la plus importante et la plus riche qui se soit encore vue, paraît-il. Des jardiniers de notre région qui l'ont visitée en parlent tous avec le même enthousiasme. Que de science et d'habileté pratique réunies en ce congrès! Quelques-uns de ceux qui s'y étaient rendus portent des noms respectés du monde entier. Il n'y a qu'un malheur, — et que le père Labêche doit constater, — c'est que dans les autres classes sociales on ne sache pas assez la valeur du jardinier. On persiste à ne voir en lui que l'antique plante-choux de nos pères. Allez donc causer un instant avec ce plante-choux, si vous voulez vous instruire; quelques-uns d'entre eux, peut-être, vous apprendront ce qu'on ne sait pas assez, je veux dire jusqu'à quel degré d'excellence peut s'élever l'homme.

C

9 Février 1889.

LETTRE A M. HENRY SAGNIER
RÉDACTEUR EN CHEF DU *Journal de l'Agriculture.*

Mon cher Monsieur Sagnier, vous connaissez Jean Labèche, le vieux jardinier philosophe; vous savez avec quelle passion il étudie les choses de la nature, et combien il se plaît à les faire étudier aux autres.

En son pays de Normandie, il a su depuis longues années, se faire écouter avec bienveillance, quelquefois avec applaudissement.

Voulez-vous bien, en lui ouvrant le *Journal de l'Agriculture*, lui permettre d'élargir le cercle de ses auditeurs?

Humble fleuriste et simple maraîcher, il vous promet, tout philosophe, c'est à dire tout grand bavard qu'il est, de ne pas s'émanciper au-delà de sa sphère et de s'en tenir aux observations et réflexions qui, d'elles-mêmes, se présentent au spectacle de la vie végétale et de la vie animale.

Le bonhomme a pu, dans son jardin, observer et suivre en leur développement quelques phénomènes intéressants de l'existence des plantes et des bêtes, d'autant plus qu'à sa passion pour l'horticulture, il joignait le goût de l'entomologie qui, selon lui, n'en peut être séparée.

Entre autres spectacles, il a pu longtemps observer les déformations produites par les piqûres d'insectes sur les tiges, les branches et les feuilles qu'on voit, à la suite de ces piqûres, se couvrir d'excroissances, de surcroissances bizarres, de pustules, de gales, de loupes, d'ampoules, verrues, gibbosités, etc. Bien vite il reconnut et lut d'ailleurs dans d'excellents ouvrages, qu'un arrêt de la sève par l'insecte produit ces déformations.

Ainsi, voilà de misérables moucherons, assez intuitifs des faits de la chimie et de la physiologie pour savoir et prévoir qu'en arrêtant quelque part la circulation de la sève, ils donneront lieu à des protubérances ligneuses, pâteuses, spongieuses, caverneuses, gommeuses, nuisibles à la plante (ce qui leur est égal), mais qui leur seront, à eux, gîte et buffet abondamment pourvu de vivres.

Dans ces derniers temps, d'ailleurs, l'occasion lui fut souvent offerte de visiter le laboratoire d'entomologie agricole, créé à Rouen par un jeune chimiste de sa connaissance; il prenait plaisir, dans la section des insectes nuisibles, à voir une collection de plusieurs milliers de ces déformations végétales causées par les piqûres d'insectes.

Mais outre ces déformations voulues et déterminées artificiellement par quelques bestioles, les jardiniers savent qu'il se produit chez les plantes des
déviations spontanées très peu marquées, le plus
souvent, mais qui n'en sont que plus fécondes,
puisque toujours ou presque toujours, ces déviations
légères suivies, développées et dirigées habilement
donneront lieu à des perfectionnements inattendus
de la plante florale ou maraîchère.

La loi des déviations naturelles est, d'ailleurs, aujourd'hui bien connue. Etienne Geoffroy-Saint-Hilaire,
il y a soixante ans, démontrait que la plupart des
cas tératologiques ont pour cause l'arrêt de développement dans un organe quelconque, arrêt qui, le
plus souvent, détermine, à côté de l'atrophie de cet
organe, l'hypertrophie d'un organe voisin.

De l'étude des déviations spontanées dans la vie
organique devaient naître la théorie et la pratique
de la direction des êtres vivants vers le perfectionnement désiré : si c'est une plante ornementale, vers
l'embellissement de sa fleur ou de son feuillage, si
c'est une plante maraîchère, vers le développement
de sa partie nutritive, racine, tige, feuille ou graine.
Ceci semble, au premier abord, n'intéresser que le
jardinier; mais, pour tout esprit philosophe comme
Jean Labêche, et attentif aux lois de l'élevage, jamais il ne s'était produit une pareille lumière.

Darwin s'est fait depuis le promulgateur de cette grande loi vitale entrevue avant lui par Buffon, Lamarck et Geoffroy-Saint-Hilaire; mais entrevoir n'est pas voir et pressentir n'est pas démontrer. La démonstration était réservée au naturaliste anglais.

Ainsi, vous remarquez chez une plante certaine tendance, recueillez la graine et semez. Parmi les sujets obtenus, voyez celui qui a le mieux continué de marcher dans le même sens, recommencez et poussez ainsi pendant plusieurs générations dans le sens indiqué par la plante ancestrale en ses tendances déviatrices, et vous arriverez à des transformations que jamais, au début, vous n'auriez osé prévoir.

Les résultats que peut donner une attentive et judicieuse sélection, quelques habiles éleveurs commencent à le savoir et à en profiter..., non pas en France, où l'enseignement universitaire nous étouffe, mais de l'autre côté du détroit et de l'autre côté du Rhin. Aujourd'hui même, sans le cours de M. Giard, créé par le Conseil municipal de Paris, où serait-il question, dans le monde enseignant, de ces vérités nouvelles? Elles sont nées au pays de Buffon, mais elles n'y ont pu vivre.

On le voit, toute modification spontanée, si légère soit-elle, a sa grande et très grande utilité dans l'élevage des plantes et des animaux. Et vraiment, il avait raison, le vieux jardinier qui, dans mon en-

fance, m'enseignait que, pour obtenir des giroflées
doubles, on doit prendre la graine d'une giroflée à
cinq feuilles, c'est à dire à cinq pétales, le cinquième
pétale, dans une fleur qui, d'ordinaire, n'en a que
quatre, marquant la tendance à la duplicature et en
étant le point de départ.

Au contraire, la déformation produite par l'insecte paraît n'avoir d'utilité que pour l'insecte lui-
même. La plante n'en peut être qu'affaiblie peu ou
beaucoup, et l'action de l'insecte est ici désastreuse,
quelque usage que l'homme ait pu d'ailleurs tirer
de plusieurs de ces piqûres qui lui donnent la noix
de gale, c'est à dire l'encre à écrire et autres produits
dont quelques-uns sont déjà hors d'usage, tels que
les bédégards (dont nous parlerons tout à l'heure)
employés par l'ancienne pharmacie.

En voyant de légères déviations chez les fleurs,
servir de point de départ aux perfectionnements les
plus heureux, les plus divers et les plus imprévus, le
jardinier philosophe se demande si, dans son développement, l'intelligence humaine ne pourrait pas
présenter des phénomènes analogues; et vraiment, il
ne tarde pas à constater qu'il en est ainsi et que la
véritable éducation serait de développer en chaque
sujet ses tendances naturelles, ce que précisément il
fait, lui jardinier, pour les plantes. Favoriser, développer la tendance de chacun, le pousser dans le

sens de son élan spontané, voilà la règle. Et cette satisfaction donnée à votre plante fera que la plante se donnera à vous renouvelée de vie, plus vigoureuse et plus belle. On voudrait pouvoir dire plus heureuse et plus gaie, toute créature a son bonheur et ses joies. — Ceci, c'est l'éducateur travaillant dans l'intérêt de l'éduqué. — Un autre système, tout à fait contraire et trop souvent appliqué, consiste à donner à l'éduqué le pli convenable et utile à l'éducateur. On trouverait ainsi, sans sortir de son jardin, des exemples de ces développements funestes au sujet développé, mais profitables à l'opérateur... Que de cas tératologiques seraient ainsi expliqués dans l'histoire de notre développement moral (ou immoral) depuis quarante ans! Arrêt de sève, arrêt de développement, compression des élans spontanés!

Chaque être apporte, avec l'élément de fixité, sa tendance à quelque échappée. La vie est balancée entre ces deux forces qui font sa grandeur, sa fécondité, sa beauté. C'est un de ces deux éléments que vient détruire l'insecte en immobilisant la sève...

On retrouve ailleurs et beaucoup plus haut dans l'échelle des êtres des cas analogues. Or, ne serait-il pas possible d'assimiler à ces faits d'entomologie certains cas de notre propre histoire?

Cette fin de siècle, si féconde en observations précises des phénomènes de la nature, si riche en découvertes, semblait devoir être pour l'esprit humain le signal de s'en aller d'ici, de là, en pleine émancipation, en plein renouvellement; c'eut été la *Renaissance* agrandie, victorieuse... Mais au lieu de cela, c'est encore la sève arrêtée, formant ses bourrelets monstrueux. Les insectes sont venus, ils ont fait leur œuvre.

Arrêt de la sève!

Chez l'homme donc, et pour des causes pareilles, et jusque dans l'ordre moral, nous retrouvons les protubérances et gibbosités. Ainsi, plus notre acquet scientifique nous donnait la possibilité de mieux voir, de mieux apprécier, mieux comprendre, admirer et aimer la nature, plus se produisaient, contrairement à toute prévision, les arrêts, causes de tant de cas anormaux en philosophie, en littérature, en politique même. Atrophie et hypertrophie! Excroissances et bavures tératologiques! Et l'on se rappelle, à ce spectacle, les bédégards produits aux jeunes branches des rosiers par la piqûre des cynips et formant des boules moussues si jolies et si gracieuses de couleur et de forme, mais mortelles à la branche.

Si l'on remonte jusqu'à l'homme, on voit que certains cas de déformations cérébrales ont produit chez quelques artistes et quelques poètes maladifs des effets qui, comme ceux du bédégard, n'étaient pas sans charme, mais dont languissait, s'étiolait et mourait la branche déformée.

L'homme a donc, lui aussi, ses insectes pour le piquer au cerveau, comme les cerceris piquent le bupreste en ses centres nerveux, opération savante, si patiemment observée et si scrupuleusement décrite par J.-H. Fabre, dans ses *Souvenirs entomologiques.*

Mais où est-il le laboratoire d'entomologie destiné à faire disparaître les insectes producteurs des difformités morales que l'on voit envahir et affaiblir toutes les branches, c'est-à-dire toutes les facultés de notre entendement? Serait-ce une chimère. Je me suis parfois figuré que le vieux levain d'une scolastique, aujourd'hui abandonnée, pourrait bien être le poison immobilisateur de la sève. Vous le savez, le sang des morts est mortel aux vivants. Ce qui fut la vie autrefois tue la vie d'aujourd'hui. Vieilles doctrines mêlées à la jeune science, c'en est la corruption. Nul poison plus terrible. Et pour nous l'introduire, ce poison, voyez combien d'inoculateurs sont là qui attendent le moment propice. C'est absolument, et sur une échelle agrandie, la répétition du spectacle dévoilé dans le monde des insectes depuis Réaumur et Huber jusqu'à John Lubbock et J.-H. Fabre.

Oh! cher monsieur Sagnier, que la vie est partout curieuse à observer chez la plante et chez la bête?

CI

20 Avril 1889.

AU MÊME

Jean Labêche, s'il est un nouveau collaborateur, n'est nullement un lecteur nouveau pour le *Journal de l'Agriculture* ; il le lit avec passion et profit depuis sa fondation par J.-A. Barral, c'est-à-dire depuis bientôt un quart de siècle. Que de choses excellentes il y a recueillies, qu'il retrouve au besoin, quelques-unes dans sa mémoire, et le plus grand nombre dans un registre d'extraits rempli d'aphorismes et de bons conseils ! Admis aujourd'hui à l'honneur de cette collaboration, il comprend que simple jardinier, il n'a pas à intervenir dans les questions agricoles ; il lui semble néanmoins que le jardinier, aussi bien que le cultivateur, a comme trait caractéristique son amour pour la terre qu'il sent, qu'il sait, qu'il voit pleine de vie et qu'en conséquence il traite et considère comme une personne très chère. Vous vous rappelez la belle page de Michelet, tant de fois citée :

« Si nous voulons connaître la pensée intime du paysan de France, cela est fort aisé. Promenons-nous le dimanche dans la campagne, suivons-le. Le voilà qui s'en va là-bas devant nous. Il est deux heures; sa femme est à Vêpres; il est endimanché; je réponds qu'il va voir sa maîtresse.

« Quelle maîtresse? Sa terre.

« Je ne dis pas qu'il y aille tout droit.

« Non, il est libre ce jour là, il est maître d'y aller ou de n'y pas aller, n'y va-t-il pas assez tous les jours de la semaine?... Aussi il se détourne, il va ailleurs, il a affaire ailleurs... Et pourtant il y va.

« Il est vrai qu'il passait bien près; c'était une occasion; il la regarde, mais apparemment il n'y entrera pas : qu'y ferait-il?...

Et pourtant il y entre.

« Du moins il est probable qu'il n'y travaillera pas; il est endimanché; il a blouse et chemise blanche. Rien n'empêche cependant d'ôter quelque mauvaise herbe, de rejeter cette pierre; il y a bien encore cette souche qui gêne, mais il n'a pas sa pioche, ce sera pour demain.

« Alors, il croise ses bras et s'arrête, regarde, sérieux, soucieux; il regarde longtemps, très longtemps, et semble s'oublier. A la fin, s'il se sent observé, s'il aperçoit un passant, il s'éloigne à pas lents à trente pas encore il s'arrête, se retourne, et jette sur sa terre un dernier regard, regard profond et sombre; mais pour qui sait bien voir, il est tout passionné ce regard, tout de cœur, plein de dévotion.

« Si ce n'est là l'amour, à quel signe donc le reconnaîtrez-vous? C'est lui, n'en doutez point... La terre le veut ainsi, pour produire; autrement, elle ne donnerait rien, cette pauvre terre de France, sans bestiaux presque et sans engrais. Elle rapporte parce qu'elle est aimée, »

Ce que le célèbre historien dit ici du cultivateur et surtout du petit cultivateur, possesseur de son champ, peut également s'appliquer au jardinier. On l'a dit depuis longtemps; si l'un est le forgeron, l'autre est l'orfèvre de la terre. Or, un fait singulier frappe depuis un certain temps les esprits attentifs : la terre aux mains de l'agriculteur a perdu de sa valeur, elle en acquiert avec le jardinier.

Mais gardons-nous d'attribuer le premier fait seulement au cultivateur; il en est encore plus la victime que la cause. Une inévitable fatalité pèse par toute l'Europe sur l'industrie agricole, ou plutôt sur la propriété agricole. Le sol lui-même ayant à lutter contre les immenses territoires d'Amérique et d'Asie mis en culture de nos jours, doit voir et voit, en effet, sa valeur s'abaisser. La crise n'atteint pas seulement le travailleur agricole, elle atteint et frappe plus encore le propriétaire. Mais pour ce qui concerne le fermier, il est surtout à noter que la détresse actuelle sévit plus particulièrement sur la grande culture. Le petit *faire valoir* se maintient quelquefois, alors que le grand fermier succombe sous l'impossibilité de payer ses fermages devenus écrasants par suite de la concurrence américaine.

Vous même, cher monsieur Sagnier, vous écriviez dans le *Journal de l'Agriculture* du 18 octobre 1884 : « Ce sont les grandes fermes qui ne peuvent plus payer leurs loyers ; quant au petit cultivateur...., il est beaucoup moins malheureux » et vous ajoutiez : « La crise actuelle est surtout une crise de fermage. »

Les notaires constatent partout cette dépréciation de la valeur du sol, tant en capital qu'en revenu. Cette concurrence faite par le sol américain et indien au sol européen constitue une des grandes évolutions du monde moderne. Mais tout pousse à cette évolution et rien ne l'arrêtera. C'est un nouvel équilibre du monde où pèsent plus qu'autrefois l'Amérique et l'Asie. Sans doute l'Amérique et l'Asie n'existent pas d'hier, mais c'est d'hier qu'elles sont nos voisines, c'est d'hier qu'elles peuvent en moins d'un mois nous expédier leurs denrée, et c'est d'hier aussi que l'industrie agricole s'est établie sur leurs territoires immenses. L'ancienne et lointaine Amérique n'avait de produits à nous transmettre que ceux qui lui venaient « de la grâce de Dieu ». Le travail aujourd'hui règne en maître sur ces vastes domaines du Nouveau Monde. Sachons mettre le travail de chez nous au niveau du travail de là-bas et nous ne tarderons pas à lui pouvoir tenir tête. Mais n'essayons pas de résister par la restriction, par le resserrement des anciennes barrières internationales ; ce serait nous mettre en lutte contre la force des choses. Tout et tous, en effet, veulent aujourd'hui l'élargissement et la rapidité des communications. L'industrie européenne tout entière a demandé et est en train d'obtenir les débouchés vers l'Amérique et l'Asie, vers l'Australie, vers tous les points du globe. Peut-être n'a-t-on pensé d'abord qu'aux produits à expédier vers ces contrées ; mais il fallait prévoir que l'exportation facilitée faciliterait l'importation.

Ne nous lassons jamais de le répéter ; c'est l'équilibre s'établissant entre des mondes autrefois séparés et mis désormais en communication. Le résultat était inévitable, vouloir s'y opposer est une chimère ; ce qu'il faut, c'est prendre les mesures nécessaires à l'amoindrissement des catastrophes qui peuvent en résulter. Imaginer que le vaste et puissant régime industriel établi de nos jours pourra se renfermer dans les anciennes frontières et que telle et telle industrie redeviendront exclusivement nationales, c'est l'utopie du recul, utopie tout à fait irréalisable. La sagesse, c'est de concilier avec l'avénement du régime nouveau, la fin du régime ancien. Il n'est pas à Marseille un fabricant de savon qui ne rève à cette heure et ne soit en droit de rêver la circulation de ses pro-

duits sur toute la surface du globe ; il n'est pas en
Normandie un cultivateur qui ne se réjouisse à voir
ses pommes s'écouler par les chemins de fer et par
bateaux à vapeur à des distances qui eussent paru
folles il n'y a pas cinquante ans. De même, il n'est
pas dans les immenses plaines d'Amérique et d'Asie,
d'exploitant du sol qui ne médite avec raison de voir
ses blés, ses laines et sa viande se répandre de l'un
à l'autre hémisphère. On ne perce pas les isthmes,
on ne sépare pas les continents l'un de l'autre pour
que les navires du commerce n'y passent qu'à l'exportation.

Voilà la situation, ne la niez pas, n'essayez pas de
ra changer, mais voyez dans quel sens et par quels
procédés, par quelles mesures économiques transi-
toires vous pourrez sauvegarder l'agriculteur européen ou plutôt le propriétaire européen contre cette
concurrence inévitable du vieux sol asiatique et du
jeune sol américain.

Ce rapprochement des continents devait produire
dans l'équilibre du monde quelque chose d'analogue
à ce qui résulterait du rapprochement des planètes
qui nous entourent. Notre propre poids en serait
modifié. La science physiologique aurait, non pas à
s'opposer à ce changement d'équilibre, mais à chercher les moyens d'en rendre les effets moins désastreux pour notre organisme; de même, la science

économique doit tâcher d'atténuer les effets désastreux que peut amener pour nos industries et particulièrement pour notre industrie agricole, cette mise en communication presque instantanée de toutes les parties du globe.

Surtout pour une situation si nouvelle, se bien garder de demander conseil au passé, qui n'a rien vu, rien prévu, rien imaginé de comparable. Colbert, le sage et grand Colbert lui-même serait désorienté à ce spectacle. Mais son génie, s'il l'avait conservé, ne tarderait pas à lui faire comprendre que ses doctrines, opportunes il y a deux siècles, seraient aujourd'hui funestes.

Certes, il y a quelque chose à faire pour le législateur; certes, il y a lieu de sauvegarder des situations honnêtement acquises; certes, il y a des malheurs à éviter, à atténuer tout au moins; mais les vrais préservatifs de la catastrophe ne se trouveront point dans un pas en arrière, ils se trouveront dans un pas en avant.

Surtout, ne voyons pas dans cette crise une crise purement française, dont le gouvernement actuel serait cause; voyons-y une question européenne, comme elle l'est en effet...

La situation est nouvelle et nouvelle en ceci que l'Amérique, l'Asie, l'Australie, sont aujourd'hui à nos portes et bien plus menaçantes, je vous l'assure, que ne put l'être Catilina pour l'ancienne Rome.

L'œuvre colossale du dix-neuvième siècle, qui va finir, aura été l'organisation d'une voirie universelle traversant, rapprochant, réunissant tous les points du globe, continents et océans. C'est pour les relations internationales, c'est pour toute industrie, pour toute organisation sociale une condition nouvelle d'existence. Le passé, là-dessus, n'a rien à nous apprendre, car on peut dire que nous sommes ici en présence d'un nouveau monde : une autre agriculture en doit naître ; si cette agriculture nouvelle a des leçons à puiser quelque part, c'est du côté de la culture horticole, si perfectionnée depuis un demi-siècle, qu'elle devra particulièrement jeter les yeux. Ce que, par les procédés scientifiques, c'est à dire par la culture intensive, il est possible de tirer du sol, c'est le jardinier qui le sait et qui peut l'enseigner : emploi de l'eau, emploi d'engrais abondants et spéciaux, choix des semences d'année en année perfectionnées par une sélection habile, culture attentive et intelligente, mise en activité incessante du sol, voilà ce que le cultivateur peut apprendre de l'horticulteur.

Je lisais, il n'y a pas longtemps, un livre bien instructif sur ce point, *La Cité chinoise*, de M. Eugène Simon, et j'ai vu dans ce livre comment, grâce à son agriculture toute jardinière, cet immense empire chinois a trouvé moyen de nourrir, pendant plusieurs milliers d'années, plus de 400 millions d'hommes, alors que l'Europe entière et les Etats-Unis ne comptent que 368,676,000 habitants, dont une partie meurt de faim. Ajoutons que la Chine n'a pas cessé d'augmenter sa population à mesure que haussait la valeur de son sol, estimé aujourd'hui à deux mille milliards de notre monnaie.

Or, ce que M. Eugène Simon met en pleine évidence dans ce beau livre, c'est que l'agriculture chinoise a dû sa puissance productive à son extrême division. Le grand fermage est inconnu en Chine. Chaque famille agricole possède son petit coin qu'elle cultive à la bêche, qu'elle arrose, soigne, surveille et traite à la façon horticole. Pas un coin inculte : grains, légumes, fleurs, fruits, et partout les jolies maisons, propres, élégantes, hospitalières et gaies.

Lisez, cher monsieur Sagnier, si vous ne l'avez déjà fait, ce livre de M. Eugène Simon, et dites s'il n'y aurait pas pour nous d'excellentes leçons à puiser chez l'agriculteur chinois. Ah ! pour savoir ce que la terre peut donner de joie, de paix, de bonheur à celui qui la cultive, lisez surtout et relisez l'histoire de la famille Ouang-Ming-Tsé. Quel roman ce serait chez nous, et c'est en Chine la réalité ! Le cri de Virgile, en ce pays, reste vrai : « O fortunés agriculteurs ! »

Mais qui donc relèvera chez nous l'agriculture?
Vous le savez mieux que personne, cher monsieur,
la ruine de l'agriculture ne serait pas seulement la
ruine d'une industrie, ce serait la ruine même du
pays, et peut-être la fin de notre vieille race française, si bien représentée par nos paysans. Le paysan,
c'est le pays lui-même; il en a la douceur, la force
et la beauté. Vous représentez-vous la France sans le
paysan, sans cet inépuisable fonds de vigueur, de
santé courageuse, de bon sens, de bon cœur, de
gaieté, de vie laborieuse et féconde?

Ah! qu'on ne laisse pas péricliter l'industrie qui
le fait vivre! Tout autre catégorie de travailleurs
pourrait disparaître que l'ensemble du pays peut-
être ne s'en ressentirait qu'un instant. Mais la disparition, la ruine de celui-là, songez-vous à ce qu'elle
aurait de conséquences?

La question n'est pas seulement ici la question du
produit; ce qui importe surtout en économie rurale
c'est le *producteur*. Sachons voir dans l'agriculture,
non pas seulement la grande fabrique de blé, de raisins, de bœufs, de moutons..., mais la grande fabrique d'hommes que tant d'autres de nos industries détruisent. Réhabituons-nous à ces pensées trop négli-
gées depuis trois siècles, c'est-à-dire depuis Henri IV
et Sully, depuis ce grand Olivier de Serres, si semblable au milieu de son domaine du Pradel à ce

fermier chinois Ouang-Ming-Tsé, dont nous parlions tout à l'heure.

Pour ma part, cher monsieur Sagnier, je souffre lorsque j'entends assimiler l'agriculture aux autres industries et cela avec des airs de grande faveur pour l'industrie rurale, industrie souveraine, industrie créatrice devant laquelle toutes les autres devraient rester modestes et respectueuses.

CII

15 Mars 1890.

AU MÊME

Voulez-vous bien qu'aujourd'hui, cher monsieur Sagnier, nous causions un peu des insectes? Ils ont été, ils sont souvent encore une cause de ruine pour l'agriculture; l'agriculture a quelquefois aussi des services à leur demander, et l'on ne semble pas, chez nous, s'en préoccuper assez, du moins au point de vue pratique. C'est en France pourtant, qu'au siècle dernier, l'entomologie, avec Réaumur, commença d'éveiller l'attention et voilà que la France aujourd'hui, pour les études entomologiques, se laisse devancer par l'Italie, par l'Angleterre, l'Allemagne, les Etats-Unis, etc. On assure pourtant que le Ministère de l'Agriculture songe à créer des laboratoires d'entomologie (1). On ne saurait trop l'en féli-

(1) Ce qui n'était qu'à l'état de projet, à cette date du 15 mars 1890, est maintenant réalisé. Grâce à l'initiative du Conseil général de la Seine-Inférieure, un laboratoire régional d'entomologie a été créé à Rouen avec le concours du Ministère de l'Agriculture. Ce laboratoire, depuis le mois de janvier 1891, est en pleine activité.

citer si la chose est réelle, et nous devons tous avec
entrain le suivre dans cette voie. M. Tisserand paraît
avoir sur ce point, comme sur tant d'autres, des
vues excellentes ; applaudissons et marchons ; il n'est
que temps, si nous ne voulons pas rester en arrière
des peuples qui nous entourent.

L'entomologie pratique a pris à l'étranger une
extension qu'ici, nous, nous ne soupçonnons même
pas. Des laboratoires spéciaux, en quelques années,
ont fait donner à ce genre d'étude, à ce genre d'observation et d'expérimentation, une activité, une
portée, une utilité imprévues. Ces laboratoires, mis
en communication par leur bulletin, les uns avec les
autres, ont pu très vite réunir un faisceau de faits
remplis d'enseignements pour l'agriculteur, l'horticulteur, le viticulteur et le pépiniériste. Il n'y a pas
longtemps que le superbe et luxueux recueil des
bulletins du laboratoire de Florence me passant
sous les yeux, me donnait, rien que par ses planches, un avant-goût de la gerbée lumineuse de connaissances pratiques qui, certainement, doit sortir
de ces établissements et qui en est déjà sortie.

L'étude des insectes fait désormais partie de la
science agricole. Le mal que causent tant de bestioles acharnées à nous nuire, on ne le sait que trop
chez nous, en Normandie, où les pommiers, entre

autres, ont tant à souffrir du puceron lanigère; mais s'il existe des insectes dévastateurs, il en est, d'autre part, de bienfaisants et d'indispensables à la fécondation et au développement de certains végétaux.

Tout le monde proclamerait sans hésitation l'urgence d'une étude qui peut nous apprendre à diriger, au gré de nos besoins, la multiplication ou la diminution des insectes, mais des esprits timorés, peu ou point du tout instruits de ce qui se passe ailleurs, se demandent si tant de bestioles qui naissent et meurent par millions et milliards, n'échappent pas à toute direction, à toute réglementation humaine. Que, par aventure, la proposition soit faite de mettre un frein à leur propagation, on hochera la tête en souriant, ce qui est toujours facile et même agréable.

Mais, s'il vous plaît, retournons d'un siècle ou deux en arrière et, par impossible, supposons qu'au temps où, fraîchement armé de ses arguments de collège, un garçon de vingt-deux ans s'écriait plein de faconde :

> Pour moi, qu'en santé même. un autre monde étonne
> Qui crois l'âme immortelle, et que *c'est Dieu qui tonne.*

Supposons, dis-je, que quelqu'un fut venu dire à Boileau (car ces deux pauvres vers sont de lui) :

— Beau poëte, avant même que vous soyez mort,

il naîtra en Amérique un citoyen du monde pour nous apprendre à maîtriser, arrêter, diriger le tonnerre et à garantir de sa chute nos habitations.

Vous vous figurez l'accueil qu'eut reçu cette prophétie audacieuse.

Eh bien! quant à moi, j'avoue sans difficulté ne pas croire impossible qu'avant un quart de siècle, grâce aux stations météorologiques, nous sachions, selon nos nécessités, attirer ou repousser la pluie; le plus puissant et le plus terrible des phénomènes météorologiques, celui qui semblait à Boileau lancé par Dieu lui-même, n'a-t-il pas trouvé son dompteur et son maître?

Pourquoi n'obtiendrait-on pas avec les laboratoires entomologiques des résultats analogues?

Les observations, les expériences, les acclimatations, les élevages (d'abeilles, par exemple, et de vers à soie), les essais de destructions des insectes nuisibles, la recherche des moyens propres à garantir nos cultures, la guérison des arbres, arbustes et végétaux de tous genres attaqués déformés, ou alanguis par les parasites, voilà le but que l'Italie, l'Allemagne et l'Amérique se proposent d'atteindre dans les laboratoires d'entomologie agricole et ce que déjà ils ont en partie réalisé.

Cinq ou six établissements du même genre créés chez nous par l'État, dans cinq ou six régions diffé-

rentes, avec le concours des départements et mis en
communication de recherches, d'études, d'observations, voilà ce qui sans doute nous permettra de reprendre un rang digne de nous dans cette science
de l'entomologie toute française au début.

Et savez-vous qui fut un des premiers défenseurs
de l'entomogie à sa naissance? Ce fut Voltaire; cela
mérite d'être rappelé.

Réaumur venait de publier ses *Mémoires pour servir à l'histoire naturelle des insectes*, un chef-d'œuvre en douze volumes qui seul vaudrait à ce grand
homme l'immortalité. Le père Malebranche dans sa
Recherche de la vérité, s'avisa d'écrire : « Les hommes ne sont pas faits pour considérer des moucherons; et l'on n'approuve pas la peine que quelques
personnes se sont donnée pour nous apprendre comment sont faits certains insectes, la transformation
des vers, etc., il est permis de s'amuser à cela, quand
on n'a rien à faire et pour se divertir. »

— « Cependant répondit Voltaire, *cet amusement
à cela pour se divertir* nous a fait connaître les ressources inépuisables de la nature... cet *amusement à
cela* a développé un nouvel univers en petit, et des
variétés infinies de sagesse et de puissance, tandis
qu'en quarante ans d'études, le père Malebranche à
trouvé que *la lumière est une vibration de pression*

*sur de petits tourbillons mous et que nous voyons tout
en Dieu.* »

Personne n'oserait aujourd'hui répéter les dires ridicules du père Malebranche et l'on commence à comprendre que l'entomologie appliquée à l'agriculture, c'est la rentrée en possession d'une partie des millions qui, chaque année, nous sont enlevés par l'insecte.

Ce que nous ont coûté, en Normandie, depuis quarante ans, le hanneton, le puceron lanigère, le taupin des moissons, pour n'en pas citer d'autres, on n'en a pas perdu le souvenir. Les journaux, les rapports des préfets, ont à plusieurs reprises, été pleins du récit de leurs ravages.

Ne semble-t-il pas que l'heure soit venue d'appliquer enfin à l'agriculture cette science entomologique?

L'agriculture demande à grands cris qu'on la protège, et chaque jour vous vous faites l'écho de ces cris; mais pour l'agriculture comme pour toute industrie, il n'y a pas de protection plus efficace que l'étude, la recherche et les applications de la science. Nos plus riches usines, si vous cherchez leur point de départ, leur base la plus solide, vous les trouverez dans le laboratoire souvent très modeste du physicien et du chimiste. Humphry Davy n'eut d'abord d'autres appareils que des tuyaux de pipe et des fioles de pharmacie dans ce laboratoire d'où sont sortis tant de découvertes, et par suite, tant de transformations, tant d'améliorations industrielles. Laboratoires de physique, de mécanique, de chimie, sont les plus solides colonnes du monde moderne. Mais voici venir les laboratoires pour l'étude des êtres vivants; que de perfectionnements s'y préparent pour le grand art des élevages! Pourra-t-on jamais dire les services qu'a rendus à l'agriculture le célèbre laboratoire créé par Darwin dans sa solitude de Down? L'infatigable naturaliste ne put s'y livrer autant qu'il l'eut voulu à l'étude des insectes, mais il faut l'entendre, dans sa correspondance récemment publiée, donner ses encouragements à ceux qui se livrent à cette étude :

« J'ai vidé souvent mon verre, écrit-il à John Lubbock, en portant ce toast : *Floreat Entomologia!...* » Que règne et fleurisse l'entomologie!...

Qu'en pensez-vous, ami Sagnier, si Benjamin Flanklin, en étudiant patiemment dans son laboratoire de Philadelphie les phénomènes de l'électricité, a pu nous préserver de la foudre (*eripuit cœlo fulmen*), si l'observation des infiniment petits nous a peut-être mis sur la voie d'obvier à de terribles maladies, que ne pouvons-nous pas attendre de l'étude de bestioles bien plus facilement observables?

A mesure que l'ordre s'est établi dans le monde, on y voit s'affaiblir l'armée des **insectes malfaisants**.

Le triomphe de la bête et surtout de la bestiole, si vous voulez le voir dans toute sa puissance, allez aux forêts inexplorées de l'Afrique centrale, voyez tout au moins ce qu'en écrit Stanley dans ses lettres sur *La délivrance d'Emin Pacha.*

« Figurez-vous, dit-il, cette forêt (il fallut à Stanley 160 jours pour la traverser) figurez-vous cette forêt, ces joncles, à toutes les périodes de croissance ou de vétusté : vieux arbres pourris, déracinés, inclinés d'une façon menaçante, puis tombant enfin : Fourmis, insectes de toutes sortes, de toutes tailles, de toutes couleurs, murmurant à vos oreilles... »

Voilà dans quel milieu l'insecte peut régner, il lui faut la pleine sauvagerie ; en terre civilisée il diminue peu à peu de nombre et par le nombre seulement l'insecte est redoutable. Stanley, dans un autre de ses voyagesparle d'une contrée rendue inhabitable par les perce-oreilles, tant ils y sont en nombre formidable.

Il n'y a plus pour l'Europe à redouter de semblables fléaux, l'insecte est en baisse et le sera de plus en plus à mesure que l'agriculture plus ɉinstruite et plus active, perfectionnant et multipliant ses moyens de défense, arrivera enfin à se nettoyer de toute vermine, ce qui n'est pas impossible. L'étude de l'électricité au siècle dernier nous a préservés du tonnerre, l'étude de l'entomologie, au siècle prochain, nous préservera des insectes. Voilà pourquoi nous devons tous redire avec Darwin : *Floreat Entomologia!* Honneur à l'entomologie et surtout à l'entomologie agricole!

Sans faire ni de la politique ni de l'histoire, deux choses qui se tiennent de si près, rappelons seulement que l'entomologie agricole remonte à la Convention, qui, par sa loi sur l'échenillage, inaugura vraiment la guerre aux insectes, guerre utile, urgente, opportune et fructueuse, mais qui ne pouvait être entreprise que par des hommes convaincus de son efficacité, c'est à dire persuadés qu'avec du soin, de la patience et de l'entente, il est possible de se débarrasser des bestioles nuisibles. Le manque de confiance, l'indifférence, l'apathie, l'absence d'études sérieuses sur ce point ont pu seuls mettre leurs entraves à cette croisade, mais l'heure est venue de la reprendre et les étrangers l'ont, en effet, reprise; que pourrait-on bien attendre chez nous?

CIII

7 Mai 1890.

AU MÊME

Petit jardin deviendra grand.

Je suis vieux, et les vieux ne vaudraient pas quatre sous, s'ils n'avaient pour eux et pour les autres, l'avantage de se souvenir. Je me souviens donc qu'il y a soixante ans, dans nos campagnes et même dans les exploitations rurales les mieux tenues, rien n'était autant négligé que le jardin ; jardins potagers et jardins d'agrément, tout cela était d'une pauvreté, souvent d'une exiguité qu'on n'imaginerait plus : la culture fruitière, les jolis espaliers le long des murs, le long des moindres maisonnettes, vous trouvez cela maintenant presque partout mais *in illo tempore*, ce luxe productif était inconnu.

Si l'on remonte un peu plus haut, c'est à dire avant la Révolution, on ne trouve le verger que dans quelques abbayes et dans quelques châteaux : le paysan, Jacques Bonhomme, ne donnait de soins qu'à son champ et quels soins !...

Heureusement, les choses ont changé et, d'année en année, j'ai pu suivre la transformation qui s'est

opérée. J'ai vu partout s'agrandir le jardin et le ver·
ger, j'ai vu le paysan leur donner chaque année
plus de soins.

J'ai vu, dans le jardin, se multiplier et se perfectionner les cultures : fleurs, fruits, légumes ont été
améliorés, améliorés à un point que jamais on n'eut
osé prévoir.

Oh! que vous vous tromperiez, hommes d'aujourd'hui, si vous pensiez que les navets, les bette-
raves, les choux, les carottes et même les pommes
de terre d'avant la Révolution ressemblaient aux
pommes de terre, aux carottes, aux choux et aux
navets que nous cultivons à cette heure!

Nos pères étaient d'avis de laisser aux cochons la
Parmentière; vous ne seriez pas plus qu'eux empressés de vous en régaler si on vous la présentait
avec ses minces qualités primitives. Un siècle de
culture l'a métamorphosée, et le même perfectionnement s'est produit pour tous les genres de légumes
et de fruits, depuis le radis jusqu'à la pêche.

L'heureuse transformation n'est pas seulement en
train de se continuer, elle est en train de s'accélérer;
d'une saison à l'autre les jardinages se perfectionnent, s'étendent, prennent des proportions plus vastes.

Voyez ce que publiait, il y a quelques mois dans
son prospectus une grande maison horticole de **Philadelphie** (la maison Landrette et fils) :

« JARDIN POTAGER DE FAMILLE — L'antique méthode de disposer les jardins potagers en carrés défoncés et cultivés à la main n'a plus de raison d'être. Le jardin potager doit être tracé en lignes parallèles distantes de deux à trois pieds (un mètre environ) et le travail doit être fait pour la plus grande part par des chevaux, ainsi que nous l'avons souvent recommandé. Le travail de l'homme est ce qu'il y a de plus cher et doit être évité, il faut que ces lignes soient aussi longues que possible pour éviter les tournants qui fatiguent les chevaux.

« Par exemple, une machine à vapeur, dans une journée de huit heures, labourant une terre de 73 mètres de long dépense quatre heure trente-neuf minutes sur les tournants, tandis que si les sillons ont 274 mètres de long les tournants ne lui prendront que une heure dix-neuf minutes.

« Le jardinage devrait être fait avec un outillage perfectionné qui diminuerait la main-d'œuvre. Pour la main de l'homme des *houes à roues*, pour le cheval des *scarificateurs*, etc., etc. »

Ensemencements à la machine ; engrais pulvérulents épandus à la machine. — Et le prospectus américain ajoute :

« De cette manière, sans déranger le travail de la ferme, on obtient des légumes à profusion, tandis qu'avec la bêche ordinaire on ne récolte que des quantités insignifiantes. »

Maraîchers français, mes amis, comprenez-vous ceci? La culture potagère annexée à la grande culture rurale, et devenue elle-même grande culture, ayant recours aux engins les plus perfectionnés et bêchant à l'aide de la machine à vapeur! Nos cultivateurs se plaignent de l'invasion des blés d'Amérique; que diront, dans quelques années, les maraîchers s'ils voient dans nos ports se succéder les bâteaux chargés de choux-fleurs, d'artichauts, de carottes et de navets?... Tout cela est possible. Et voilà pourquoi il est nécessaire d'agrandir partout le jardin maraîcher et de le traiter par la grande culture, et d'y employer comme dans l'industrie, les machines, la vapeur, et peut-être, dans un avenir prochain, l'électricité.

Ah! l'ancien monde, même en horticulture, est bien fini, il faut s'y résigner :

Petit jardin deviendra grand.

CIV

11 Juin 1890.

AU MÊME

Permettez-moi de revenir une fois encore — et peut-être deux) sur cette question des jardins et du jardinage et sur leur importance croissante.

Nous voilà bien loin du temps où le grand agronome Olivier de Serres faisait la judicieuse observation que le jardin a sur le champ l'avantage de donner fruit « à toute heure, là où, en quelque autre endroit que ce soit, le fonds ne rapporte qu'une seule fois l'année, ou, si deux, c'est tant rarement que cela ne doit être mis en ligne de compte ».

Et pourtant, après avoir indiqué combien sont nombreux et profitables au ménage les produits du jardin, il se hâte d'ajouter : « Mais ne pouvant tirer deniers de telles choses, gardez-vous de prendre trop de jardin à cultiver, mais faites-le justement, de capacité convenable à votre famille. » Impossible de mieux indiquer la raison du peu d'étendue et du peu d'importance du jardin aux yeux de l'ancien cultivateur; les produits de la culture potagère (ce qu'alors on appelait herberie) ne se pouvaient expédier au loin et devaient être consommés sur place, les voies de communication manquant.

Un monde sans routes, un monde où les choux, salades, navets et même les fruits ne se pouvaient transporter d'une province à l'autre, où les pommes à cidre, aux années abondantes, restaient à pourrir sous les pommiers, ne pouvait se donner les règles de conduite du monde actuel. Où n'atteignent pas aujourd'hui nos pommes à cidre, nos fruits de table, nos légumes; et d'où ne nous en vient-il pas? Voilà ce qui explique comment, d'année en année, nous avons vu et continuons de voir l'agrandissement du jardin et du verger. Notez, ami Sagnier, qu'il s'agit de l'agrandissement du jardin sous toutes ses formes : jardin potager, jardin fleuriste. Qui eut prévu, il y a seulement vingt-cinq ans, que nos bouquetiers normands, si habiles pourtant et si avisés, feraient venir leurs fleurs de Nice pour la confection *à meilleur marché* de leurs bouquets de mariage, de leurs couronnes? Dans une de nos usines à bouquets (Delivet père et fils, à Rouen), je regardais, il y a quelques jours, les ouvrières au travail; confondu de la quantité de fleurs qui s'y employaient, je demandais à M. Delivet père :

— Votre jardin y suffit-il?

— Non; tout cela ou presque tout cela vient de Nice. Et j'admirais la fraîcheur et la bonne grâce de ces fleurs venues de si loin et qui semblaient humides encore de la rosée du matin.

Alors, combien ont dû s'agrandir les jardins de Nice pour un tel développement de leur commerce! Eh bien, nos jardins aussi, dans le même temps, augmentaient d'extension. Nos fleurs, comme les fleurs étrangères, s'en vont et plus loin et en plus grande abondance qu'autrefois. La fleur s'étant multipliée, s'étant mise à la portée de tous, offerte à tous sur des marchés de jour en jour plus nombreux, plus étendus, plus achalandés, la consommation s'en est décuplée, centuplée. La fleur est aujourd'hui de toutes les cérémonies, de toutes les fêtes, même des fêtes funèbres; l'usage quotidien et domestique s'en est généralisé.

Et ce qui est vrai de la production et du commerce des fleurs, l'est également de la production légumière et fruitière : vergers, potagers, tout a dû s'agrandir.

Le profit à tirer du jardin, on n'a guère appris que de nos jours, en Europe, à le connaître; mais depuis des siècles, les Chinois nous y avaient devancés. Cette heureuse industrie leur avait même été d'un très utile exemple pour l'agriculture, qui sut très bien reprendre pour elle quelques-unes des pratiques du jardinage. Sully disait que les deux mamelles de France étaient labourage et pâturage; il y eut ajouté le jardinage s'il eut vécu de nos jours ; et pourtant, son contemporain Olivier de Serres, nous le disions tout à l'heure, avait commencé d'entrevoir de quelle ressource pourrait être le jardin pour l'alimentation publique, une des préoccupations du règne de Henri IV.

Mais le règne du grand roi Louis XIV ne se préoccupa guère des questions de culture : commerce, industrie éveillèrent seuls, ou du moins presque seuls, l'attention de Colbert.

Le règne de Louis XV demeura plus étranger encore aux questions de culture, et l'abbé Rozier, dans son excellent *Cours d'Agriculture*, en 1785, à l'article JARDINIER, pouvait écrire encore : « Nous avons des écoles jusque pour l'art de la coiffure et aucun maître pour l'agriculture et pour les jardins. »

Les temps sont changés, heureusement, et les gouvernements aussi : La République n'eut-elle à son avoir que les écoles d'agriculture, partout organisées, qu'il faudrait applaudir à ses efforts. Ces écoles ont déjà produit d'excellents fruits et nous ne sommes qu'au début de cet écolage de culture, le premier et le plus important des écolages ; un homme, entre tous, semble l'avoir compris et s'y est dévoué.

Sa bonne fortune et la nôtre l'a heureusement placé au poste qui lui convenait : il fallait un maître en Agriculture et nous l'avons en la personne de M. Tisserand.

Le mot de Beaumarchais est encore vrai quelquefois, mais les exceptions sont nombreuses, et ces exceptions seront une des gloires de ce temps.

Malheureusement — car il y a à tout un *malheureusement* — si l'attention des esprits sérieux est portée, comme il convient vers l'agriculture et ses développements, il semble que l'on n'ait pas encore bien compris l'importance des cultures potagères, fruitières et même florales. Cette dernière culture surtout, parce qu'elle est de luxe et de fantaisie, semble moins digne d'intérêt; pourtant, quelles leçons l'agriculture pourrait puiser chez nos maîtres horticulteurs si instruits, si habiles, si sûrs d'eux-mêmes dans l'art des perfectionnements végétaux! Demandez-vous, ami Sagnier, où nous en serions comme pays agricole, si la culture des céréales, des plantes fourragères et industrielles s'était perfectionnée depuis cinquante ans, autant que la culture florale.

A-t-on assez pensé d'autre part aux industries qui se rattachent à la culture fruitière et même à la petite culture buissonnière des groseilles, des framboises, etc.? De grandes usines confiturières commencent à se créer dans nos départements de l'ouest. Elles attendent, pour un élan décisif, l'élargissement de ces petites cultures.

L'industrie sucrière elle-même a son intérêt dans ces cultures secondaires, le jardin, sous toutes ses formes, mérite attention.

Le jardin est un des moyens les plus sûrs de rendre au sol national toute sa valeur, le négliger serait impardonnable.

CV

19 Novembre 1890.

AU MÊME

Jardins d'ornement, jardins potagers, fruitiers, etc., ont pris et continuent de prendre une importance de jour en jour plus marquée; je n'ai pas sous les yeux la statistique des espaces maintenant occupés par ces différents genres de culture mais on peut s'en faire une idée en voyant la culture maraîchère s'étendre autour des grandes villes, autour des moindres villages. Un propriétaire, M. de la Tour du Pin, ne vient-il pas de créer, près de Nemours, une aspergerie de 30 hectares? Mais dans toute la France, combien d'autres aspergeries, combien d'artichautières!... Des champs sont employés à la culture des fraises, à la culture des roses, des jacinthes, des anémones, le commerce des fleurs, des légumes et des fruits devient chaque année plus considérable, à l'exportation comme à l'importation; les pépinières se multiplient et grâce aux hangars d'abri, grâce aux *forceries fruitières*, tous les climats sont bons, le Nord fait concurrence au Sud et non sans succès, l'Angleterre en quelques années s'est transformée en pays à raisin.

Le directeur des jardins publics de Rouen, M. Varenne, revenait il y a quelques mois, d'un voyage en Angleterre, émerveillé des richesses florales et fruitières qu'il y avait vues. Belles fleurs et beaux fruits, il venait de vous découvrir dans un pays sans soleil, dans le pays des brumes et du froid ; mais cultiver sans soleil, cultiver sans terre, comme l'a déjà fait pour quelques plantes le jardinier de Vascœuil, Alfred Dumesnil, grâce à la mousse fertilisante, cela se verra peut-être sur une plus grande échelle. Le moment n'est pas venu de dire à la science : **Tu n'iras pas plus loin.**

N'avez-vous pas lu dans le *Figaro* du 23 octobre dernier, l'article de M. Octave Mirbeau sur François Marc, le viticulteur du Vaudreuil, qui dans ce climat de Normandie déclaré impropre à la culture du raisin, obtient en *plein air* comme quantité et comme qualité, des résultats si extraordinaires. Le fait **du** reste a été signalé dans le *Journal de l'Agriculture.*

Mais dernièrement ne parlait-on pas d'électricité appliquée, en Russie, à la culture maraîchère et produisant des effets merveilleux sur les racines alimentaires, et notamment sur les carottes ?

L'introduction des méthodes scientifiques dans les industries de culture doit y produire des révolutions imprévues. La sagesse consiste pourtant à les prévoir, à les pressentir tout au moins et à s'y préparer, à se tenir sur ses gardes, à tâcher de n'être pas pris au dépourvu, n'essayons pas surtout de nous opposer au progrès.

Vous avez publié vous-même, ami Sagnier, dans vos numéros 1147, 1149 et 1152, trois articles de M. L. Maurice de Vilmorin qui ont mis en pleine évidence, avec chiffres à l'appui, l'accroissement du commerce légumier sur les marchés de Paris et de Londres : en dix années (1879-1889) la superficie du sol anglais occupée par la culture maraîchère a passé de 36 610 à 63 620 acres; pour l'Écosse et l'Irlande la progression n'a pas été moindre. Même élan, même transformation pour l'horticulture florale. La fleur est devenue, même dans les plus sombres villes, l'inséparable compagne de l'homme, de la femme surtout. Elle a sa place aujourd'hui partout dans les solennités publiques et privées. Ces jours derniers encore on l'a vu mieux que jamais à Mâcon, au centenaire de Lamartine : la ville entière enveloppée de feuillage et de fleurs.

Rien de plus populaire, aujourd'hui, que les fenêtres fleuries, que les pots à fleurs et les jardins jusque sur les toits. Où ne trouve-t-on pas l'aspidistra qui croît partout, sans air, sans jour, sans soins, et qui, pourvu qu'il se désaltère de temps en temps, peut changer en verte prairie le plus noir des greniers. Le dessous des toits (à cause de la chaleur en été) c'est pour lui le paradis bien plus que le dessus. Aussi cultive-t-on partout l'aspidistra qu'on connaissait à peine, il y a vingt-cinq ans, culture inutile, mais culture égayante. Voir pousser, voir grandir et se multiplier n'importe quelle herbe, c'est toujours un plaisir et l'un des meilleurs.

Mais on ne s'en tient pas à ces cultures de pur agrément.

Dans nos villages normands presque pas de maisons que n'entourent la vigne, le poirier, le pêcher cultivés en espalier et très bien cultivés. Il n'est pas douteux que bientôt le secret de François Marc, le jardinier du Vaudreuil, ne doive être connu et parfaitement appliqué à ces cultures familières de la vigne.

Ce qui se récolte, ce qui se consomme sur place, de fruits excellents qui ne passent sur aucun marché et ne peuvent figurer dans aucune statistique, on n'en a qu'une insuffisante idée.

Combien d'existences modestes trouvent dans le jardinage un supplément à leur alimentation, et de plus un délassement, délassement moral et fortifiant pour l'esprit. Un jardin, pour qui le soigne, est un enseignement exquis. Que de passions mauvaises se sont éteintes dans les soins du plus petit parterre!

J'en pourrais citer, pour ma part, de nombreux exemples.

Montesquieu, je crois, disait que, pour lui, peu de chagrins avaient résisté à une heure de lecture. N'y aurait-il pas encore plus de calme à puiser dans une heure de jardinage? On sait aujourd'hui que, même des fous y peuvent recouvrer la santé.

Le jardin de plaisir (comme on disait autrefois), a donc, dans le plaisir même, son utilité. Qu'y a-t-il, en effet, après le vivre et le couvert, de plus important que le plaisir? C'est le pain de l'esprit.

La vue seule d'un beau jardin, cela fait tant de bien !

Nourriture de l'âme, c'est le fait du jardin d'agrément; au potager la nourriture physique. Or, le potager ne donne pas seulement la nourriture végétale, il a sa viande aussi. Qui dit jardin potager, dit choux et carottes; or, carottes et choux d'eux-mêmes appellent le lapin. Encore une statistique inconnue. Des milliers de lapins, dans nos campagnes, grâce aux résidus des légumes du jardin, sont élevés et consommés sur place, dont on ne saura jamais le nombre.

Mais revenons, avec M. Maurice de Vilmorin, aux développements incessants du potager moderne qui, sans doute, ne tardera pas, chez nous comme aux Etats-Unis, à se transformer en *fermes légumières.*

Il y a en Amérique de ces fermes légumières de 300 à 1,000 hectares et voici que l'Angleterre entre dans ces voies et que les légumes frais deviennent un élément essentiel de l'alimentation publique.

M. Ch. Joly, vice-président de la Société nationale d'horticulture de France, publiait ces jours-ci une *Note sur la production fruitière en Californie.*

Ecoutez un peu : En vingt jours, du 1er au 20 novembre 1890, il a été exporté de Californie :

4,986 tonnes raisins secs,
8,943 tonnes fruits en boîtes,
5,800 tonnes fruits divers,
6,296 tonnes fruits secs.

———

26,025 tonnes en tout.

Ces 26,025 tonnes ont fait le chargement de 2,107 wagons.

Ajoutez 3,000 wagons d'oranges.

Et que sera-ce dans quelques années? Partout s'organisent en ce moment même les vergers immenses de figuiers, citronniers, noyers. » On vient de planter à Eberta, dit M. Joly, en Géorgie, un verger de 400 hectares où l'on a mis 80,000 pêchers. »

Et M. Ch. Joly ajoute avec raison :

Ces deux pays favorisés du ciel, l'Australie et la Californie, marchent à pas de géant dans l'art de produire. — Ils ont, il est vrai, débuté dans le monde avec des mines d'or merveilleuses, mais aujourd'hui, ils voient que l'agriculture est, en somme, la plus solide, la plus sûre de toutes les richesses. »

Tout ceci encore, ami Sagnier, est une nouveauté et volontiers, je dirais une révolution. Les légumes verts autrefois (et cet *autrefois* ne remonte pas au-delà d'un demi-siècle) ne se mangeaient guère que sur place, aux champs ou chez les possesseurs d'un bon potager, et encore, quels légumes y cultivait-on? Quant à les faire circuler au loin, il n'y avait pas à y penser.

Le légume frais ne pouvait entrer en ligne de compte dans les denrées alimentaires de la masse. C'était mêts d'exception et de luxe. Les premiers petits pois qu'on se permit de manger verts (sous Louis XIV, je crois) coûtaient, paraît-il, un sou environ chaque pois. C'est aujourd'hui un manger populaire; aussi, ce qu'il s'en consomme et ce qu'il se consomme de haricots verts, de choux, choux-fleurs, artichauts, asperges, salades, cela se cote sur les marchés publics par millions de francs chaque année.

Pour moi, je l'avoue, je suis resté saisi à la lecture de ces quelques lignes de M. Maurice de Vilmorin :

« Pour donner une idée de la prépondérance des

légumes..., il suffira de dire qu'une seule maison américaine vend annuellement 50,000 kilog. de semence de concombres. Les pasteques ou melons d'eau dont la chair n'est guère qu'une eau parfumée contenue dans de frêles cellules, s'expédient par wagon, dans toutes les grandes villes, jusqu'au Canada. »

Ici je m'arrête et je demande si cette extension du commerce des légumes verts a suffisamment éveillé l'attention des économistes, des hygiénistes, des physiologistes et même des moralistes.

Les peuples modernes sont en train de passer du sec au vert. Les pois, les fèves, que nos pères ne mangeaient qu'à l'état de graine sèche et de fécule, nous les mangeons en herbe. On pourrait dire que nous nous faisons un peu vaches, si l'indispensable réfection et le *montant* du grain ne nous revenait par les alcools. Peut-être qu'à l'avenir on boira la vie, au lieu de la manger, ou du moins la boira-t-on plus qu'on ne le fait encore.

Accordez-moi, je vous prie, quelques lignes de digression.

La nourriture, prise sous forme de boissons, semble, en effet, un des gros problèmes soumis à la science du chimiste. Réparer vite ses forces, c'est le besoin général des peuples modernes.

Pas un travailleur qui, pour se remettre en train,

ne demande et ne cherche la vivifiante *goutte*…, qu'on la trouve, cette *goutte* bienfaisante, au lieu des poisons indignement versés à l'*Assommoir*, et nous aurons certainement des générations moins malades.

Il n'y a pas longtemps qu'un membre de la Société d'anthropologie tenait des propos de ce genre. L'alcolisme, disait-il, est un mal, un grand mal, mais qui peut nous mettre sur la voie d'un grand bien. L'ouvrier veut *boire* et l'ouvrier a raison, l'avenir est peut-être là. La *miche,* qui ne se mâche qu'avec lenteur, la *miche* doit faire place au *piot* d'ingurgitation si leste et si facile. Rabelais, il y a trois siècles, pressentit ce problème, de là sa préoccupation du *piot*. Humer le piot, A DOIRE ! c'était déjà le cri du seizième siècle ; ce cri même, après trois siècles, au lieu de s'affaiblir s'accentue chaque jour. Au fond, c'est une question de culture fruitière. François Marc, le vaillant jardinier, en multipliant et perfectionnant la grappe, nous prépare la solution du problème, et puis tant d'autres petits fruits, groseilles, framboises, etc., nous seront, eux aussi, d'un grand secours ; à l'œuvre donc, jardiniers ! un avenir immense s'offre à vos travaux, à vos recherches.

Mais je reviens à nos légumes verts et je demande si l'on connaît un point de comparaison entre la quantité de salades consommées aujourd'hui et ce qui s'en consommait autrefois. Dire que cette quantité a centuplé paraît peu, tant nous nous habituons à paître et brouter. Par les épinards, les laitues, les chicorées et l'oseille nous nous acheminons au règne des feuilles.

Eh bien! épinards, oseille, salades, artichauts, asperges, haricots verts et petits pois ont contribué à l'expansion du jardin potager qui déjà cesse, en beaucoup d'endroits, d'être un jardin pour devenir un champ.

Ceci nous explique l'élan contemporain de la culture jardinière et comment une partie si notable du sol européen est aujourd'hui jardinée. L'agriculture chez nous battue en brèche par l'immense agriculture d'Amérique et d'Asie, songe, ici et là, à se restreindre d'étendue, l'horticulture éprouve un mouvement inverse, chaque jour elle étend, elle élargit son domaine.

Ouvrez les yeux et voyez. Jamais il n'y eut plus imposant spectacle que ce renouvellement de nos industries vitales. Nous saurons bientôt, n'en doutez pas, tirer du sol notre subsistance (*miche* et *piot*) par des procédés inconnus à nos pères.

Ne dites donc plus que l'agriculture se meurt. Les arts de culture sont à la veille d'une rénovation sans exemple, c'est pour eux comme une autre naissance, c'est du moins une nouvelle vie dont rien dans le passé ne peut donner l'idée; mais cette rénovation heureuse et féconde ne se fera que par la science aidée d'un courageux et bon élan du cœur; il ne faut pas *grincher* aux hommes et aux choses de l'avenir, mais les accueillir l'esprit et les bras ouverts.

FIN

TABLE DES MATIÈRES

Paris. — Typographie H. Bécus, 5, rue Suger

www.ingramcontent.com/pod-product-compliance
Lightning Source LLC
LaVergne TN
LVHW050456060726
842526LV00001B/178